Lehrproben.

Geometrische und algebraische Betrachtungen

über

Maxima und Minima.

Zum Gebrauch in den oberen Klassen höherer Lehranstalten, sowie zum Selbstunterricht, als Vorbereitung für den Besuch deutscher Hochschulen,

von

Dr. Paul Wiecke,
vormals Direktor der Kgl. Höheren Gewerbeschule zu Cassel.

Mit Figuren im Text und sieben Tafeln.

Berlin.
Druck und Verlag von Georg Reimer.
1894.

Vorwort.

Die folgenden Bogen enthalten, wie der Titel sagt, „Betrachtungen“ über *Max* und *Min* einer Funktion, zunächst über diejenigen Fälle, welche im geometrischen und algebraischen Unterricht vorgekommen sind und im weiteren die Ergebnisse, wenn man die an jenen Beispielen abgeleiteten allgemeinen Bedingungen für den Eintritt eines Wechsels zwischen Steigen und Fallen von den unwesentlichen Beschränkungen befreit. Wie die Inhaltsangabe, die zur Erleichterung des Gebrauchs besonders ausführlich angelegt ist, zeigt, ist dem Unterricht reichlicher Stoff zu mathematischen Erörterungen und Uebungen geboten.

Selbstverständlich bildet das vorliegende Material ein zusammenhangendes Ganze. Inzwischen ist es nicht in der Voraussetzung niedergeschrieben, dass es einen besonderen „Cursus“ ausmachen solle. Des eigentlich Theoretischen ist so wenig, dass das Eine oder Andere aus den Betrachtungen bei irgend einem Beispiel, auf das der mathematische Lehrplan führt, gelegentlich eingeschaltet werden kann; und manche der nachfolgenden Betrachtungen würde im Unterrichte einen Platz auch da finden können, wo von der eigentlichen „Bestimmung“ eines *Max* oder *Min* nicht die Rede ist.

Mit der Bezeichnung des Inhalts als „Lehrproben“ sollte nicht nur auf dessen praktische Verwendung hingewiesen, sondern beiläufig auch angedeutet werden, dass mir der Gedanke, dabei wissenschaftlich thätig zu sein, durchaus fern lag. Der pädagogische Zweck allein war massgebend, und hier wieder nicht das Bedürfnis den Schülern zu zeigen, „wie's gemacht wird“, sondern an einer Reihe von Beispielen die in den Schülern ruhenden sinnlichen und geistigen Anschauungen durch Vergleichung verwandter Erscheinungen zu allgemeinen Gesichtspunkten zu erheben, zu zeigen, wie auf diesem Wege die eigentlich wissenschaftliche mathematische Erkenntnis könne gefördert werden.

Bedenken gegen solch subjektivisches Wesen sei erwidert, dass nach der vielseitigen Erfahrung, auf welche hier mich zu berufen ich wohl einigen Anspruch habe, durch das Hineintragen persönlicher Anschauungen in das starre System der mathematischen Lehre, diese, als fände eine Art Transfusion statt — ich möchte sagen: „menschlich“ dem Denken und Empfinden der Schüler näher gebracht wird. Und die mathematischen Wahrheiten können sich etwas Menschenblut schon gefallen lassen. Denn wenn dann auch die Bakterien menschlichen Irrtums, als Folgen menschlicher Kurzsichtigkeit, mitübergeleitet werden; so wird der Reinigungsprocess grade hier bei weiterem Nachdenken sich schnell vollziehen, um so deutlicher aber die Kraft mathematischer Logik hervortreten. Wenn ferner die Behandlung der Mathematik auf unseren höheren Lehranstalten sich damit der der Naturwissenschaften, ich denke zunächst an die Physik, ein Gutteil nähert, so wird dadurch nur Beiden gedient sein: der Mathematik vor Allem dadurch, dass sie von ihrer vereinsamten Stellung in dem Lehrplan der Gymnasien erlöst wird. Denn nichts als der den Gepflogenheiten längst vergangener Zeiten entsprungene Irrtum, wonach mathematisches Schliessen und Denken allem übrigen als ein Fremdes gegenüberstehen soll, trägt — soweit man davon zu reden noch berechtigt ist, die Schuld an dem mathematischen Elend unserer Gymnasien. Dass man doch die heillose Sitte, den Schülern als Aufgaben zu ihren häuslichen Uebungen oder gar bei Prüfungsarbeiten allerlei „Rätsel“ aufzutischen, mit dem Interdikt belegen könnte!

Für Erörterungen mit reiferen Schülern bietet der inselartig gelegene Abschnitt von der Bestimmung des *Max* oder *Min* einer Funktion, sowohl der kurzen theoretischen Entwickelung, als der Mannigfaltigkeit der Beispiele wegen, ein überaus ergiebiges Feld, zudem einen den Schülern stets willkommenen Tummelplatz. Differential-Rechnung ist in den folgenden Erörterungen so wenig gelehrt, als vorausgesetzt. Aber es musste meines Dafürhaltens der Leser durch die algebraische Untersuchung bis dahin geführt werden, dass er das Gebiet der Differential-Rechnung vor sich liegen sieht — schon darum, weil die nicht unansehnliche Zahl solcher Schüler, welche auf Hochschulen ihre mathematischen Studien fortsetzen, sich Rechenschaft von dem Zusammenhange der beiderlei Verfahren wird zu geben haben. So fügt es sich ganz von selbst, dass die Betrachtungen über *Max* und *Min* nach und nach die Differentialrechnung vorbereiten, mit einer Gedankenfolge abschliessen, die man ganz wohl als eine Vorläuferin für die Erfindung der Differential-Rechnung könnte hingehen lassen.

Meister des mathematischen Unterrichts pflegen, ehe sie ein neues Gebiet des vorgeschriebenen Kursus betreten, mit Sorgfalt die Anschauungen, welche die Schüler über den zu erörternden Gegenstand sich selbst gebildet haben, zu sammeln und zu sichten. Dem entspricht es, solchen Abschnitten gegenüber, welche den Schülern zunächst ein fremdes Feld sind, in die Werkstätte des Erfinders sie zu führen und dort an den Arbeiten dieses Laboratoriums selbst teilnehmen zu lassen. Hierzu bietet, wie in der „Erziehung der deutschen Jugend“ hinsichtlich des physikalischen Unterrichts empfohlen wird, der Anschluss an den historischen Entwickelungsgang der Wissenschaft ein sicher leitendes Mittel. Aber „wer was ersann“, wird sich auch für befugt und befähigt halten, statt dessen einen Zusammenhang zwischen Erkanntem und Unbekanntem zu konstruieren. Freilich gleicht die Arbeit des Erfinders nicht einem Spaziergang auf wohlunterhaltener Landstrasse. Allein grade diese ist es, welche die Jugend ermüdet; während sie, wenn es über Gräben geht, wenn sie sich Bahn durch Nesseln und Dornen, allenfalls mit dem Stock, brechen muss, wenn der Weg bald vorwärts, bald scheinbar rückwärts führt, das Gefühl der Abspannung nicht kennt. Die Pflege des Sinns für die sogenannte „Eleganz“ der mathematischen Entwickelung kann getrost den Hochschulen überlassen bleiben: unsere Sorge sei die um Erhöhung der geistigen Kraft zu mathematischem Forschen, um Genuss der jugendlichen Freude sie zu bethätigen! —

Berlin, Mai 1894.

Der Verfasser.

Inhaltsangabe.

I. Geometrische Betrachtung.

1. Untersuchung.

Beobachtungen von *Max* und *Min* an symmetrischen Figuren.

Anhang.

Bestimmung von *Max* und *Min* unter Anwendung projektivischer Beziehungen.

Einleitung.

1. Die Aufgabe jeder Wissenschaft, den Zusammenhang der ihrem Gebiete angehörenden Erscheinungen, deren Abhängigkeit von einander zu erforschen, ist für diejenigen, welche sich mit „Grössen" beschäftigen, gleichbedeutend mit der andern, die Grössen, welche von andern abhängig sind, durch diese zu bestimmen. Wir wollen uns vorstellen, es sei durch Rechnung, durch geometrische Konstruktion oder durch Beobachtungen irgend welcher Art: physikalische, statistische etc., das Gesetz ermittelt, nach welchem der Wert einer Grösse y durch die Werte anderer $(b, c, d \dots \alpha, \beta, \dots)$ bestimmt wird, wo $b, c, d \dots$ die Masszahlen räumlicher, bez. physikalischer Grössen, $\alpha, \beta, \dots$ Verhältniszahlen, wie trigonometrische Funktionen, Brechungsexponenten u. a. Erfahrungskoefficienten bezeichnen. Hieraus ergiebt sich dann unmittelbar oder mittelbar Alles, was sich über die Abhängigkeit des y von einer der Grössen z. B. b oder α, darüber also sagen lässt, wie sich y mit b, bez. α, ändert. Man wird hierzu dem b, bez. α, verschiedene Werte nach gewisser Reihenfolge — stellen wir, ein für allemal, fest: in aufsteigender Ordnung — beilegen und für jeden von ihnen, während die übrigen Grössen denselben Wert beibehalten, den zugehörigen Wert der Grösse y ermitteln. In diesem Sinne ist es zu verstehen, wenn künftig jener angenommene Wert (von b) und dieser durch ihn bestimmte Wert (von y) als „zusammengehörige" oder „entsprechende" bezeichnet werden.

Der Beziehung zwischen b und y gemäss wird b die Unabhängig-Veränderliche, y die Funktion von b genannt, während alle andern, die Beziehung vermittelnden Grössen, jenen beiden gegenüber, als hierbei Nicht-zu-Verändernde oder Constante bezeichnet werden. Zur besseren Uebersicht pflegt man die beiden Veränderlichen auch äusserlich gegen die Constanten kenntlich zu machen, indem man zu ihrer Bezeichnung die letzten Buchstaben des Alphabets gebraucht. Wir werden in der Regel uns des Zeichens x für die Unabhängig-Veränderliche, des Zeichens y für die Funktion bedienen. Noch sei hierbei bemerkt, dass, wenn die Beziehung zwischen Beiden unter der allgemeinen Form

$$y = f(x)$$

dargestellet wird, das Zeichen $f(\ )$, wie ein allgemeines Rechnungszeichen, den Inbegriff des ganzen Verfahrens bezeichnen soll, mittels dessen aus dem in der Klammer enthaltenen allgemeinen oder besonderen Werte der Unabhängig-Veränderlichen der Wert der Funktion berechnet wird. Verstände man also z. B. unter

$$f(x) \quad \text{die Funktion} \quad 3x^2 + 5x - 12,$$

so würde sein:

$$\begin{aligned} f(-5) &= 3.(-5)^2 + 5.(-5) - 12 = 38 \\ f(0) &= 3.0^2 + 5.0 - 12 \quad = -12 \\ f(\tfrac{1}{3}) &= 3.(\tfrac{1}{3})^2 + 5.\tfrac{1}{3} - 12 = -10 \\ f(2+\sqrt{a}) &= 3(2+\sqrt{a})^2 + 5(2+\sqrt{a}) - 12 = 10 + 7\sqrt{a} + a \quad \text{u.s.f.} \end{aligned}$$

Die Abhängigkeit einer Grösse y von einer andern x zu untersuchen, wird in erster Linie die Frage zu beantworten sein,

> ob die Funktion für wachsende Werte von x gleichfalls wächst, oder ob sie fällt.

Die zu beobachtenden Erscheinungen werden wir nach diesem Gesichtspunkte in 2 Hauptarten sondern, je nachdem die Funktion in dem ganzen Raum, den die Unabhängig-Veränderliche durchläuft, eine Veränderung in demselben Sinne, er sei steigend oder fallend, erfährt, oder in diesem Raum wieder einzelne Abteilungen unterschieden werden müssen, in denen die Veränderung der Funktion, von der einen zur andern abwechselnd eine nur steigende oder nur fallende ist.

Ein Beispiel für Funktionen der ersten Art bietet zunächst die 3. Seite der Dreiecke (b, c), wenn der von b und c eingeschlossne Winkel α als Unabhängig-Veränderliche angenommen, $= x$ gesetzt wird. Lässt man x von 0 bis 180° zunehmen, so wächst die 3. Seite, vorausgesetzt dass $c > b$ ist, von $c-b$ bis $c+b$. — Oder betrachten wir das bekannte Gesetz, dass auf dem Gipfel eines Berges der Luftdruck geringer ist, als an seinem Fusse; so haben wir als Unabhängig-Veränderliche die beim Besteigen des Berges erreichte Höhe, als Funktion den Barometerstand auf dieser Höhe anzusehen, während in der Beziehung zwischen beiden Veränderlichen noch das Verhältnis der spezifischen Gewichte des Quecksilbers und der Luft bei 0^0 und 760 mm, die Temperatur der Luft und deren Ausdehnungskoefficient, als Constante, vorkommen. In diesem Beispiel nimmt die Funktion stetig ab, während die Unabhängig-Veränderliche zunimmt. Vergleichen wir dagegen die Seiten a aller Dreiecke (c, α, $\alpha < 90^0$), während wir die Seiten b von 0 an bis ins Unendliche nach und nach wachsen lassen, so dass jetzt b die Unabhängig-Veränderliche, also mit x zu bezeichnen, a wieder die Function y ist: so nimmt y zunächst ab, muss aber an irgend einer Stelle wieder zu steigen anfangen, da sie jede Gränze zu überschreiten fähig ist. Die vorliegende Funktion gehört, nach der obigen Einteilung, denen der zweiten Art an, da einer ersten Abteilung der Werte von x, für welche die Funktion fällt, eine andere folgt, für welche die Funktion wächst. Uebrigens ist aus der Planimetrie bekannt, dass ein weiterer Wechsel zwischen Steigen und Fallen bei der vorliegenden Function nicht eintritt. — Endlich sei eine ziemlich flache Ellipse, vom Achsenverhältnis etwa 5 : 1, gedacht, deren Scheitel A' und A'', B' und B'' heissen mögen. Ueberdies sei auf der grossen Achse ein Punkt P in einer Entfernnng vom Mittelpunkt gleich der kleinen Halbachse nach der Seite von A'' zu angenommen und mit verschiedenen Punkten X der Ellipse verbunden, um deren Entfernung von P anzugeben. Betrachten wir jetzt die Entfernung XP der Ellipsenpunkte von P als Funktion y des Winkels, welchen PX mit dem Arme PA' der grossen Achse bildet, indem wir den Winkel x von 0 bis 360^0 wachsen lassen, so ist, nach Einheiten gleich der kleinen Halbachse gemessen,

z. B. für $x = 0, \quad y = 6,$
$x = 45^0, \quad y = \sqrt{2} = 1{,}4142,$
$x = 180^0, \quad y = 4,$
$x = 315^0, \quad y = 1{,}4142,$
$x = 360^0, \quad y = 6.$

Wollten wir jetzt, die Veränderung der Entfernung XP genauer zu untersuchen, das Intervall von 360^0 wieder in Abteilungen so zerlegen, dass in jeder derselben die Entfernung nur steigt oder nur fällt; so lehrt eine leicht zu entwerfende Figur, dass solcher Abteilungen vier unterschieden werden müssen; dass die Funktion in der ersten Abteilung, welche mehr Punkte X als die eines Ellipsenquadranten umfasst, fällt, in der zweiten steigt, in der dritten wieder fällt, um in der vierten endlich steigend zu dem Anfangswerte zurückzukehren.

Man könnte, an dieses Beispiel knüpfend, die Bemerkung machen, dass es der „Abteilungen“ und im vorliegenden Falle der Betrachtung einer Figur gar nicht bedürfe; da schon die voraufgehende Aufstellung einzelner Werte der Funktion für $x = 0$, $x = 45^0 \ldots$, darüber Auskunft giebt, ob sie in dem Intervall zwischen ihnen steigt oder fällt. — Hierauf sei, ein für allemal, erwiedert, dass aus der blossen Vergleichung zweier Werte der Funktion ein Schluss darauf, ob sie in dem betreffenden Zwischenraum steigt oder fällt, nicht gezogen werden darf. Nehmen wir die durch die obige Aufstellung gegebenen vier Intervalle als Beispiel, so ist der Schluss zwar richtig, dass die Funktion im ersten fällt, im vierten steigt; aber die Zahlen allein verleiten zu einem Irrtum hinsichtlich des zweiten und dritten Intervalls. Denn thatsächlich, wie eine Figur lehren würde, nimmt im zweiten Intervalle die Funktion anfänglich (und zwar bis über $x = 90^0$ hinaus) noch ab und gelangt, nachdem sie sich zum Steigen gewandt und den Wert $\sqrt{2}$ noch einmal erreicht hat, weiter bis zum Werte 4. Ebenso ist es zwar richtig, dass im dritten Zwischenraum die Funktion zunächst abnimmt, aber sie sinkt bis unter $\sqrt{2}$ herab, beginnt dann noch in demselben Intervall wieder zu steigen und erreicht so in steigendem Fortschreiten ein zweites Mal den am Ende des Intervalles liegenden Wert $\sqrt{2}$.

Soll aus den Werten, welche eine Funktion für zwei Werte der Unabhängig-Veränderlichen $x = x'$ und $x = x''$ annimmt, festgestellt werden, ob sie in dem Zwischenraum $x = x'$ bis $x = x''$ steigt oder fällt, so muss zuvor untersucht werden, ob Uebergänge derselben aus dem Steigen ins Fallen, oder umgekehrt, in dem betr. Intervall vorhanden sind. Wir werden uns in den folgenden Betrachtungen mit verschiedenen Verfahren, diese Uebergänge oder „Wechsel zwischen Steigen und Fallen“ einer Funktion zu bestimmen, beschäftigen. Das Voraufgehende lehrt, dass

> die Beantwortung der Frage, welche als nächstliegende über die Eigenschaften einer Funktion gestellt werden kann — die Frage, ob sie steigt oder fällt — die Kenntnis von Zahl und Lage dieser Wechsel zur Voraussetzung hat.

2. Nach dem Herkommen in der Behandlung der Funktionenlehre führt die Frage, die der Gegenstand unserer Betrachtung sein wird, einen anderen Namen. Ohne weiteres ist einleuchtend, dass der Wert, bei welchem eine Funktion aus dem Steigen ins Fallen übergeht, grösser — sowie ein Wert, bei welchem sie den Uebergang aus dem Fallen ins Steigen vollzieht, kleiner ist, als alle diejenigen, welche sie vorher und nachher zunächst bis an den voraufgehenden bez. nachfolgenden Wechsel, annimmt. Man hat kurz diese Werte ein Maximum bez. Minimum genannt; würde also in Betreff jeder Funktion, welche die Entfernung der Ellipsenpunkte X vom Punkte P auf der grossen Achse darstellt, unter Bezugnahme auf das in Nr. 1 angeführte Beispiel, sagen, dass sie zwei Maxima, bez. $= 6$ und $= 4$, und ebenso zwei Minima, beiläufig bemerkt: beide $= 0{,}995$, hat. Wir werden hiernach unsere Aufgabe künftig so aussprechen,

das Maximum oder Minimum einer Funktion zu bestimmen;

und das Voraufgehende giebt die Erklärung, dass die Worte Maximum und Minimum unter einer gewissen Einschränkung, sowie unter welcher Einschränkung sie zu verstehen sind. Denn dass nicht, uneingeschränkt, mit dem Maximum der „grösste“, mit dem Minimum der „kleinste“ Wert der Funktion gemeint sein kann — dazu möge man sich jenes Beispiel der Entfernungen der Ellipsenpunkte von dem Punkte P der Achse gegenwärtig halten, da man doch unmöglich eine Entfernung $= 4$ unmittelbar neben einer anderen $= 6$, als „grösste Entfernung“ anführen kann.

Aber die Bezeichnung der Wechsel als Maxima oder Minima hat, wie aus dem Vorhergehenden sich schon unmittelbar ergiebt, eine ungleich höhere Bedeutung. Thatsächlich löst die Bestimmung jener Wechsel die andere Aufgabe, den grössten oder kleinsten Wert anzugeben, den eine Funktion anzunehmen im stande ist.

Wie Marksteine, helle und dunkle, stehen auf dem ganzen Wege, den die Funktion im Zahlenraume, hingehend und wiederkehrend, durchläuft, jene einzelnen Maxima oder Minima, die Werte hervorhebend, welche bei der Vergleichung aller Werte allein in Betracht kommen, wenn der grösste und der kleinste unter ihnen herausgefunden werden soll. Ueberdies ist in den Fällen, wo die Funktion nicht mehr als zwei Wechsel erfährt, — vom Anfangs- und

Endwert abgesehen — das Maximum immer auch „der grösste“, das Minimum „der überhaupt kleinste“ Wert der Funktion. —

Mit dem „grössten“ Werte verbinden wir bei den Anwendungen zunächst die Vorstellung eines „Grossen“, den übrigen Werten gegenüber, welche die Funktion anzunehmen vermag. Es sei aber, gleich bei dieser allgemeinen Betrachtung, daran erinnert, dass ebenso auch in diesem, wie in jedem Superlativ, der Begriff der Schranke für die Funktion liegt, über welche sie nicht hinauskann, dass der Vorstellung eines „Grossen“ sich die eines „Kleinen“ beigesellt. Grade dieser Charakter des Einschränkens, Begränzens ist es, welcher der Frage nach dem grössten und kleinsten Werte einer veränderlichen Grösse eine besondere Bedeutung beilegt, insofern hierin eine Bestimmung für die Grösse liegt, sie der Vorstellung näher gebracht wird. Soll z. B. bei Jemandem die Bekanntschaft mit der Funktion $\sin\alpha$ vermittelt werden, so kann, der unendlichen Menge von Zahlen gegenüber, welche die Form $\sin\alpha$ darstellt, nichts Wichtigeres zunächst gesagt werden, als dies, dass man sich Zahlen unter diesem Zeichen denken könne, so klein, als man wolle, aber nie grösser als 1— oder: dass $\sec\alpha$ jeden Wert annehmen könne bis auf solche, die kleiner als 1 sind.

Wenn ein Ingenieur bei Lösung einer Aufgabe hinsichtlich der Bestimmung über diesen oder jenen Teil einer Anlage freie Hand hat, wird er sich immer die Frage vorlegen, wie die Anordnung zu treffen sei, damit der Zweck seiner Aufgabe möglichst vollkommen, möglichst weitgehend erreicht, Hindernisse und Widerstände möglichst vermindert — in der Sprache der Grössenlehre: jener ein Maximum, diese Minima werden. So wird es z. B. hinsichtlich der Form des Grundrisses eines Gebäudes, des Querschnitts eines Rohrs gewöhnlich darauf ankommen, dass die Wandfläche einen möglichst grossen Raum umschliesse, also die Aufgabe zu lösen sein, diejenige Figur zu bestimmen, welche bei gegebenem Umfange den grössten Inhalt hat. — Andererseits wird für denjenigen, der die einzelnen Stäbe eines eisernen Brückenträgers zu berechnen hat, zunächst die Vorfrage zu beantworten sein, welches unter allen Belastungen, die für die Brückenbahn erwartet werden können, die für die einzelnen Stangen ungünstigste, d. h. diejenige ist, bei welcher sie am stärksten gespannt werden. Es liegt bei Berechnung der Maximal-Spannung natürlich der Zweck vor, alle höheren von der Betrachtung bei Bestimmung der Stärke der Stangen von vornherein auszuschliessen — ganz so, wie bei Betrachtung der Werte von $\sin\alpha$ diejenigen, welche > 1 sind. Aehnliches wiederholt sich in allen den Fällen, wo auf Anhäufung eines gewissen Vorrats, es sei an Widerstandsfähigkeit, wie bei jenen Stangen des Brückenträgers, oder an lebendiger Kraft, an Dampf, Wärme, Stromstärke oder dergl. m. Bedacht zu nehmen ist — eines Vorrats, der nicht immer gebraucht wird, aber doch für ungünstigste Fälle vorhanden sein muss — dazu aber zuvor die höchsten Ansprüche bestimmt werden müssen, welche vielleicht an jenen Vorrat gestellt werden könnten.

Anmerkung. Die Beispiele, an welchen wir das Verfahren zur Bestimmung der Maxima und Minima von Funktionen zeigen wollen, sind, wie es in dem Vortrag über Funktionenlehre immer zu geschehen pflegt, fast ausschliesslich dem Gebiete der Geometrie entnommen. In keinem anderen, soweit sie hier in Betracht kommen, findet sich ein gleicher Grad von Mannigfaltigkeit in der Gestalt der Funktionen: in keinem anderen kann eine so weit gehende Bekanntschaft mit den Beziehungen unter den von einander abhängigen Grössen vorausgesetzt werden, dass die zu betrachtenden Funktionen ohne weitere Herleitungen zunächst sich aufstellen lassen.

Aber das Vorhaben, die Beispiele grade aus der Geometrie zu wählen, erinnert an etwas Anderes — erinnert daran, dass im Laufe des Unterrichts eine nicht unbeträchtliche Zahl von Lehrsätzen vorgekommen ist, in denen gewisse Strecken, Winkel, Flächen unter gegebenen Bedingungen als Maxima oder Minima angesprochen wurden, ohne dass irgend eine algebraische Rechnung zur Ableitung des Lehrsatzes erforderlich gewesen wäre. Sollte es vielleicht ein der Geometrie eigentümliches Verfahren geben, das Maximum oder Minimum einer geometrisch darstellbaren Raumgrösse, die mit der Verschiebung eines ihrer Punkte oder eines anderen Elementes selbst als veränderlich gedacht wird, lediglich mit Hilfe einer geometrischen Konstruktion zu bestimmen, ohne dass vom Messen geometrischer Grössen, von algebraischem Rechnen mit den Masszahlen, endlich von Zurücktragen des gewonnenen Resultates in die

Figur, etwa wie bei der trigonometrischen Lösung einer Konstruktionsaufgabe, die Rede ist? Sollte das Eintreten eines Maximums oder Minimums in jenen uns schon bekannten, in verschiedene Abschnitte der Geometrie verstreuten Fällen nach einem allgemeinen geometrischen Gesetze vor sich gehen? Beachten wir dabei die Fragestellung! Dass hier die Länge einer Strecke mit der Verschiebung eines Punktes wächst, dort vielleicht ein näher bestimmter Winkel mit der Drehung einer Graden abnimmt, in einem dritten Falle etwa der Inhalt einer Figur mit der Drehung einer Ebene um eine ihrer Graden zunimmt, etc. etc. — alles das, auch wie schnell diese Grössen zu- oder abnehmen, wird dem besonderen Falle immer und grade so gut eigentümlich bleiben, als es verschiedene Funktionen in der Algebra giebt. Die Frage, welche uns beschäftigt, kann nur die sein, ob dieses Zunehmen und Abnehmen in allen Fällen nach einem allgemeinen Gesetze aufhört — grade so gut, wie ein allgemeines Gesetz dem Steigen und Fallen einer Funktion die Gränze setzt. „Grade so gut“ — selbst die Kennzeichen für den Eintritt des Maximums und Minimums, sei es einer algebraischen Funktion, sei es einer durch geometrische Konstruktion gegebenen Raumgrösse sind, wie sich zeigen wird, innerlich so nahe einander verwandt, dass das eine Verfahren uns als Wegweiser für das andere dienen wird. Lassen wir die uns zunächst geläufigeren geometrischen Betrachtungen der Behandlung des weiter reichenden, auf höhere Gesichtspunkte hinweisenden algebraischen Verfahrens vorausgehen!

I. Geometrische Betrachtungen.

Erste Untersuchung.

Beobachtungen von Max und Min an symmetrischen Figuren.

3. In den Lehrgängen der Geometrie der Ebene und des Raumes begegnen wir öfter der Erscheinung eines *Max* oder *Min* Gleich die erste kann als Muster für die ganze Klasse dienen, mit der wir uns in dieser Untersuchung beschäftigen werden.

1. Beispiel. Die kürzeste Strecke zwischen einem Punkte A und einer graden Linie K ist die Senkrechte AX_m, wenn X_m deren Fusspnnkt auf K bezeichnet.

Der Satz wird bekanntlich als eine unmittelbare Folgerung des andern behandelt, dass in einem Dreieck dem grösseren Winkel die grössere Seite gegenübersteht, indem man einen rechts oder links von X_m gelegenen Punkt X der Graden K mit A verbindet.

Vom Standpunkte der Funktionenlehre würde man die Erscheinung so begründen: Sind X_k und X_{k+1} zwei auf derselben Seite von X_m liegende Punkte der Graden K, und zwar X_{k+1} der dem Punkte X_m näher liegende, so ist nach der Beziehung unter den Winkeln eines Dreiecks und ihren Gegenseiten $AX_{k+1} < AX_k$. Das Abnehmen der Strecken AX, je mehr der Punkt X dem Punkte X_m sich nähert, hört aber auf, wenn der Punkt X_m erreicht ist, und zwar tritt grade an diesem Punkte ein Wechsel zwischen Fallen und Steigen ein, weil AX_m eine Achse der Symmetrie für alle Strecken AX ist. Aus Beidem folgt, dass AX_m unter allen AX ein *Min* ist.

Die Erscheinung des Zusammenfallens von jenem Wechsel mit der Achse der Symmetrie ist eine so einfache, dass wir sofort die voraufgehende Beobachtung verallgemeinern können. Wir wollen uns vorstellen, eine Grösse y sei abhängig von der Lage eines Punktes X auf einer graden oder krummen Linie K, wie in unserm Beispiel die Länge der Strecken AX, und zwar so abhängig, dass während alle Punkte X sich symmetrisch um einen gewissen Punkt X_m, bez. zu einer durch X_m gehenden Achse ordnen, symmetrisch liegenden Punkten X' und X'' zugehörige Werte von y gleich gross werden. Durchläuft dann der Punkt X den Ort K von einem Punkte X'_k bis zu dem symmetrisch liegenden X''_k, so wird gleichzeitig y vor und nach X_m dieselben Werte annehmen, aber dies nach X_m in umgekehrter Reihenfolge, als vor X_m — oder anschaulicher zu reden: die Werte des y werden nach X_m steigen, wenn sie vorher fielen, und umgekehrt. In jedem Falle wird für X_m ein Wechsel zwischen Steigen und Fallen in der Reihe dieser Werte eintreten. —

Wenn wir nun lediglich auf Grund der Wahrnehmung, dass die Werte von y symmetrisch um den Wert y_m, welchen y im Punkte X_m annimmt, sich ordnen, y_m für ein *Max* oder *Min* zu halten berechtigt sind; so lässt sich doch andererseits aus der blossen Symmetrie natürlich nicht beurteilen, ob y_m ein *Max*, oder ob es ein *Min* ist. Dazu ist notwendig durch eine anderweitige Untersuchung festzustellen, ob y bei Annäherung des Punktes X an X_m steigt, oder ob es fällt. Auch ist wie das Folgende lehren wird, die Entscheidung dieser weiteren Frage nicht in allen Fällen so einfach, als es vielleicht den Anschein hat.

Aber bei aller Unvollkommenheit, welche diesem Kennzeichen für den Eintritt überhaupt eines Wechsels anhaftet, macht sich doch die Symmetrie viel zu oft als solches Kennzeichen geltend, um nicht der Mannigfaltigkeit ihrer Erscheinung einmal nachzugehen, auf die Uebereinstimmung scheinbar weit von einander entfernt liegender Erscheinungen hinzuweisen.

Unmittelbar an den Lehrsatz des ersten Beispiels schliesst sich der andere über die kürzeste Grade, die von einem Punkte A zu einer Ebene E führt. Wie man auch eine Grade K in der Ebene E durch den Fusspunkt X_m der Senkrechten AX_m ziehen möge, immer ist diese die Achse der Symmetrie für die Graden AX nach Punkten X der Graden K.

Sind ferner x und y zwei gegen einander windschiefe Linien X_m und Y_m die Punkte, in welchen sie von der Graden getroffen wird, die gleichzeitig zu beiden senkrecht steht, X' ein anderer Punkt der ersten, Y' ein solcher der zweiten Graden; so erhält man eine Strecke, die ebenso lang, als $X'Y'$ ist, wenn man $X_m X'' = X_m X'$, $Y_m Y'' = Y_m Y'$ auf den bez. Graden x und y von X_m und Y_m abträgt und X'' mit Y'' verbindet. Wir haben hier zwei veränderliche Punkte, X und Y. Wie man aber auch durch Verschieben derselben den Uebergang von $X'Y'$ zu $X_m Y_m$ denken möge, immer kann der Uebergang von $X_m Y_m$ zu $X''Y''$ durch die symmetrisch gelegenen Verbindenden, in umgekehrter Reihenfolge sich vollziehen. Daraus aber folgt, dass bei $X_m Y_m$ ein Wechsel zwischen Fallen und Steigen eintritt.

Endlich wollen wir uns ein Rechteck mit den gegenüberstehenden Seiten a' und a'', andererseits b' und b'' und eine Grade K denken, die ausserhalb der Rechtecks-Ebene parallel zu den Seiten a geht, hieraus aber Pyramiden konstruieren, deren Grundfläche das Rechteck, deren Scheitel auf K liegt. Nennen wir den Punkt auf K, welcher über der zu den Seiten b parallelen Mittellinie des Rechtecks liegt X_m, zwei Punkte auf K in gleicher Entfernung, rechts und links von X_m aber X' und X'', so haben die Pyramiden mit diesen Scheiteln gleiche Oberfläche, und hieraus folgt, dass die Oberfläche der Pyramide mit dem Scheitel X_m ein *Min* (oder *Max*) ist.

2. Beispiel. Ist eine Kreislinie K um den Punkt M und irgendwo in der Ebene ein Punkt A gegeben, so ist die Grade AM eine Achse der Symmetrie. Daraus folgt zunächst, dass die Durchschnittspunkte (AM, K) diejenigen Punkte der Kreislinie sind, für welche die Entfernung XA ein *Max* oder *Min* wird. Anderweitig ist bekannt, dass für den nächstliegenden Durchschnittspunkt X_{mi} die Entfernnng ein *Min*, für den andern ein *Max* ist.

Ebenso ist bei jeder Curve, die eine Achse der Symmetrie hat, für einen Punkt A auf der Achse die Entfernung der Scheitel vom Punkt A ein *Max* oder *Min*. Aber es sei bemerkt, dass wenn die Achse die Curve zweimal schneidet, wie es z. B. bei der Ellipse geschieht, keineswegs immer die Entfernung des einen Scheitels ein

Max, die des andern ein *Min* ist. Es giebt, wie später in Nr. 20 ausführlich zu erörtern sein wird, in der Nähe des Mittelpunktes eine Strecke auf der grossen Achse, für deren Punkte A die Entfernungen beider Scheitel *Max* sind, die Strecken XA, wenn X durch den Scheitel geht, einen Wechsel aus Steigen in Fallen erfahren.

Kehren wir wieder zum Falle des Kreises K zurück, nehmen aber den Punkt A ausserhalb der Ebene des Kreises an, bezeichnen seine Projektion auf die Kreisebene mit A'; so erscheint jetzt die Ebene AMA' als Ebene der Symmetrie, und es gilt von ihr Aehnliches, als von der Achse $A'M$. Namentlich sind unter den Seiten eines Kreiskegels, wie wir die die Entfernung AX messenden Graden bezeichnen können, die in der Symmetralebene liegenden — die eine ein *Max*, die andere ein *Min*. Ebenso wird nicht bloss, wie bekannt, der $\angle A'AX$ und ebenso der Inhalt des Dreiecks $A'AX$, sondern auch, indem der Punkt M der Achse $A'M$ an Stelle des Punktes A' tritt, $\triangle MAX$ ein *Min*, wenn der Punkt X in einen der beiden Durchgänge der Kreislinie und der Symmetralebene fällt.

Wäre endlich in jeder von 2 parallelen Ebenen eine Kreislinie gegeben, x und y, so würde man die *Max* und *Min* $X_m Y_m$ der graden Linien, welche einen Punkt X der einen mit einem Punkte Y der andern verbinden, nach dem was beim ersten Beispiel von den beiden windschiefen Linien x und y gesagt worden ist, in der Symmetralebene zu suchen haben, die durch die Achse $M'M''$ geht und zu den Ebenen der beiden Kreise senkrecht steht.

3. Beispiel. Unter den Sehnen eines Kreises K, welche durch denselben Punkt A gehen, ist der Durchmesser AM die grösste und, sofern A innerhalb des Kreises liegt, die auf ihm senkrecht stehende die kleinste.

Soll diesem Satze in unserer Betrachtung symmetrischer Gebilde der ihm zukommende Platz angewiesen werden, so müssen wir jetzt von den durch den Punkt A gehenden Graden X ausgehen, diese zu Paaren X' und X'' verbinden, welche gegen die Achse AM gleich geneigt sind. Alsdann folgt unmittelbar aus der Symmetrie der Figur, dass immer die auf einem Paar X' und X'' liegenden beiden Sehnen s' und s'' gleich gross sind. Dreht man also eine Grade X um den Punkt A, so wird die auf ihr liegende Sehne einen Wechsel zwischen Steigen und Fallen erfahren, ein *Max* (oder *Min*) werden, wenn X in der Lage X_{ma} auf AM fällt. Weiter aber schliessen wir aus der Symmetrie der Graden X, dass wenn der Winkel $X'X''$ durch AM halbiert wird, X' und X'' auch gegen die auf AM senkrechte Grade gleich geneigt sind, diese Senkrechte eine Achse der Symmetrie — nicht für die Sehnen s' und s''! wohl aber — für die Träger gleicher Sehnen, für X' und X'' ist. Danach wird, wenn wir den Träger X um den Punkt A drehen, ein Wechsel aus Fallen und Steigen seiner Sehnen, ein *Min* (oder *Max*) derselben auch dann eintreten, wenn er mit dieser zweiten Achse zusammenfällt, wenn er $\perp AM$ steht.

Beide Schlüsse passen übrigens auf jede andre Curve, sofern sie nur eine Achse der Symmetrie hat, ebenso wohl als auf den Kreis. Ist A ein Punkt dieser Achse, so ist stets die auf der Achse liegende Sehne einerseits, sowie andererseits die zu ihr senkrechte Sehne ein *Max* oder ein *Min*. Nur sei hier nochmals an Vorsicht erinnert, wenn es sich um Entscheidung der Frage handelt, ob der eine oder andere Wechsel ein *Max*, oder ob er ein *Min* ist. Nehmen

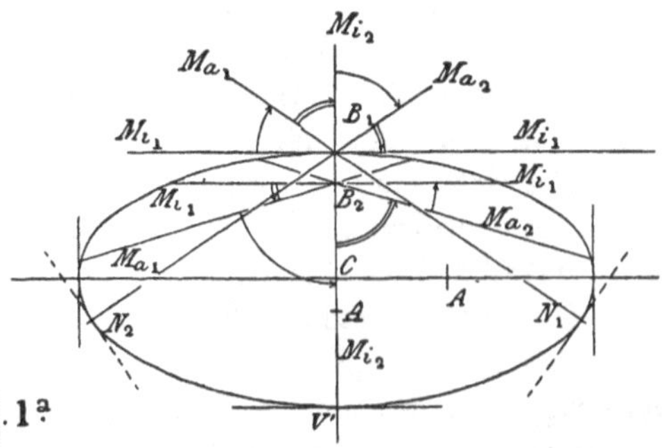

Fig. 1a

wir z. B. Fig. 1a den Punkt A auf der kleinen Achse einer Ellipse, zunächst im Ellipsen-Mittelpunkt an, so ist unzweifelhaft die Sehne auf der kleinen Achse ein *Min*, die senkrechte zu dieser ein *Max*; und dasselbe Gesetz gilt zuverlässig von den dieser Lage des Punktes A nahestehenden. Ebenso sicher ist aber, dass es für die Lagen in der Nähe des Scheitels nicht zutrifft. Denn fällt der Punkt A in den Scheitel der kleinen Achse, so ist die zur Achse senkrechte Sehne gleich Null, nicht *Max*, sondern *Min*. Ueberdies führen vom

Scheitel zwei symmetrisch gegen die Achse liegende Normalen zur Ellipse, für welche die Sehnen gleichfalls *Max* oder *Min* sind. Es wird hiernach die Vermutung begründet sein, dass für den Scheitel und ihm nahe liegende Punkte die Sehnen auf der Achse und auf der zu ihr Senkrechten *Min* sind, zwischen diesen noch ein Paar anderer Wechsel der Sehnen vorkommen, welche *Max* sind — wie die Figur es für die Punkte anzeigt. —

Eine ähnliche Erscheinung bieten die Ebenen X eines Ebenenbüschels mit der Achse a in Hinsicht der Winkel, die sie mit einer Ebene E bilden, welche schief zu a steht — sei es dass man die einzelnen Ebenen X durch ihre Schnitte mit E bestimmt und diese wieder durch ihre Winkel, welche sie mit a', der Projektion von a auf E, einschliessen, oder sei es, dass man unmittelbar von den Winkeln redet, welche die Ebenen unter einander bilden. Wir wählen den letzteren Weg zur Bestimmung der Ebenen X, und konstruieren hierzu durch a eine Ebene X_{ma}, welche $\perp E$ ist. Ordnen wir die übrigen Ebenen X zu Paaren wieder so, dass der Winkel $X'X''$ jedes Paares durch X_{ma} halbiert wird, so ist $\angle X'E = \angle X''E$, die Ebene X_{ma} also eine Ebene der Symmetrie für die Ebenenpaare in Rücksicht auf die Ebene E. Ebenso sind aber auch die Ebenen jedes Paares X' und X'' gegen die Ebene X_{mi} des Büschels gleich geneigt, welche auf X_{ma} senkrecht steht; und es wird hiernach, wenn man eine Ebene X um a rund herumdreht, ebenso in der Lage X_{mi} als in X_{ma} für den Winkel XE ein Wechsel zwischen Steigen und Fallen eintreten. $\angle X_{ma}E$ ist ein rechter, also ein *Max*, während in X_{mi} die Gerade a die Richtung „des stärksten Falles" gegen E, und zwar ein *Min* ist, da in den übrigen Ebenen die Linien „des stärksten Falles" gegen E einen grösseren Winkel mit E einschliessen, als die Achse a des Ebenenbüschels. —

Anschliessend an die voraufgehende Betrachtung soll hier noch versucht werden eine uns neue, hierher gehörige Erscheinung zu beurteilen, die Inhalte gewisser Querschnitte eines schiefen Kreiskegels betreffend, welche durch ihre Schnitte mit der im vorigen Beispiel schon erwähnten, durch Höhenlinie und Achse gehenden Symmetralebene des Kegels gegeben sind. In Fig. 1b stellt das in der Ebene der Zeichnung gedachte Dreieck $AB'C'$

die Symmetralebene eines schiefen Kreiskegels, $B'PC'$ die Hälfte des Grundkreises, $B'C'$ dessen Durchmesser, AA' die Höhe, AM die Achse des Kegels dar. Trägt man $AB''=AB'$, $AC''=AC'$ ab und legt durch $B''C''$ eine Ebene, die gleichfalls senkrecht zur Symmetralebene steht, so schneidet auch diese den Kegel in einem Kreise von dem Durchmesser $B''C''=B'C'$; und der Schnitt bei-

Fig. 1b.

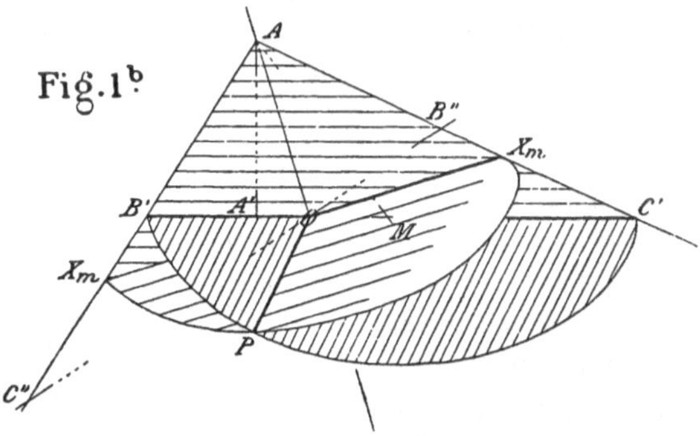

der Ebenen PO, wo P ein Punkt auf der Kegeloberfläche ist, steht auch senkrecht zur Symmetralebene des schiefen Kegels. Verbindet man jetzt die Punkte O und A mit einander, so könnte man diese Grade die Achse des durch unsern Kegel, indem man sich seine Seiten verlängert denkt, bestimmten kegelförmigen Raumes nennen. Denn wie man auch Gradenpaare, wie $B'C'$ und $B''C''$ durch O legen mag, die gleiche Winkel mit OA bilden; legt man durch diese immer Ebenen senkrecht zur Symmetralebene, so erhält man kongruente Kegelschnitte. Da aber die Gradenpaare auch die zu OA senkrechte Grade X_mX_m — ganz so wie es oben bei der durch den Punkt A gehenden Kreissehne der Fall war — zur Symmetrale haben, so kann endlich die in der Figur dargestellte Ebene X_mPX_m als Symmetralebene des durch OP gehenden Ebenenbüschels insofern angesehen werden, als je zwei Ebenen, die mit dieser Ebene gleiche Winkel einschliessen, vom Kegel in kongruenten Ellipsen geschnitten werden. Daraus folgt, dass unter allen durch den Punkt O der Achse AO — vielmehr zunächst durch die Grade PO gehenden Ellipsenschnitten des Kegels die durch X_mX_m gehende einen *Max*- oder *Min*-Inhalt, bestimmter: einen *Min*-Inhalt hat. Denn für alle diese Ellipsen fällt eine Achse auf die in der Symmetralebene $AB'C'$ des Kreiskegels liegende Grade ($X_m X_m$, $B''C''$, $B'C'$ ...) und unter diesen Achsen ist $X_m X_m$ die kleinste. Die andere Achse ist parallel OP; und zwar für die Ellipse über $X_m X_m$ ist OP selbst die andere Halbachse. Für alle anderen aber, weil O bei diesen nie wieder Mittelpunkt der ersten Achse ist, ist die zweite Halbachse grösser als OP. Es sind also beide Achsen in der Ellipse $X_m X_m$ kleiner als in allen übrigen, deren Ebenen durch OP gehen.

4. Beispiel. Unter allen Rechtecken von gleichem Umfange hat das Quadrat den grössten Inhalt.

Ist eine Strecke AB gegeben, welcher der halbe Umfang gleich werden soll, und teilt man sie durch einen Punkt X', nimmt den am Punkte A gelegenen Teil immer zur Seite a, den an an B liegenden immer zur Seite b des Rechtecks ab; so ändert sich der Inhalt des Rechtecks nicht, wenn man a und b vertauscht, als Teilungspunkt einen Punkt X'' wählt, der symmetrisch zu X' in Bezug auf die Punkte A und B — schärfer: in Bezug auf den Mittelpunkt X_m von AB liegt. Hieraus folgt, dass für den Mittelpunkt ein Wechsel zwischen Steigen und Fallen des Rechtecks-Inhalts — wie anderweit bekannt, ein *Max* desselben eintritt.

Der Schluss wiederholt sich in vielen andern Fällen, offenbar immer dann, wenn die beiden Teile AX und BX einer gegebenen Strecke gleichwertig in eine Konstruktion eingehen. Man wird z. B. ohne weiteres hieraus schliessen, dass überhaupt unter den Parallelogrammen von gleichem Umfange und bestimmtem Winkel die Raute den grössten Inhalt hat.

Unter den Dreiecken ($b+c=s$, α) hat das gleichschenklige nicht nur den grössten Inhalt, sondern auch den grössten Umfang.

Vergleicht man die Winkel α aller Dreiecke ($b+c=s$, a), so ist der des gleichschenkligen Dreiecks ($b=c$) ein *Min* (oder *Max*?).

Hieraus ergeben sich dann weitere Folgerungen. Es sei z. B. ein Dreieck gegeben ABC, und es soll auf der Seite AC ein Punkt X gefunden werden, so dass, wenn man durch ihn Parallelen XD und XF zu den beiden andern Seiten zieht, das von den beiden

Paaren paralleler Graden begränzte Parallelogramm einen möglichst grossen Inhalt erhält. Liegt D auf BA, so sind die Inhalte der verschiedenen Parallelogramme, wenn man X über die Seite AC hinführt, dem Produkte aus BD und XD, oder da XD proportional DA ist, dem Produkt aus BD und DA proportional, ein *Max* also, wenn D in der Mitte von BA, X in der Mitte von CA liegt.

4. Es soll im Folgenden noch an zwei Beispielen die Bestimmung des *Max* oder *Min* einer Funktion nach dem voraufgehenden Verfahren vollständig durchgeführt werden.

5. Beispiel. Auf einer Halbkugel sind zwei Punkte A und B gegeben: dieselben sollen durch den kürzesten Bogen eines Kugelkreises mit einander verbunden werden.

In der Ebene der Zeichnung (Fig. 2) liege ausser der Graden

Fig. 2.

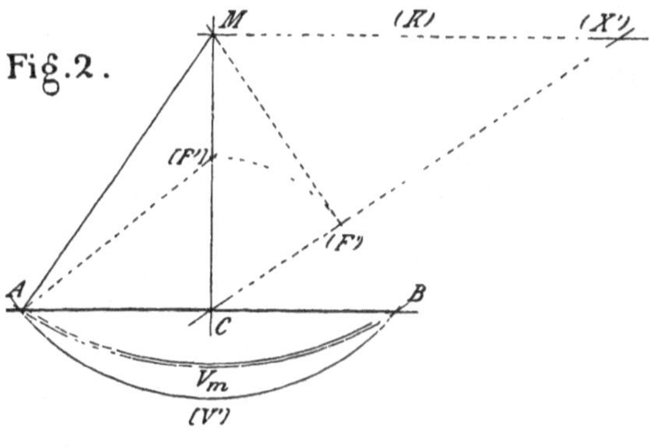

AB ($AC = CB$) noch der Mittelpunkt M der Halbkugel, sonach auch der Bogen AV_mB des grössten Kugelkreises. Stellen wir uns das durch die Grade AB gehende Ebenenbüschel vor, welches die Kugelfläche in anderen Kreisbögen AVB schneidet, so können die einzelnen Ebenen etwa durch ihre Punkte X auf einer Graden K bestimmt werden, welche in M senkrecht zur Ebene AMB errichtet wird. Wir wollen die Grade K mit der Ebene (K, MC) in die Ebene der Zeichnung herabschlagen; alsdann ist F' der Mittelpunkt des in der Ebene ABX' liegenden Kugelkreises, wenn $MF' \perp CX'$ steht. Schlägt man also endlich die Ebene ABX' auf die Ebene der Zeichnung herab, so gelangt F' nach $[F']$, und den zugehörigen Kreisbogen stellt $A[V']B$ dar. Für eine Ebene ABX''

würde, wenn $MX'' = MX'$ ist, und man an dieser Ebene die Konstruktion wiederholte, derselbe Kreisbogen $A[V'']B$ sich ergeben. Daraus folgt, dass der in der Symmetralebene AMB gelegene Kreisbogen AV_mB ein *Max* oder *Min* ist.

Die Frage aber, ob er ein *Max* oder ein *Min* ist, entscheidet sich danach, dass der Bogen AV_mB unter allen den grössten Radius, und in Anbetracht dessen, dass alle über derselben Sehne AB stehen, die kleinste Bogenhöhe hat. Daraus folgt, dass AV_mB ein *Min* ist. Denn wenn mehre Linienzüge zwei Punkte A und B verbinden, und jeder von ihnen den vorhergehenden umgiebt, so ist der innerste der kürzeste von ihnen.

6. Beispiel. Der Weg eines Lichtstrahls durch ein Prisma soll so bestimmt werden, dass die Ablenkung nach zweimaliger Brechung ein *Min* wird, — unter den „Wegen" nur solche verstanden, die in einer zur brechenden Kante senkrechten Ebene liegen. Tafel A, Fig. 1—4.

In Fig. 1 ist, eine Ebene normal zur brechenden Kante als Zeichnungsebene gedacht, der Weg des Lichtstrahls $A'M'M''A''$ in herkömmlicher Weise für einen Brechungsexponenten $n = \frac{3}{2}$ konstruiert. Es stellen E' und E'' die Normalschnitte der Prismenflächen, N' und N'' die Einfallslote, α den Winkel der ersteren, α' den der letzteren, i und β Einfalls- und Brechungs-Winkel und zwar i immer den im optisch dünneren Mittel, endlich λ die gesammte Ablenkung vor. Die Ausführung der Konstruktion, namentlich die Darstellung des Verhältnisses $\frac{\sin i}{\sin \beta} = \frac{3}{2}$ ergiebt die Figur.

Die Beziehungen unter den Winkeln werden übersichtlicher, wenn man den um M' liegenden Teil der Figur parallel zu sich verschiebt, bis M'' auf M' fällt. Die Linien E' und E'' werden entbehrlich, und es giebt $A'MA''$ (Fig. 2), indem die Grade $M'M''$ durch die Grade X dargestellt wird, unmittelbar das Supplement der Ablenkung $= 180^\circ - \lambda$. Da ferner die Beziehung zwischen einfallendem und austretendem Strahl wechselseitig ist, man ebensowohl $A'M'$ als $A''M''$ als einfallenden Strahl ansehen kann, lässt sich der Weg eines Lichtstrahls endlich auch so konstruieren, dass man von dem Teil $M'M''$, in Fig. 2 von der Graden X, ausgeht und nach der Richtung der Einfallslote N' und N'' einerseits den in der Richtung MA', andererseits den in der Richtung MA'' austretenden Strahl der Richtung X sich anschliessen lässt. Die Punkte A' und A'' der beiden austretenden Strahlen ergeben sich in einer die Vergleichung der Ablenkung wesentlich erleichternden Weise, wenn man um M mit beliebigem Radius r einen ersten Kreis, mit $\frac{r}{n}$ um M einen zweiten Kreis beschreibt und die Punkte B, in welchen die Grade X den ersten Kreis schneidet, parallel dem zugehörigen Einfallslote auf den zweiten Kreis projiziert. In der Fig. 2 ist dies am Strahl X' ausgeführt, welcher die erste Kreislinie in B' und B'' schneidet. Es ist $B'A'_1 \mathrel{+\!\!\!=} N'$, $B''A''_1 \mathrel{+\!\!\!=} N''$ gezogen, und so bestimmt sich unmittelbar der eintretende Strahl A'_1M, der innerhalb des Prismas in der Richtung X' sich fortsetzt und in der Richtung MA''_1 austritt — mit einer Ablenkung $\lambda = 180^0 - A'_1MA''_1$.

Hinsichtlich des Fünfecks $B'B''A''M'A'B'$, welches den ganzen Hergang bei der Brechung eines Lichtstrahls veranschaulicht, ist nun vor allem auf die Symmetrie zu achten, die je zwei solcher Wege in Bezug auf die beiden Einfallslote, oder richtiger: mit diesen zusammen in Bezug auf die den Winkel α' halbierende Grade X_n eingehen. Denken wir uns nämlich X in eine Lage X'' gebracht, die gegen N' und N'' ebenso geneigt als X' bez. gegen N'' und N', so vertauschen sich einfach in unserer Figur die rechts und links von X_n gelegenen Teile des Fünfecks; die Ablenkung λ aber bleibt dieselbe. Weiter aber schliessen wir nach dem zum dritten Beispiel Gesagten, dass alsdann auch die Strahlen X mit gleichem λ symmetrisch liegen zu der auf X_n senkrechten Graden X_m, dass also endlich die Ablenkung λ, zufolge des leitenden Gesetzes in allen bisherigen Beispielen, für diesen Strahl X_m d. h. dann ein *Max* oder *Min* wird, wenn der Lichtstrahl innerhalb des Prismas und darum auch vor dem Eintritt und nach dem Austritt mit den beiden Einfallsloten — oder auch: mit den Prismenflächen gleiche Winkel bildet.

Um noch festzustellen, ob die Ablenkung λ_m ein *Max*, oder ob sie ein *Min*, der Winkel der beiden Strahlen A_m oder der der Strahlen A_1 der grössere von beiden ist, kann der Versuch gemacht werden, das Fünfeck über X' durch Drehen um den Punkt M so auf das Fünfeck über X_m zu legen, dass X' auf X^m fällt. Das Resultat der Drehung zeigt Fig. 3, in welcher ausserdem durch den Punkt B'_m eine Grade symmetrisch zu $B''_m A''_1$ gelegt und durch Punktieren kenntlich gemacht ist. Dabei zeigt sich, wie aus der Fig. 2 ohne weiteres sich ergiebt, dass diese Hilfslinie und $B'A'_1$ gegen $B'_m A'_m$ gleich geneigt sind, und, da weiter die Fig. 4 auf Grund einfacher planimetrischer Lehrsätze lehrt, dass $Q'A < Q''A$ ist, schliessen wir für die Richtung der vier Strahlen MA, dass der Bogen $A'_m A'_1 > A''_m A''_1$, sonach der Winkel der beiden Strahlen MA_m grösser als der der Strahlen MA_1, mithin endlich die Ablenkung λ_m kleiner als die Ablenkung λ_1 der Strahlen $A'M$ und MA'', jene ein *Min* ist.

5. Schlussbetrachtung. Die veränderlichen geometrischen Grössen y, deren Gränzwerte, *Max* oder *Min*, bisher betrachtet worden sind, hingen ab von der Lage eines Punktes auf einer graden oder krummen Linie, oder von der Lage einer Graden oder einer Ebene, die einem durch die je vorliegende Aufgabe bestimmten Orte angehörten, z. B. durch denselben Punkt gingen, bez. dieselbe Achse hatten u. dgl. m.; und zwar war die Abhängigkeit des y von jenen Elementen (Punkten, Graden, Ebenen), die wir hier gemeinschaftlich mit X bezeichnen wollen, so beschaffen, dass immer zwei Elementen X derselbe Wert von y zugehörte, die Elemente X nach dieser Beziehung zu y gepaart wurden. Die einfachste Art des Paarens, und dies war das Charakteristische der Beispiele in der voraufgehenden Untersuchung, ist offenbar die, dass alle Paare dasselbe Mittel X_m haben, sich symmetrisch zu beiden Seiten desselben ordnen. Wir wollen das Mittel X_m, insofern die Paare bis dicht daran reichen, ein Doppelelement nennen, als ob zwei einander zugeordnete X' und X'' in ihm in eins zusammenfallen. Das Band, welches dann die in unseren Beispielen betrachteten Erscheinungen unter einander und mit ihnen ungezählte andere verknüpft, bildet der

Lehrsatz: Dass der dem Doppelelement X_m entsprechende Wert der Funktion y immer ein *Max* oder ein *Min* ist.

In dieser Verknüpfung mannigfaltigster Formen und Bedingungen, unter denen *Max* und *Min* auftreten, in der Ergänzung, welche unsere Anschauungen über mehr oder weniger bekannte geometrische Gesetze durch ihn erfahren, liegt, wie oben angedeutet wurde, jetzt schon deutlicher erkannt sein wird, der eigentliche Wert unseres Lehrsatzes, nicht aber darin, dass er ein eigentliches Verfahren begründete, das *Max* oder *Min* einer Funktion zu bestimmen. Dass er nicht bloss nicht auf alle Funktionen anwendbar ist, sondern dass er auch, wie die Ausführungen zum zweiten und dritten Beispiel gelehrt haben, keinerlei Anzeichen enthält, ob die Wechsel zwischen Steigen und Fallen, welche er für gewisse Funktionen anzeigt, auch die einzigen sind, welche sie in ihrem Verlaufe erfahren; dass er endlich, wie bei Erörterung des ersten Beispiels näher begründet wurde, über die Art des Wechsels: ob *Max*, ob *Min* — sich nicht ausspricht: alles das sind Mängel, die einem Verfahren das *Max* oder *Min* einer Funktion zu bestimmen nicht anhaften dürfen.

Gleichwohl weist der Lehrsatz auf den Weg hin, auf dem wir zu einem allgemeinen Verfahren gelangen werden. Denn wenn es unter den Punkten X einer Linie der Punkt X_m ist, für welchen irgend eine Funktion y ein *Max* oder *Min* wird, so wird sie stets für Punkte X' vor X_m und für andere X'' hinter X_m paarweise dieselben Werte annehmen müssen. Die Punkte X der Linie werden also in jedem Falle nach derselben Beziehung zu y, wie im Vorigen um X_m gepaart werden können, gleichviel ob X_m in die Mitte jedes Paares fällt oder nicht; und es wird auch immer der dem Doppelpunkte X_m entsprechende Wert von y ein *Max* oder *Min* sein. Achtet man ferner gleich bei dem fortschreitenden Paaren der Punkte darauf, ob die Funktion, wenn die Paare sich zusammenziehen und dem Doppelpunkte sich nähern, steigt oder fällt: so wird unmittelbar hieraus sich feststellen lassen, ob der für X_m eintretende Wechsel ein *Max* oder ob er ein *Min* ist.

Die Ausführung dieser allgemeinen Erwägung bildet den Gegenstand der nächsten Untersuchung.

Zweite Untersuchung.

Allgemeines geometrisches Verfahren zur Bestimmung des Max oder Min einer Funktion.

6. Wie in der vorigen Untersuchung halten wir auch hier an der Voraussetzung fest, es läge die Aufgabe, das *Max* oder *Min* einer Funktion zu bestimmen, in folgender Gestalt vor:

> unter gegebenen Elementen X (Punkten, Graden, Ebenen) eines geometrischen Gebildes dasjenige X_m zu finden, für welches die gegebene Funktion ein *Max* oder *Min* wird;

und wenn wir uns in Hinsicht der Art der Elemente zunächst auf die Punkte beschränken, so wird es sich um die Lösung der Aufgabe handeln:

> den Punkt X_m einer irgendwie gegebenen graden oder krummen Linie zu bestimmen, für welchen in der Veränderung der Funktion beim Uebergange von einem voraufgehenden Punkte X_{m-1} zu X_m und von diesem zu einem folgenden X_{m+1} ein Wechsel zwischen Steigen und Fallen eintritt.

Das charakteristische Kennzeichen eines solchen Wechsels, einer „Umkehr“, ist dies, dass die Funktion vor und hinter dem Punkte X_m dieselben Werte annimmt, dass die Paare der Punkte X, für welche dies geschieht, sich immer mehr an einander ziehen, die sie „trennende Strecke“ der festen Ortslinie immer kleiner wird, je näher sie dem Punkte X_m kommen, bis endlich im Punkte X_m die beiden Punkte sich zu einem „Doppelpunkte“ vereinigen. Nennen wir, um jetzt auch die Art des Wechsels anzugeben, ein Punktpaar X'_k und X''_k, das „folgende“ d. h. dasjenige, welches näher als X_k an X_m liegt, X'_{k+1} und X''_{k+1}, und bezeichnen wir gleichzeitig die zugehörigen Werte der Funktion mit y_k bez. y_{k+1}, den Wert von y endlich für den Punkt X_m mit y_m; so wird

y_m ein *Max*, wenn $y_{k+1} > y_k$,

y_m ein *Min*, wenn $y_{k+1} < y_k$ ist.

Die Frage nach einem Verfahren zur Bestimmung des Punktes X_m kommt also der Hauptsache nach auf die andere zurück, wie man die Paare X'_k und X''_k der festen Ortslinie ermitteln könne, denen ein gegebener Wert y_k der Funktion entspricht — oder vielmehr, wie das hierbei einzuschlagende Verfahren insbesondere zu gestalten ist, um grade den Doppelpunkt X_m zu erhalten.

Soll z. B. auf einer Graden G (der festen Ortslinie für die Punkte X) der Punkt X_m bestimmt werden, für welchen die Entfernung vom Punkte A (die Funktion y) ein *Min* ist; so wird man sich sagen, wenn man zunächst die von dem Punkt X zu erfüllende Bedingung einer *Min*-Entfernung ersetzt durch eine gegebene Entfernung y_k, und wenn man ferner ganz absieht von der festen Ortslinie, dass es unzählige Punkte giebt, für welche die in der Aufgabe bezeichnete Funktion, die Entfernung von A, den Wert y_k hat. Der Ort dieser Punkte ist eine grade oder krumme Linie L_k — in unserm Falle ein Kreis um den Punkt A; die Punkte X'_k und X''_k aber sind diejenigen Punkte, in welchen L_k die feste Ortslinie G schneidet. — Will man noch andere Paare X' und X'' angeben, so wiederholt man das Verfahren mit einem neuen Werte y_{k+1} der Funktion. Man erhält alsdann eine neue Linie L_{k+1}, und zwar in unserm Falle einen andern Kreis, und neue Durchschnitte mit G, nämlich X'_{k+1} und X''_{k+1}. Man wird hinzufügen, dass wenn das Paar X_{k+1} dem Punkte X_m näher liegen soll, als das Paar X_k, nach bekannten planimetrischen Lehrsätzen in unserm Beispiel $y_{k+1} < y_k$ sein muss. — Fragen wir endlich, welche unter den Linien L ist aber die Linie L_m d. h. diejenige, welche die Ortslinie G der Punkte X in dem Punkte X_m trifft? Der Punkt X_m war, wie das Gesetz der Stetigkeit ergab, derjenige Punkt der Ortslinie, in welchem die beiden Punkte X' und X'' in einen zusammenfallen. Dasselbe werden wir von den Durchschnitten der beiden Linien G und L_m, gleichviel ob eine von beiden eine grade ist, oder ob beide krumme Linien sind, sagen können, wenn sie in dem ihnen gemeinschaftlichen Punkte X_m sich berühren. Da übrigens der in dem Punkte X_m eintretende Wechsel, in Anbetracht der Beziehung $y_{k+1} < y_k$, ein *Min* ist; so ist das voraufgehende Resultat der Ausdruck des Satzes, dass die Entfernung für den Fusspunkt des Lotes, welches von A auf G führt, das gesuchte *Min* ist.

Versuchen wir das an diesem Beispiel befolgte **Verfahren** zur Lösung der Aufgaben über *Max* und *Min* einer Grösse y zu **verallgemeinern,** so wird sich dies, wie folgt, gestalten:

Vorausgesetzt wird, dass irgend eine, grade oder krumme, Ortslinie G gegeben, ausserdem in der zu lösenden Aufgabe eine Beziehung zwischen Punkten und der Grösse y enthalten ist. Diese Beziehung denken wir uns durch ein Linienbüschel $L_1, L_2 \ldots L_k \ldots L_m$ in der Weise dargestellt, dass allen Punkten einer Linie L_k derselbe Wert (y_k) von y in dem Sinne „entspricht", welchen jene Beziehung anzeigt. Wir setzen ferner voraus, dass unter den Linien L immer eine Schaar auf einander folgender $L_k \ldots$ sich findet, von welchen die Ortslinie G in wenigstens zwei Punkten, von L_k in den Punkten X'_k, X''_k, $X'''_k \ldots$ von der Linie L_{k+1} in den Punkten X'_{k+1}, X''_{k+1}, $X'''_{k+1} \ldots$, von der Linie L_{k+2} in $X'_{k+2} \ldots$ geschnitten wird. Beachten wir sodann die Veränderung der Lage eines Paares dieser Punkte, und wenn mehr als zwei Durchschnittspunkte vorhanden sind, die Lage von zwei auf einander folgenden, die wir gleichfalls als „Paar" bezeichnen wollen, z. B. die Veränderung in der Lage des Paares X' und X'', je nachdem L_k oder L_{k+1} oder $L_{k+2} \ldots$ mit G zum Durchschnitt gelangt; so kann die das Paar trennende Strecke $X' X''$ der Ortslinie G entweder zu- oder abnehmen. Insofern die Untersuchung darauf ausgeht, die Strecke ganz verschwinden zu lassen, sei für den vorliegenden Zweck, wie für den weiteren Verlauf der Untersuchung verabredet, dass von den beiden eine Linie L_k umgebenden Linien diejenige als die „ihr folgende", als L_{k+1} bezeichnet werden soll, für welche die trennende Strecke des Paares X', X'' kleiner ist, als bei der Linie L_k; und demgemäss möge auch der Wert y_{k+1} als der dem Werte y_k „folgende" Wert der Funktion bezeichnet werden.

Hiernach entspricht demjenigen Punkte X_m der festen Ortslinie G, in welchem sie von einer Linie L_m des Büschels berührt wird, allen anderen Punkten derselben gegenüber, ein *Max* oder *Min* der Funktion y; und zwar das Erstere oder Letztere, je nachdem die Reihe der einander „folgenden" Werte des y eine steigende oder eine fallende ist.

Dass über die Art der Linien L nichts Allgemeines gesagt werden kann, ist in Anbetracht der Mannigfaltigkeit der Aufgaben selbstverständlich, — „nichts"! bis auf das Eine natürlich, dass die feste Ortslinie G und die Linien L, damit Paare von Durchschnittspunkten entstehen, nicht gleichzeitig grade Linien sein dürfen, wenn von einem *Max* oder *Min* die Rede sein soll.

Was endlich die Ausführung der Konstruktionen bei Lösung von Aufgaben betrifft, so sei ausdrücklich bemerkt, dass es an sich nicht nötig ist, Linien L zu zeichnen. Nicht einmal die Linie L_m darzustellen ist erforderlich*), wenn, wie in unserm Musterbeispiel, die Eigenschaften der Linien L_m und G bekannt genug sind, um den Berührungspunkt X_m der Ortslinie anderweitig zu bestimmen. Es muss auch diese unmittelbare Bestimmung des Punktes X_m als das eigentliche Ziel für die Lösung der Aufgabe angesehen werden.

7. Als einfachste Aufgabe behandeln wir die in der Einleitung erwähnte:

7a. Beispiel. Unter allen Dreiecken (c, α, $\alpha < 90^0$) dasjenige anzugeben, in welchem a ein *Min* ist.

Die Aufgabe kommt (Fig. 3) darauf zurück, die kürzeste Grade von B nach dem andern Schenkel des Winkels α zu ziehen und ist als Muster in Nr. 6 behandelt worden. Das gesuchte Dreieck muss bei C einen $\angle = 90^0$ haben.

Fig. 3.

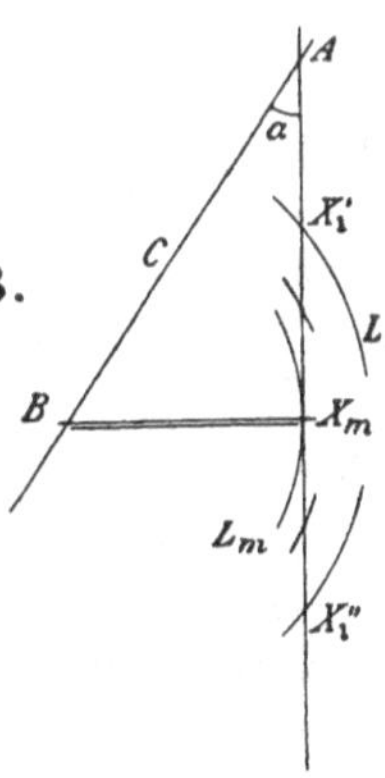

Kehren wir sie um:

7b. Beispiel. Unter allen Dreiecken (a, c, $a < c$) dasjenige anzugeben, in welchem $\angle \alpha$ ein *Max* ist,

so zeigt Fig. 4, $AB = c$, den Halbkreis als Ort für die Ecke C, während das Linienbüschel L die durch den Punkt A gehenden Graden bilden, deren Winkel mit AB die Werte der Funktion y sind. Die Figur lehrt, dass die, auf dem Halbkreis zu messenden, trennenden Strecken $X'X''$ abnehmen, wenn y zunimmt. Daraus folgt, dass die Grade L_m, welche den Ortskreis in X_m berührt, mit AB den *Max*-Winkel y bildet — das gesuchte Dreieck wieder das bei C rechtwinklige ist.

Fig. 4.

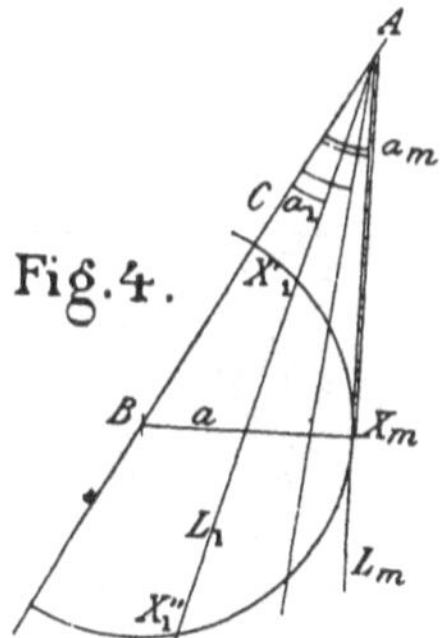

*) Wenn gleichwohl in den zu den folgenden Beispielen gehörenden

Bilden wir endlich die andere Umkehrung:

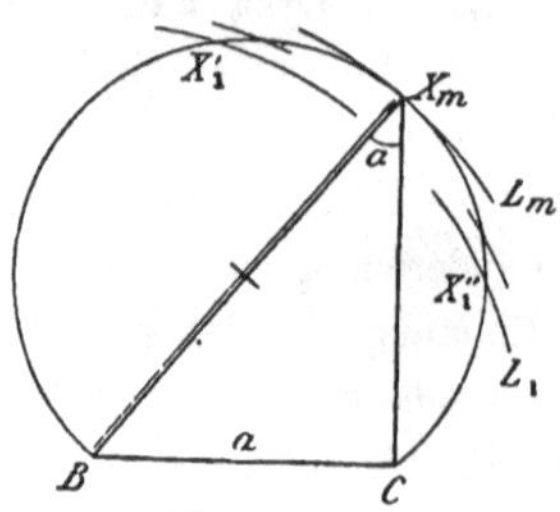

Fig. 5.

7c. Beispiel. Unter allen Dreiecken $(a, \alpha, \alpha < 90^0)$ dasjenige anzugeben, in welchem eine der beiden andern Seiten z. B. c ein *Max* ist — so erhalten wir, wie Fig. 5 lehrt, als Ortslinie für die Ecke A einen Kreisbogen, als Linienbüschel L eine Schaar konzentrischer Kreise um die Ecke B, welche mit den Radien $y_1 \ldots$ beschrieben sind. Sollen die trennenden Strecken der Paare X' und X'' abnehmen, so müssen die Radien y zunehmen. Hieraus folgt, dass der Radius y_m des Berührungskreises L_m ein *Max* ist. Uebrigens liegt der Punkt X_m dem Punkte B diametral gegenüber, so dass sich wieder das gesuchte Dreieck als ein bei C rechtwinkliges ausweist.

Anmerkung. Fragen wir, im Anschluss an die Regel Nr. 6, nach den Kennzeichen dafür, dass eine Funktion ein *Max* oder *Min* **nicht** erreicht, unausgesetzt steigt oder fällt, so werden die voraufgehenden drei Beispiele hierüber den erwünschten Aufschluss geben, wenn wir dieselben Aufgaben unter der Voraussetzung zu lösen versuchen, dass die als dritte aufgestellte Nebenbedingung grade nicht erfüllt wird.

Fig. 6.

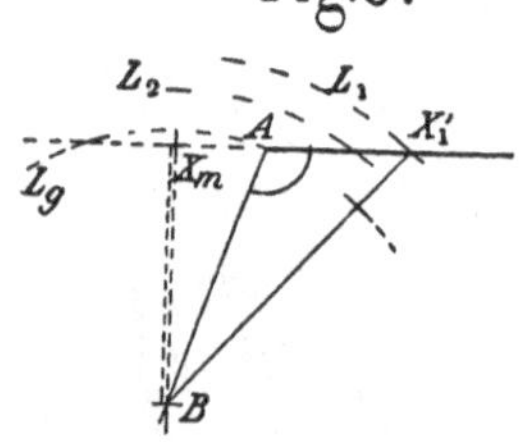

Die Antwort auf die Frage lautet kurz dahin, dass in solchem Falle die Linien L die feste Ortslinie in nur **einem** Punkte treffen und unter diesen Durchschnitten der Punkt X_m sich nicht vorfindet. Untersuchen wir, wie dies zugeht, so veranschaulichen zunächst die Figuren 6 und 7 den Verlauf der Konstruktionen für

Figuren einzelne Linien des Büschels und namentlich die Linien L_m angegeben sind, so geschieht es, die Begründung unseres Verfahrens möglichst vielseitig zu veranschaulichen, gleichzeitig die Lernenden zu erinnern, dass bei eigener Behandlung solcher Aufgaben es wohlgethan ist, die blosse Vorstellung durch Anschauung zu unterstützen.

die den Beispielen 7a und 7c entsprechenden Aufgaben: *Min* von a für $(c, \alpha, \alpha > 90^0)$, bez. *Max* von c für $(a, \alpha, \alpha > 90^0)$. Die Linien L, welche in beiden Fällen konzentrische Kreise um die Punkte B sind, schneiden die Ortslinie, die von A nach rechts laufende Grade bez. den über BC stehenden Bogen, der kleiner als ein Halbkreis ist, nur in einem Punkte und hören mit L_g auf, ihn überhaupt zu schneiden, ehe der Punkt X_m erreicht ist. Der Doppelpunkt X_m kann zwar konstruiert werden, aber er liegt erst auf einer Verlängerung der Ortslinie, da wo sie nicht mehr „Ortslinie" ist. Kurzum! die Ortslinie ist zu kurz, als dass ein *Min* bez. *Max* der Funktion sich ausbilden könnte.

Fig. 7.

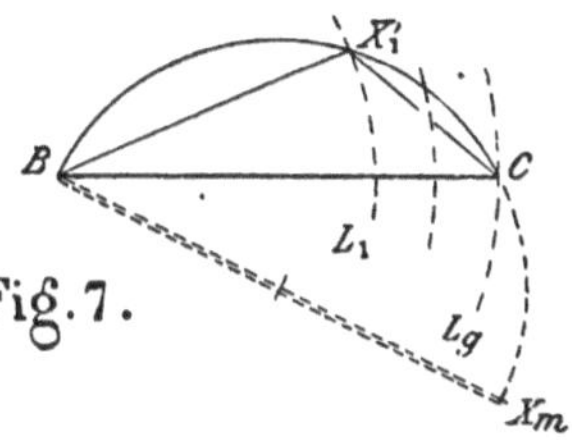

Dagegen ist in dem dem Beispiel 7b entsprechenden Fall: *Max* von α für $(a, c, a > c)$, durch die Art, in welcher von den Linien L die Punkte X der Ortslinie gepaart werden, die Möglichkeit eines Doppelpunktes von vornherein ausgeschlossen. Da jetzt $a > c$ sein soll, wird der Punkt A, Fig. 8, ein innerer des Orts-Halbkreises; und es sei zunächst bemerkt, dass die Linien L, hier die durch den Punkt A gehenden Graden, den Halbkreis immer nur in einem Punkte schneiden, die Voraussetzung, dass ein Doppelpunkt entsteht, für diesen ein Wechsel zwischen Steigen und Fallen des Winkels α eintritt, nicht erfüllt ist. Aber der Grund ist, wie schon gesagt wurde, nicht der, dass die Ortslinie zu kurz ist. Ergänzen wir den Halbkreis zu einem vollen Kreise und verlängern wir gleichzeitig die Linien L, die bei A anfangen, rückwärts über A hinaus, so bekommen wir zwar Paare von Punkten auf der Kreislinie, aber nicht solche Paare, wo die trennende Strecke des einen Paares die des folgenden an beiden Enden umspannt, sondern über die des folgenden an einem Ende

Fig. 8.

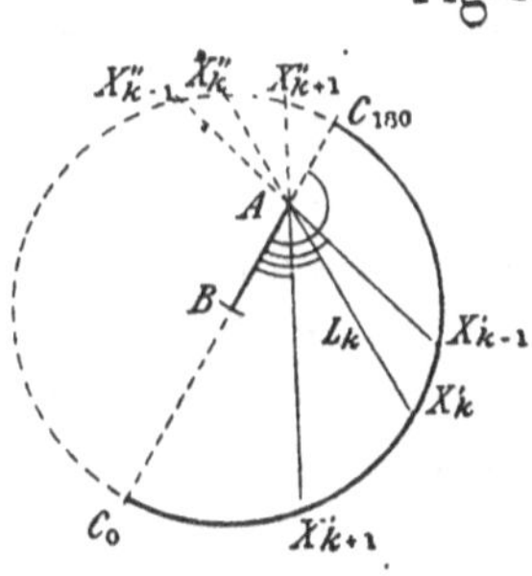

hinausgreift. Die Fig. 8 lehrt ferner, dass zwischen je zwei Punkten eines Paares z. B. zwischen X'_k und X''_k der eine Punkt aller übrigen Paare, aber auch nur ein Punkt derselben liegt; und hieraus folgt, dass so gelegene Paare nie einen Doppelpunkt haben können, da dieser dadurch entsteht, dass von einem gewissen Paare an beide Punkte auf dessen trennender Strecke liegen, sich je länger, je mehr einander nähern und schliesslich auf einander fallen.

Wir wollen, um alle Bedenken gegen das Eintreten solcher Paare bei unseren künftigen Untersuchungen über *Max* und *Min* von vornherein abzuschneiden, bemerken, dass sie bei stetigen Funktionen, wie wir sie voraussetzen, nie vorkommen können — oder genauer: dass die Ortslinie, wenn sie sich einstellen würden, nie grösser sein kann, als die trennende Strecke eines Paares. Wir wollen annehmen, es habe bei irgend einer Aufgabe, während der Ortskreis ein Teil der Kreislinie Fig. 8 ist, das Linienbüschel L_0, L_1, L_2 ... Punktpaare ergeben, die so einander folgen, wie die Paare X_{k-1}, X_k, X_{k+1}, so dass das Anfangspaar X'_0, X''_0 mit X''_{k-1}, X'_{k-1} zusammenfällt; während die Werte der Funktion $y_0, y_1, y_2 \ldots$, denen jene Linien L_0, L_1, L_2 ... entsprechen, nur wachsen oder nur abnehmen. Reichte nun die Ortslinie noch über den Punkt X''_0 hinaus, so müsste die Funktion für den Punkt X''_0 zwei Werte annehmen: einerseits den Gränzwert derjenigen, welche die Funktion in den Punkten X'_1, X'_2, X'_3 ... steigend oder fallend durchlaufen hat; andererseits den Wert y_0, mit dem sie denselben Verlauf ein zweites Mal am Punkte X''_0 beginnt, über X''_1, X''_2 ... fortsetzt. Diese, für unstetige Funktionen charakteristische, Erscheinung kann für stetige Funktionen nicht eintreten, und der Widerspruch ist dadurch zu lösen, dass die bei X'_0 anfangende Ortslinie bei X''_0 aufhört — ganz so, wie bei dem Fall des Beispiels 7b, welchen Fig. 8 darstellt, die Ortslinie bei $C_0 (\alpha = 0)$ anfängt, bei $C_{180} (\alpha = 180^0)$ aufhört — die Erscheinung sich nachher in einem Falle des 10. Beispiels wiederholen wird.

8. Beispiel. Welches unter den einer gegebenen Ellipse eingeschriebenen Rechtecken hat den grössten Umfang?

Die Frage ist natürlich dieselbe, als wenn auf dem Umfange der Viertel-Ellipse (Fig. 9) ein Punkt gefunden werden sollte, für welchen die Summe der Entfernungen von den beiden Achsen ein *Max*·wird. Diese Summe, $= {}^1/_4$ des Umfangs, werden wir hier-

Fig. 9.

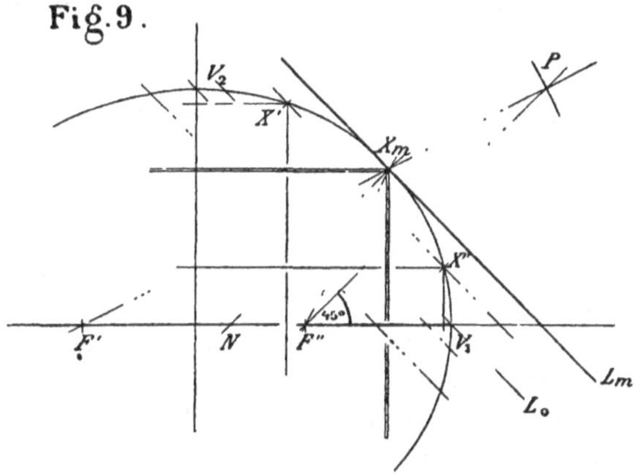

nach als Funktion ansehen, deren Gränzwert bestimmt werden soll, und mit y bezeichnen.

Wie stellt man die Summe der Lote von einem Punkte der Ellipse auf die beiden Achsen dar? am einfachsten wohl auf einer Achse selbst, so also, dass man vom Fusspunkte eines Lotes aus dieses Lot selbst auf der von ihm getroffnen Achse, abwärts vom Mittelpunkte, aufträgt. Der Abstand des so gewonnenen Endpunktes vom Mittelpunkte ist die verlangte Summe. Wiederholt man dieselbe Konstruktion an der anderen Achse und verbindet beide Endpunkte, so erhält man eine Grade, unter 45° gegen jede der beiden Achsen geneigt, welche lauter Punkte enthält, für welche die Summe der Entfernungen von beiden Achsen den auf diesen, vom Mittelpunkt aus, abgeschnittenen Stücken gleich ist.

Die beiden geometrischen Oerter für die gesuchte Ecke des Rechtecks sind also 1. als feste Ortslinie die Viertel-Ellipse; 2. als Linienbüschel L eine Schaar von parallelen Graden, zwischen den beiden den Ellipsenbogen begränzenden Halbachsen gelegen, gegen beide unter 45° geneigt, während sie auf den Halbachsen die Werte $y_1, y_2 \ldots$ abschneiden. Der kleinste Wert von y, für den wir zwei Schnitte der entsprechenden Linie L mit der festen Ortslinie erhalten, ist die grosse Halbachse. Lassen wir von diesem Werte ($y = y_0$) an y zunehmen, so paaren wieder die einzelnen Linien L die Punkte auf der Ortslinie so, dass beide Punkte X', X'' der Paare auf einander zugehen, und y erreicht sein *Max* in demjenigen Punkte X_m, in welchem das Büschel von Parallelen L die Ellipse berührt oder anders ausgedrückt: in dem Punkte, dessen Tangente L_m mit den beiden Achsen gleiche Winkel einschliesst.

Es giebt bekanntlich verschiedene Wege diese Tangente zu konstruieren. In der Figur ist der Punkt X_m mittels einer Konstruktion bestimmt, bei der von der Ellipse nichts, als die Länge der grossen Achse und die Lage der Brennpunkte benutzt ist.

Verbindet man irgend einen Punkt X mit den beiden Brennpunkten, verlängert einen Brennstrahl $F'X$ um den andern $F''X$ bis P, verbindet endlich P mit F'' und zieht für den Punkt X die Normale, so wird die Linie $F''P$ parallel zur Normale. Daraus folgt, wenn X auf X_m fällt, dass nicht bloss die Tangente, somit auch die Normale, sondern auch $F''P$ gegen die grosse Achse unter einem Winkel $= 45^0$ geneigt ist. Hiernach ist X_m bestimmt. Es ist in F'' ein $\angle = 45^0$ an die grosse Achse gelegt, auf dem Schenkel der Punkt P bestimmt, so dass $F'P$ der grossen Achse gleich wird, und auf $F'P$ der Punkt X_m so ermittelt, dass $X_m F'' = X_m P$ wird. Die hierzu erforderliche Senkrechte zu $F''P$ ist übrigens die Tangente L_m.

8. Bewegt sich der Scheitel eines Winkels über eine grade oder krumme Linie K, während für jeden Schenkel ein fester Punkt, für den einen der Punkt der A, für den andern der Punkt B, gegeben ist; so ändert sich der Winkel (y), es sei denn, dass die Linie K ein Kreis durch A und B ist. Was die Gränzwerte von y betrifft, so ist der untere $= 0$, wenn der Scheitel im Unendlichen oder auf der Graden AB, ausserhalb der Strecke AB, liegt. Es kann also, wenn K eine gerade Linie ist, sie liege mit AB in einer Ebene oder sei windschief zu ihr, nur nach einem *Max* von y gefragt werden. Wir werden auch den Fall, dass K ein Kreis ist, nach dem der graden Linie behandeln, überdies den Kreis zu AB in verschiedene Lagen bringen. Alsdann wird unter Umständen auch nach dem *Min* des Winkels y gefragt werden können. Tafel B Fig. 1—5.

9. Beispiel. Die Grade K sei zunächst eine zu AB senkrechte Grade; es soll auf ihr der Punkt X_m bestimmt werden, von dem aus AB unter dem grössten Winkel y_m erscheint. Fig. 1.

Um den Punkt P, auf der durch $M \perp AB$ errichteten Graden, ist ein Kreis L_1 beschrieben, der durch die Punkte A und B geht und K in den Punkten X_1' und X_1'' schneidet. Der Winkel, unter welchem AB von diesen aus erscheint, ist $y_1 = \angle APM$. Soll ferner die trennende Strecke des Paares X_1 verkleinert werden, so muss sich P dem Punkte M nähern. Beschreibt man also um P_m einen Kreis L_m, der K im Punkte X_m berührt, so ist $\angle AX_mB = y_m$ ein *Max*. Man erhält natürlich X_m, indem man $AP_m = VM$, $VX_m = MP_m$ macht.

Die Veränderung der Aufgabe würde unwesentlich sein, wenn die Grade K schief auf AB stände. Es bestimmte sich X_m aus der Beziehung: $VX_m^2 = VA . VB$, also daraus, dass auch alsdann $VX_m = MP_m$ ist.

10. Beispiel. Als Ort K für den Scheitel des Winkels y sei ein Kreis gegeben, der die Grade AB nicht trifft; es soll der Punkt X_m auf K bestimmt werden, für den $\angle AX_mB$ ein *Max* oder *Min* wird. Fig. 2.

Wie in der vorigen Figur ist um irgend einen Punkt P_1 ein Kreis L_1 beschrieben, der durch die Punkte A und B geht, und den festen Ortskreis K in den Punkten X_1' und X_1'' schneidet, damit aber den Kreis K in zwei Teile K' und K'' zerlegt, während der Winkel, unter welchem AB von den beiden Punkten X_1 aus erscheint, $y_1 = \angle AP_1M$ ist. Nähert man jetzt den Mittelpunkt der Kreise L dem Punkte M, so verkleinert sich die trennende Strecke der Paare X' und X'' auf dem Ortsbogen K', der seine Wölbung der Graden MP zukehrt, und gleichzeitig nimmt der $\angle y'$ zu; entfernt man aber von der Lage P_1 aus den Mittelpunkt der Kreise L von dem Punkte M, so verkleinert sich die trennende Strecke der Paare X' und X'' auf dem andern Ortsbogen K'', der seine Höhlung der Graden MP zukehrt, und gleichzeitig nimmt der $\angle y'$ ab. Auch können die Mittelpunkte P nach der einen und nach der andern Richtung von P_1 aus so weit verschoben werden, dass beide trennende Strecken der Paare X', X'' verschwinden, ein

Kreis L_{ma} den gewölbten Bogen K', ein anderer Kreis L_{mi} des Büschels den hohlen Bogen K'' berührt. Für den Berührungspunkt X_{ma} des ersteren wird dann der $\angle AXB$ ein *Max*, für den andern X_{mi} der Winkel ein *Min.*

Die Konstruktion der Punkte X_{ma} und X_{mi} ergiebt sich leicht aus der Erwägung, dass die Kreise L, welche sämmtlich durch A und B gehen, den Kreis K in Punkten X', X'' schneiden, so dass alle Graden $X'X''$ durch denselben Punkt V auf AB gehen. Zieht man danach von V die beiden Tangenten an den Kreis K, so erfolgt deren Berührung in den gesuchten Doppelpunkten X_{ma} und X_{mi}.

In den Fig. 3. 4 und 5 ist, in Anbetracht einiger zu beobachtenden lehrreichen Nebenumstände, die Auflösung der Aufgabe noch für ein paar Fälle ausgeführt, in denen der Kreis K von der Graden AB geschnitten wird.

Wir teilen den Ortskreis hier in zwei Ortsbogen K' und K'' am natürlichsten durch die Grade AB, die ja auch einer der Kreise L des Curvenbüschels, derjenige mit unendlich grossem Radius, ist. Bewegt sich dann der Punkt X Fig. 3 auf dem Bogen K von X'_0 über X'_1, X''_1 nach X''_0, so steigt der Winkel y von Null an, erreicht in dem Punkte X_{ma}, dem Berührungspunkte des Kreises L_{ma} sein *Max* und sinkt endlich wieder auf Null herab. Wenn dann weiter der Punkt X von X''_0 auf K'' nach X'_0 zurückkehrt, so wechseln die Schenkel des Winkels AXB, nachdem sie in der Lage X''_0 des Scheitels auf einander gefallen waren, ihre gegenseitige Lage. Während vor X''_0 der Schenkel XA durch eine Linksdrehung in die Lage XB gebracht wurde, ist nach X''_0 eine Rechtsdrehung erforderlich, sofern wir in beiden Lagen den absoluten Wert des Winkels $< 2R$ annehmen. Es wird danach gerechtfertigt sein, so lange diese Lage der Schenkel dauert, dem y einen negativen Wert beizulegen. Hiernach sinkt der Winkel y, während X bei X''_0 vom Bogen K' auf K'' übergeht, aus dem Positiven ins Negative, erreicht bei X_{mi} sein *Min* und kommt, wenn X in X'_0 anlangt, aus dem Negativen wieder auf Null zurück.

In Fig. 4, wo ein Teil der Strecke AB innerhalb K liegt, schneiden natürlich alle Kreise des Linienbüschels L den festen Ortskreis K; der Eintritt eines *Max* oder *Min* für y ist also von vornherein ausgeschlossen. Beachten wir die Erscheinungen, die hiermit zusammenhangen: y steigt von 0 bis $2R$, während X über den Ortsbogen K' von X'_0 bis X''_0 läuft; und weiter steigt y von $2R$ bis $4R$, wie in der Figur angemerkt ist, während X von X''_0 über K'' nach X'_0 zurückkehrt. Kein Wechsel zwischen Steigen und Fallen! — Die Durchschnitte der Kreise L mit K liegen nicht beide auf K', oder beide auf K'', wie in allen andern Fällen, sondern: der eine auf K', der andere auf K''. Daraus folgt einerseits, dass die Punkte des Kreises K durch die Linie L überhaupt nicht nach gleichen Werten von y gepaart werden. Die Werte von y sind so wenig für X'_0 und X''_0, als für X'_1 und X''_1, oder für irgend ein anderes Paar von Durchschnittspunkten gleich. Andererseits folgt aus jener Lage der Punkte X' und X'' gegen die Grade AB, dass der Punkt V ein innerer Punkt des Kreises K werden musste, Tangenten von ihm aus an den Kreis K nicht möglich sind.

Fig. 5, in welcher die ganze Sehne $X'_0 X''_0$ von der Strecke AB aufgenommen wird, zeigt wieder ein *Max* und ein *Min* des Winkels y und zwar für positive Winkel. y nimmt, während X von X'_0 über K' bis X''_0 läuft, von 180^0 an ab, bis es für X_{mi} sein *Min* erreicht, und kehrt dann wieder steigend nach 180^0 zurück. Es steigt von da an, während X seinen Weg über K'' macht, noch weiter, bis es im Punkte X_{ma} sein *Max*, $> 2R$, erreicht, und kommt endlich mit dem Werte $= 180^0$ wieder in X'_0 an.

9. Unser Verfahren bedarf noch einer Erweiterung. Wir knüpfen die Untersuchung an die einfache Aufgabe:

1. Beispiel. Unter allen Dreiecken $(b+c=s, a)$ dasjenige anzugeben, bei welchem die dritte Seite a, somit auch der Umfang ein *Min* wird.

Die Aufgabe ist bereits in der ersten Untersuchung (4. Beispiel) erörtert. Abgesehen hiervon führt die bekannte Konstruktion eines Dreiecks $(b+c=s, \alpha)$, wenn ausserdem $a=y_1$ gegeben ist, zu einer Lösung der Aufgabe nach dem Muster des Beispiels 7a.

Legt man nämlich Fig. 10 die Strecke $BS=b+c$ auf eine Grade, trägt in S an SB den Winkel $\frac{\alpha}{2}$, so ist der zweite Schenkel G ein Ort für die Ecke C — oder, wie wir hier sagen: für Punkte X,

Fig. 10.

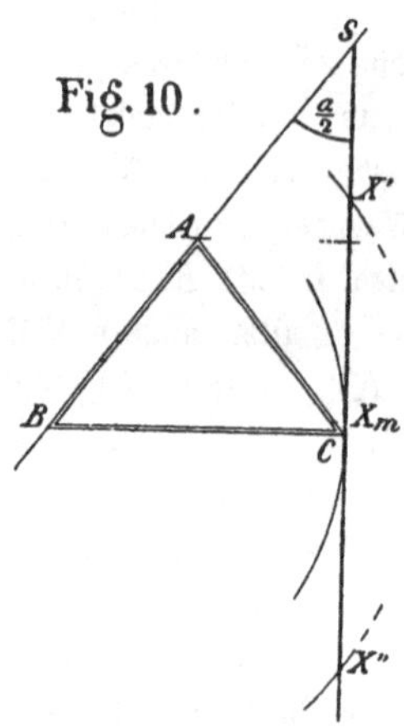

die paarweis vorhanden sind, wenn die Seite a gegebene Werte $= y_1, y_2 \ldots$ erhalten soll. Die Paare aber X'_1 und X''_1, X'_2 und $X''_2 \ldots$ werden uns durch ein Büschel konzentrischer Kreise $L_1, L_2 \ldots$ mit den Radien $y_1, y_2 \ldots$ gegeben, indem wir sie mit der festen Ortsgraden G zum Durchschnitt bringen. Danach haben wir, um zu einem *Max* oder *Min* der veränderlichen Grösse y zu gelangen, eine solche Folge ihrer Werte anzuordnen, dass die trennenden Strecken der auf einander folgenden Paare abnehmen. In unserm Falle ist hierzu erforderlich, dass auch y sich verkleinert; und hieraus schliessen wir nach unserm Lehrsatze, dass dem Punkte X_m der festen Ortslinie G ein *Min* von y entspricht, in welchem sie von einem Kreise L_m des Büschels berührt, bez. von dem Lote getroffen wird, das man von B auf sie herablässt.

Damit ist die Aufgabe eigentlich gelöst. Führt man aber die Konstruktion des Dreiecks für dieses kleinste a in bekannter Weise aus, so ergiebt sich, dass

der Umfang des Dreiecks $(b+c=s, \alpha)$ ein *Min* wird, wenn es gleichschenklig, $b=c$ wird.

Eine dritte Auflösung endlich, und zwar diejenige, auf welche es uns hier grade ankommt, ergiebt sich aus folgender Betrachtung.

Das voraufgehende Verfahren bezweckt zunächst die Paare X' und X'' — nehmen wir, als Beispiel, das Paar X'_1 und X''_1, darzustellen, unter X_1 die Ecke C der beiden Dreiecke verstanden, welche den drei Bedingungen genügen:

$$1)\ b+c=s; \quad 2)\ \angle b, c=\alpha; \quad 3)\ a=y_1.$$

Alle drei Anforderungen werden von der vorigen Auflösung erfüllt in sofern erstens die Punkte X_1 auf der festen Ortslinie G lagen, deren sämmtliche Punkte die Ecken C solcher Dreiecke sind, dass $b+c=s$; $\angle b, c=\alpha$ werden kann; während zweitens die Punkte X_1 auf dem Kreise L_1 lagen, so dass die Seite a des Dreiecks $=y_1$ wird.

Das Paar X_1 kann aber auch noch anders dargestellt werden — es ist dabei ganz nebensächlich, wenn unter den beiden Punkten X_1 jetzt die Ecken A der Dreiecke verstanden werden, welche jenen drei Bedingungen genügen. — Man gelangt aber zu einer anderen Konstruktion der Punkte X_1, indem man die drei Bestimmungen anders verbindet. Wir stellen die dritte Bedingung einmal mit der ersten, ein andermal mit der zweiten zusammen und konstruieren für jede dieser beiden Verbindungen den Ort für die Ecke A. Dies ist in Fig. 11 ausgeführt.

Legen wir auf eine Grade die Strecke $B_1C_1 = y_1$ und suchen den Ort für die ihr gegenüberstehende Ecke so, dass $b + c = s$

Fig. 11.

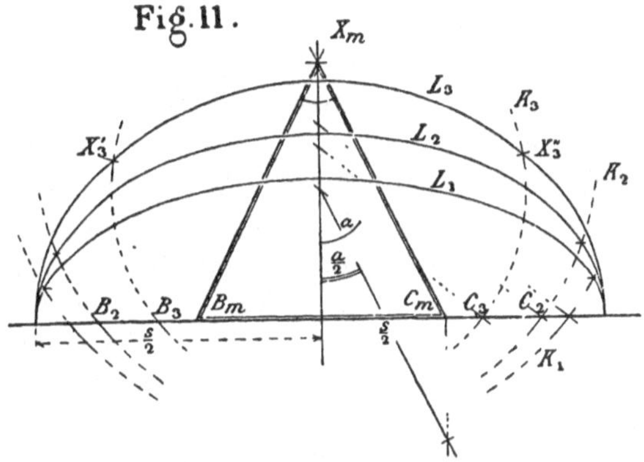

wird, so ergiebt sich eine Halbellipse L_1 mit den Brennpunkten B_1 und C_1 und einer grossen Achse $= s$. Andererseits ist der Ort für die der Seite B_1C_1 gegenüberstehende Ecke, wenn $\angle b, c$ immer $= \alpha$ sein soll, ein Kreisbogen K_1 über der Sehne B_1C_1, dessen Peripheriewinkel auf dieser Sehne $= \alpha$ ist. Die Schnitte von L_1 und K_1 sind die Punkte X_1' und X_1''; und es werden sich auch L_1 und K_1 schneiden, wenn y_1 nicht zu klein angenommen worden ist.

Handelte es sich weiter darum das Paar X_2', X_2'' zu konstruieren, entsprechend einem System von Bedingungen, welches gegen das vorige sich nur durch die dritte unterscheidet, insofern jetzt $a = y_2$ einzuführen ist: so würde an Stelle der Strecke B_1C_1 jetzt $B_2C_2 = y_2$ auf der Graden abzutragen sein. Es würde eine andere

Halbellipse L_2, von derselben grossen Achse s, aber anderen Brennpunkten — mit einem anderen Kreisbogen K_2, von demselben Peripheriewinkel α aber anderer Sehne, zum Durchschnitt zu bringen sein.

Auch ohne eine feste Ortslinie G' besonders zu konstruieren lassen sich die Punktpaare X_1, X_2, X_3 ... angeben, welche bestimmten Werten $a = y_1$, oder y_2, y_3 ... der Grösse y entsprechen, wenn zwei Curvenbüschel L und K vorhanden sind, welche, zusammengenommen, den übrigen Bedingungen $b + c = s$ und $\angle b, c = \alpha$ genügen, und wenn solche Linien L_1 und K_1, L_2 und K_2 ... paarweis zum Durchschnitt X_1, X_2 ... gebracht werden, welche demselben Werte y_1, y_2 ... der Funktion entsprechen. Die Linien L_1 und K_1, ebenso L_2 und K_2 ... mögen entsprechende Linien der beiden Büschel genannt werden. „Ohne eine feste Ortslinie G besonders zu konstruieren" — hierin allein besteht der Unterschied dieses Verfahrens vom vorigen. Denn ganz selbstverständlich ist, dass die Paare X_1, X_2, X_3 ..., die man mittels der beiden Curvenbüschel L und K erhält, ganz dieselben sind, als wenn man sie mittels einer festen Ortslinie G' und eines der beiden Büschel L oder K konstruiert; dass also die Folge der Punkte X'_1, X'_2, X'_3 ... X''_3, X''_2, X''_1 den Verlauf der festen Ortslinie angiebt. Auch ohne die feste Ortslinie ausgeführt vor uns zu haben, werden wir so die trennenden Strecken der auf einander folgenden Paare, natürlich auf der festen Ortslinie gemessen, so weit mit einander vergleichen können, um anzugeben, ob die Reihe der y „für abnehmende trennende Strecken" steigt oder fällt, ob sonach der für X_m eintretende Wechsel der Funktion zwischen Steigen und Fallen ein *Max*, oder ob er ein *Min* ist. Endlich aber begründet der Gesichtspunkt, demzufolge die Paare dieselben sind, sie mögen durch G' und L, oder durch L und K bestimmt sein, die

Regel: Ein *Max* oder *Min* der Grösse y entspricht demjenigen Punkte X_m, in welchem zwei entsprechende Linien L_m und K_m der beiden Büschel sich berühren.

Denn wenn die Linien L_m und K_m nicht nur den Punkt X_m, sondern auch das anstossende Curvenelement gemeinschaftlich haben, so muss dieses auch der festen Ortslinie angehören. Sobald aber die feste Ortslinie G' und die Linie L_m des Büschels sich im Punkte

X_m berühren, ist der dem Punkte X_m entsprechende Wert von y ein *Max* oder *Min.*

Hieraus schliessen wir für unser Beispiel, dass die Strecke BC dann ein *Min* sein wird, wenn die dieser Brennweite entsprechende Ellipse L_m und der derselben Sehne entsprechende Kreis K_m sich berühren. Aus der Symmetrie der Figur aber ergiebt sich, dass die Berührung nur im Scheitel der kleinen Achse erfolgen kann, das gesuchte Dreieck von kleinstem Umfange gleichschenklig, $b = c$, sein muss.

12. Beispiel. In einer Ebene sind auf einer Graden zwei ungleiche Strecken AB und CD gegeben; es soll unter allen Punkten einer Ebene, von denen aus die beiden Strecken unter gleichem Winkel erscheinen, derjenige bestimmt werden, für welchen dieser Winkel ein *Max* ist. Tafel B, Fig. 6.

Die Aufgabe weist unmittelbar darauf hin, die Linie als feste Ortslinie G' anzusehen, in deren Punkten X die Strecken AB und CD unter gleichen Winkeln: $y_1, y_2, \ldots y_m$ erscheinen. Wir konstruieren, den voraufgehendgn Betrachtungen gemäss, die Punktpaare derselben: X'_1 und X''_1, ebenso $X_2, X_3 \ldots$ entsprechend den Werten $y_1, y_2, y_3 \ldots$ mittels zweier Curvenbüschel K und L, ohne die Linie G' selbst zu zeichnen oder weiter in Betracht zu ziehen. Demgemäss sind in der Figur in den Mitten A' und C' der beiden Strecken Senkrechte zu der Graden errichtet und durch A und C ein Paar Parallelen gezogen worden, durch welche auf jenen die Mittelpunkte M_1 und N_1 zweier Kreise K_1 und L_1 der beiden Büschel bestimmt werden, in deren Punkten die Strecken AB, bez. CD unter gleichem Winkel $= y_1$ erscheinen. Ihre Schnitte sind das Paar X'_1, X''_1 — Punkte, in denen gleichzeitig AB und CD unter dem Winkel y_1 gesehen werden. Zur Beantwortung der in der Aufgabe enthaltenen Frage müssen dann Eigenschaften des Punktes X_m angegben werden, in welchem die einander entsprechenden Kreise K_m und L_m sich berühren.

1. Alle Graden, welche Punkte eines Paares verbinden, wie $X'_1 X''_1$ gehen durch einen festen Punkt V auf $ABCD$ und die Tangenten von V an alle Kreise K oder L sind gleich lang. Beschreibt man also um V mit dieser Länge einen Kreis, so ist dies ein Ort für den Punkt X_m.

2. Die Punkte A, A' und die Mittelpunkte M der Kreise K bilden ein System ähnlicher und ähnlich liegender Figuren zu C, C' und den Mittelpunkten N der Kreise L. Hat man sonach den Aehnlichkeitspunkt O mittels der Punkte M' und N' bestimmt, so liegen die Mittelpunkte der Kreise K_m und L_m auf einer durch O gehenden Graden. Auf dieser Graden liegt auch der Punkt X_m, und zwar teilt er die Strecke $M_m N_m$ im Verhältnisse homologer Seiten der beiden ähnlichen Figuren. Hieraus folgt, dass die Grade $OM_m N_m$ den Kreis um V berühren muss, da die Strecke $M_m N_m$ nur durch einen zwischen ihren Endpunkten gelegenen Punkt X_m nach gegebenem Verhältnis geteilt werden kann. — Ueberdies ist in unserer Figur ($A'P = A'M$, PN' bestimmt Q, $QX_m \perp A'C'$) auch die Teilung von $M_m N_m$ nach dem Verhältnis $A'M_1 : C'N_1$ ausgeführt.

10. Es erübrigt, um unser geometrisches Verfahren in seiner Allgemeinheit zu erkennen, eine Beschränkung nachträglich aufzuheben, die wir im Eingange dieser Untersuchung (Nr. 6) hinsichtlich der Art der Elemente geometrischer Gebilde, von denen der Wert der Funktion abhangt, hatten eintreten lassen. Während wir in der ersten Untersuchung neben den Punkten von Linien auch die Graden eines Punktes, z. B. des Punktes P innerhalb eines Kreises. betrachtet hatten, deren jeder ein besonderer Wert y der auf ihr liegenden Sehne entsprach — oder: die Ebenen einer Graden a, deren jede mit einer Ebene E einen besonderen spitzen Winkel y bildete: hat es sich in den bis jetzt erörterten Beispielen der zweiten Untersuchung ausschliesslich um „Punkte“ X einer Linie gehandelt, von deren Lage der Wert einer gegebenen Funktion abhing, folglich um die Bestimmung eines Punktes X_m, für welchen die Funktion ein *Max* oder *Min* wird. Und wenn auch die folgenden Beispiele, wo Grade und Ebenen an Stelle der Punkte als Elemente, welche den Wert einer Funktion bestimmen, auftreten werden, in unserer Schlussweise keinerlei Aenderungen als diejenigen, welche durch die Eigenart der Elemente bedingt sind, erfordern, und wenige Beispiele ausreichen, die in den hierher gehörigen Fällen eintretenden Erscheinungen anschaulich zu machen: so dürfen diese Erscheinungen doch nicht ganz unbeachtet bleiben — um so weniger, als grade durch die folgende Betrachtung die

Verwandtschaft zwischen Punkten und Graden, als Elementen geometrischer Gebilde, wie sie dem Leser wahrscheinlich schon anderweitig begegnet ist, hier eine weitere Bestätigung erhalten wird. —

Nach unserm Lehrsatz in Nr. 6 waren zur Bestimmung des Punktes X_m, für welchen die Funktion y ein *Max* oder *Min* werden soll, zwei Oerter aus den Bedingungen der Aufgabe zu ermitteln, von denen wenigstens einer ein Linienbüschel L sein musste. Stellen wir, da es sich jetzt um Oerter für Grade handelt, was über diese zu sagen ist, den bekannten allgemeinen Eigenschaften der Oerter für Punkte gegenüber.

1. Eine grade Linie oder eine Curve ist der geometrische Ort für „Punkte X" d. h. für Punkte, die eine gewisse Bedingung erfüllen, wenn sie lauter Punkte und alle Punkte enthält, welche dieser Anforderung genügen.	1. Ein Punkt oder eine Curve ist der geometrische Ort für „Grade Z" d. h. für Grade, die eine gewisse Bedingung erfüllen, wenn alle Graden, die durch den Punkt gehen, bez. alle Tangenten, als Verlängerung der Curvenelemente gedacht — und nur diese Graden der gestellten Anforderung genügen.
2. Eine Curve ist allein durch ihre Punkte X bestimmt. Denn verbindet man je zwei auf einander folgende Punkte X durch eine Grade, so erhält man die Tangenten.	2. Eine Curve ist allein durch ihre Graden Z, die Tangenten, bestimmt. Denn die Durchschnitte je zwei auf einander folgender Tangenten sind die Curvenpunkte.

Punkte und Grade sind die Elemente einer Curve, und die Gesamtheit der Elemente der einen Art bestimmt die Curve, weil die Gesamtheit der anderen Art durch die erstere bestimmt ist.

3. Eine grade Linie ist ein Ort erster Ordnung, weil sie, zusammen mit einem anderen Ort erster Ordnung, einen Punkt eindeutig bestimmt, zwei gerade Linien einer Ebene nur einen Punkt gemein haben.	3. Ein Punkt ist ein Ort erster Klasse, weil er, zusammen mit einem andern Ort erster Klasse, eine Grade eindeutig bestimmt, zwei Punkte nur eine Grade gemein haben.
4. Man sagt, eine Curve sei ein Ort von der $n$ten Ordnung, wenn sie, zusammen mit einem Ort erster Ordnung, einen Punkt X n-deutig bestimmt — anders ausgesprochen: wenn eine grade Linie	4. Man sagt, eine Curve sei ein Ort von der $n$ten Klasse, wenn sie, zusammen mit einem Ort erster Klasse eine Grade Z n-deutig bestimmt — oder: wenn ein Punkt mit der Curve höchstens n Grade

mit der Curve höchstens n Punkte gemeinschaftlich hat.

gemeinschaftlich hat, von einem Punkte höchstens n Tangenten an die Curve gezogen werden können.

Eine krumme Linie muss ein Ort wenigstens von der zweiten Ordnung sein.

Eine krumme Linie muss ein Ort wenigstens von der zweiten Klasse sein.

Liegen zwei einer graden Linie und einer Curve gemeinsame Punkte unmittelbar neben einander — für die Wahrnehmung dasselbe, als wenn sie auf einander fallen — so ist die grade Linie eine Tangente der Curve.

Liegen zwei einem Punkte und einer Curve gemeinsame, beiderseits unendliche Grade so, dass die eine um den Punkt gedreht unmittelbar auf die andere fällt — für die Wahrnehmung dasselbe, als wenn sie von vornherein auf einander fallen, einen gestreckten Winkel mit einander bilden — so ist der Punkt ein Punkt der Curve.

5. Wir wollen in diesem Zusammenhange daran erinnern, dass, wie in der Lehre von den Kegelschnitten bewiesen ist,

jede Curve zweiter Ordnung gleichzeitig eine Curve zweiter Klasse ist;

jede Curve zweiter Klasse gleichzeitig eine Curve zweiter Ordnung ist —

eine Uebereinstimmung, die keineswegs selbstverständlich ist für Curven höherer Ordnung bez. höherer Klasse, als der zweiten.

Der soeben nachgewiesene Parallelismus in den Anschauungen, je nachdem von Oertern für Punkte oder von Oertern für Grade die Rede ist, setzt sich in den Verfahren fort, wenn einerseits der Punkt X_m oder andererseits die Grade Z_m eines gegebenen Orts für Punkte bez. für Grade so bestimmt werden soll, dass eine mit ihnen in Beziehung gebrachte Funktion y ein *Max* oder *Min* werden soll. Wir wollen die Uebertragung des bisherigen Verfahrens auf den Fall, dass Grade Z an Stelle der bisherigen Punkte X treten, an zwei möglichst einfachen Beispielen gleich praktisch ausführen. Ohne weiteres wird sowohl die allgemeine Regel aus dem Besonderen des Beispiels, als der Parallelismus derselben zu derjenigen, welcher wir bisher gefolgt sind, deutlich hervortreten.

13. Beispiel. Innerhalb eines Kreises K ist ein Punkt P gegeben; es soll durch ihn die grösste und die kleinste Sehne gezogen werden. Fig. 12.

Bezeichnen wir die Graden des Punktes P mit Z, so handelt es sich zunächst darum, sie so zu Paaren Z'_1 und $Z''_1, \dots Z'_k$ und

Z_k'' ... zu verbinden, dass jedem Paar derselbe Wert von y entspricht — oder hier: dass auf je zwei ein Paar bildenden, Z_k' und Z_k'', Sehnen gleicher Grösse y_k liegen. Die Graden, welche Sehnen von der Grösse y_k tragen, sind die Graden eines zu K konzentrischen Kreises L_k. Jene Paare Z_k' und Z_k'' sind danach die Graden, welche dem Orte P und dem Orte L_k gemeinschaftlich sind — die Tangenten an L_k, welche von P ausgehen. Geben wir der Sehne eine andere Grösse, so wird auch der Kreis L ein anderer, und es findet sich ein neues Paar Z' und Z'', welches beiden Oertern angehört. Das Paaren der Graden Z erfolgt also auch hier mittels eines Curvenbüschels L, unter L einen Ort für Grade verstanden.

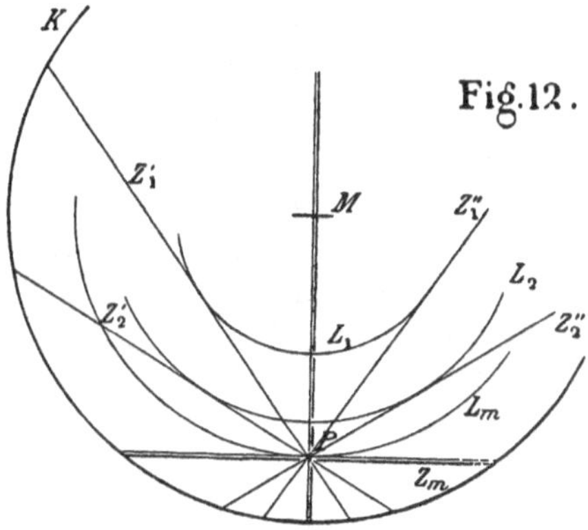

Fig. 12.

Ein *Max* oder *Min* — allgemein: ein Wechsel der Funktion y zwischen Steigen und Fallen tritt nun, für die Doppelgrade Z_m, dann also ein, wenn die Graden Z' und Z'', von einem Paar zum andern übergehend, sich so weit genähert haben, dass sie in eine Grade zusammenfallen. Hierzu aber ist notwendig, dass der Punkt P, von welchem die Tangenten an die Curven gezogen werden, auf der Curve L_m selbst liege. Ganz allgemein gilt der Satz,

> dass wenn der Ort für die Graden Z ein Punkt P ist, derjenigen Graden Z_m, bezüglich derjenigen Curve L_m ein *Max* oder *Min* von y entspricht, welche durch den Punkt P geht,

und zwar ist natürlich die Tangente im Punkte P die gesuchte Grade Z_m. Sonach müssen wir in unserm Falle den Kreis L durch den Punkt P legen, dann die Tangente durch P konstruiren, um die Sehne zu erhalten, die ein *Max* oder *Min* wird. — Welches von Beidem? Das Erstere oder Letztere, je nachdem die Reihe der y, wenn sich die Graden Z' und Z'' der auf einander folgenden Paare nähern, eine steigende oder eine fallende ist. Nach Massgabe der Tangente für den Punkt P an den Kreis L_m weichen in unserer Figur die beiden Graden Z_2 weniger von einander ab, als die Graden Z_1. Beim Uebergange von Z_1 zu Z_2, oder auch: von L_1 zu L_2, verkleinern sich aber die Sehnen y. Hieraus folgt, dass die auf der Tangente für den Kreis L_m liegende Sehne ein *Min* ist. —

Solange alle Oerter L für die Graden Z, denen irgend ein bestimmter Wert y_k entspricht, Curven sind, hat es mit dem Eintritt eines *Max* oder *Min* von y sein Bewenden bei der Regel, dass die Curve L_m durch den Punkt P gehen muss. Wenn aber einer von den Oertern L ein Punkt ist, so fallen in diesem auch Z' und Z'' in eine Grade Z_m zusammen, und es entspricht dieser Doppelgraden um nichts weniger ein *Max* oder *Min*, als jeder andern. Der hiermit vorgesehene Fall ist insofern der unseres Beispiels, als die konzentrischen Kreise L sich u. A. zu einem Punkte M zusammenziehen. Da ferner in Ansehung der Doppelgraden PM die Graden des Paares Z_1 näher bei einander liegen, als die des Paares Z_2; die Tangenten des kleineren Kreises L_1 aber die grössere Sehne tragen: so ist die auf PM liegende Sehne ein *Max*. —

Wir schliessen hier eine nicht weniger einfache Aufgabe an, in der die feste Ortslinie nicht mehr ein Punkt P, sondern eine krumme Linie ist.

14. Beispiel: Unter allen einem gegebenen Kreise K umschriebenen, ihn einschliessenden, Dreiecken von demselben Winkel α dasjenige zu finden, dessen Umfang ein *Min* wird. Fig. 13.

Zur Lösung der Aufgabe handelt es sich um Bestimmung der dritten Seite BC des Dreiecks, als deren Ort der Kreisbogen $T'T''$, welcher der Ecke A seine Höhlung zukehrt, gegeben ist. Ausserdem haben wir ein Linienbüschel L zu betrachten von solcher Beschaffenheit, dass alle Tangenten einer Linie L_k mit den von A ausgehenden Seiten ein Dreieck ABC von demselben gegebenen Umfange y_k bilden. Die Linien L sind gleichfalls Kreisbögen. Trägt man auf beiden Schenkeln des Winkels A eine Strecke $AU_1 = \frac{y_1}{2}$ ab und beschreibt einen Kreis, der die Schenkel in den Punkten U_1 berührt, so ist dessen nach A gewölbter Bogen $U_1 U_1$ die Curve L_1; und die das Paar Z_1 bildenden beiden Graden sind diejenigen Tangenten des Bogens $T' T''$, welche auch gleichzeitig den Bogen L_1 berühren. Nach diesem Gesichtspunkte werden die Graden Z der festen Ortslinie $T'T''$, wie die Figur auch noch an der Linie L_2 ausführt, gepaart; und es sind weiter die beiden Graden Z' und Z'' der Paare so lange von einander verschieden, als die Linien L von der festen Ortslinie $T'T''$ getrennt sind. Eine Doppelgrade Z_m aber entsteht dann, und nur dann, wenn L_m und die feste Ortslinie einander berühren, und zwar ist die gemeinschaftliche Tangente die Doppelgrade Z_m. Da für diese die Funktion y ein *Max* oder *Min* wird, so erhalten wir hier an Stelle des vorigen, den allgemein geltenden Satz:

Fig. 13.

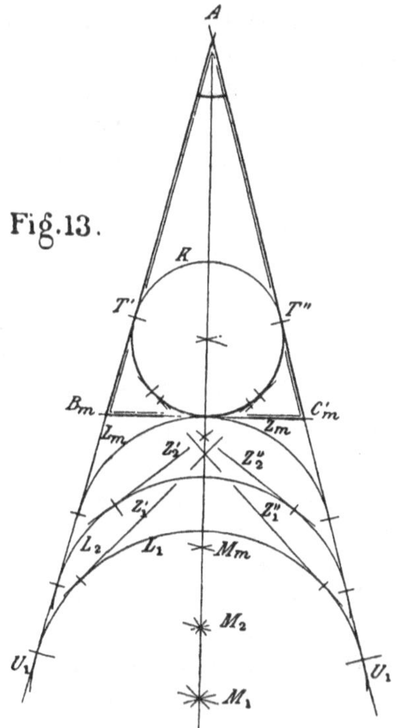

> Ist der Ort der Graden Z eine Curve ($T' T''$), so entspricht derjenigen Curve L_m ein *Max* oder *Min* der Funktion y, welche die feste Ortskurve berührt.

Da die Berührung von L_m und $T'T''$ für unsern Fall in der Symmetrale der Figur erfolgt, muss das gesuchte Dreieck ein gleichschenkliges sein.

Um endlich anzugeben, ob für die Grade Z_m die Grösse y ein *Max* oder ein *Min* wird, beachten wir, dass die Graden Z' und Z'' der in der Figur gezeichneten Paare um so mehr einander und der Richtung Z_m sich nähern, je kleiner die ihnen entsprechende

Grösse y wird. Daraus folgt, dass der Umfang des Dreiecks $AB_m C_m$ ein *Min* ist. — Kürzer hätte man zu demselben Resultate durch folgenden Schluss gelangen können. Da der Umfang des Dreiecks beliebig gross werden kann, an Wechseln der Funktion zwischen Steigen und Fallen aber, wie die Konstruktion gelehrt hat, nur einer vorhanden ist; so muss dieser Wechsel ein *Min* sein.

11. Die Angabe der Linie L_m, sie sei ein Ort für Punkte oder für Grade, macht unter Umständen Schwierigkeiten, wenn die Curven L nicht Kreise oder andere Linien von bekannten Eigenschaften sind. Vermag man aber nicht auf Grund bekannter geometrischer Gesetze die Linie L_m nach dem Gesichtspunkte, dass sie die feste Ortslinie berühren müsse, herauszuheben aus dem Curvenbüschel, sie unmittelbar zu konstruieren, bez. den Berührungspunkt X_m, oder die gemeinschaftliche Tangente Z_m anzugeben; so bleibt nur der Versuch übrig, auf dem Wege allmählicher Näherung dies Ziel zu erreichen. Es mögen noch einige Beispiele dieser Art sich den voraufgehenden anschliessen.

15. Beispiel. In einem Kreise ist eine Sehne $C'C''$ gezogen; es soll in dem kleineren der beiden Kreisabschnitte zu ihr parallel eine andere so gelegt werden, dass das zwischen beiden liegende Rechteck, welches die letztere zur Grundlinie hat, ein *Max* wird. Taf. C Fig. 1^a u. 1^b.

Wir denken das Segment durch die Symmetrale halbiert und suchen den Punkt X auf dem Kreisbogen, für welchen das Rechteck $XDBF$ ein *Max* wird. Die Fig. 1 enthält zwei halbe Segmente, in deren einem die Entstehung des Curvenbüschels L, im andern das Näherungs-Verfahren veranschaulicht wird.

Die verschiedenen Rechtecke, welche bei Bewegung des Punktes X von V bis C entstehen, zu vergleichen, verwandeln wir sie in andere, welche eine gleiche Seite BC haben; projizieren hierzu z. B. den Punkt $X'_1 \mp BC$ auf Y, und die Projektion E_1 von B aus auf $X'_1 F_1$; so ist das Rechteck $BC \,.\, F_1 O_1 = BC \,.\, y_1$ dem angenommenen Rechteck $XDBF$ gleich, und die Grösse y_1 diejenige, welche ein *Max* werden soll.

Die Punkte X auf dem Bogen VC nach gleichen Werten ihnen entsprechender y zu paaren, z. B. also den Punkt X''_1 auf VC zu finden, welcher zusammen mit den Graden BV und BC ein gradeso grosses Rechteck bestimmt, als X_1', suchen wir (Fig. 1[a]) alle Punkte, welche nach der hier vorliegenden Konstruktion Rechtecke vom Inhalte $BC.y_1$ geben. Die vorige Konstruktion umkehrend, nehmen wir auf der Achse Y_1 irgend einen Punkt E' an, ziehen durch ihn einerseits eine Parallele zu Y, projizieren ihn andererseits von B aus auf Y, darauf die Projektion $E''' \mathrel{\#} BC$ wieder auf diese Parallele zurück: so ist G einer der gesuchten Punkte. Verschieben wir dann den Punkt E' über die Achse Y_1, so erhalten wir andere Punkte G, und ihr Ort ist die Curve L_1, die natürlich durch den Punkt X_1' und durch den Schnittpunkt (YY_1) geht, überdies aber den Bogen VC in dem Punkte X_1'' schneidet. — Ganz ebenso ist eine zweite Curve L_2 konstruiert, indem man von dem Punkte X_2'' ausgeht, den Punkt O_2, somit y_2 und die Achse Y_2 ermittelt, so dass das Rechteck $BC.y_2 = X_2''D_2BF_2$ wird, danach einen neuen Punkt E' über die Achse Y_2 führt, endlich für jede Lage von E' den zugehörigen Punkt G bestimmt.

Um danach den Punkt X_m zu finden, handelt es sich darum, die Linie L_m anzugeben, welche den Kreisbogen berührt. Dies setzt aber voraus, dass die Eigenschaften der Linien L bekannt sind. Jedenfalls sind die Graden BC und BV Asymptoten aller Curven L. Denn, welches auch der Inhalt $BC.y$ eines Rechtecks sein möge, wächst eine der beiden Seiten des Rechtecks ohne Aufhören und ohne Gränze, so nimmt die andere gleichzeitig bis Null ab. Um indessen die Linien L als Hyperbeln anzusprechen, müsste zuvor erwiesen sein, wie es bei Behandlung des 17. Beispiels geschehen wird, dass sie Linien zweiter Ordnung sind.

Genügt es, den Punkt X_m für den Fall des vorliegenden bestimmten Kreisabschnitts anzugeben, so kann man sich eines Näherungs-Verfahrens bedienen, das bei umsichtigem Vorgehen weder mehr Umstände verursacht als z. B. die Anwendung der algebraischen Regel (vgl. Bemerkung zum 44. Beispiel), einschliesslich der nachher auszuführenden geometrischen Konstruktion, noch dieser an Genauigkeit des Resultates wesentlich nachzustehen braucht.

Das Muster für alle Näherungsverfahren in der Algebra bilden die zunächst in Gestalt sogenannter Kettenbrüche sich darstellenden Näherungswerte eines gegebenen Bruches in sofern, als die auf einander folgenden abwechselnd grösser und kleiner als dieser sind und jeder der ersteren ihm näher liegt, als irgend ein vorhergehender. Hierdurch wird der darzustellende Wert fortgesetzt in zwei Gränzen eingeschlossen, die sich immer näher an einander ziehen, so dass man für jeden Näherungswert, aus dem Unterschiede desselben und des ihm voraufgehenden, eine obere Gränze des Fehlers anzugeben vermag, den man begeht, wenn man seinen Wert dem des gegebenen Bruches gleich setzt. Uebertragen wir dies auf unsern Fall!

Der von uns auf dem Kreisbogen VC (Tafel C, Fig. 1[b]) gesuchte Punkt X_m ist von Punktpaaren X', X'' umgeben, von denen der dem Punkte V näher liegende immer das Zeichen X', der näher an C liegende X'' erhalten soll. Wir werden dann, unserm Muster entsprechend, so verfahren, dass wir den einen Punkt irgend eines Paares X_k z. B. X'_k annehmen, die Lage des Punktes X''_k annähernd festzustellen suchen, danach einen Punkt X''_{k+1} auf der trennenden Strecke des vorigen Paares annehmen und an diesem das Verfahren, zur Schaar X' zurückkehrend, indem wir X'_{k+1} suchen, wiederholen.

Der Punkt X'_1 ist beliebig angenommen, der ihm entsprechende Punkt O_1 ermittelt, dann aber sind für zwei neben O_1 liegende Punkte auf Y_1, von denen der eine mit E' bezeichnet ist, die Punkte G der Linie L_1 konstruiert, um annähernd den Lauf von L_1 im Punkte X'_1 anzugeben. Man gewinnt hiernach in soweit eine Vorstellung von der Lage des zweiten Punktes dieses Paares, um den Punkt eines neuen Paares aus der Schaar X'' anzunehmen, der näher an X_m liegt, als X''_1. Als solcher wurde X''_2 gewählt. Dass er aber der Schaar X'' angehört, erkennen wir an der Lage der beiden neben X''_2 liegenden Punkte G der Linie L_2. Dem links von O_1 auf Y_1 gelegenen Punkte E' — dagegen dem rechts von O_2 auf Y_2 liegenden Punkte entspricht je ein innerer Punkt G. Daraus folgt, dass wenn ein Punkt die beiden Curven L_1 und L_2 in demselben Sinne durchläuft, er bei X''_2 aus dem Kreissegmente tritt, wenn X'_1 die Stelle eines Eintritts war, jener ein Punkt X'' ist, wenn dieser der Schaar X' angehört. — Endlich ist ein dritter Punkt X auf dem Kreisbogen angenommen, und überdies sind zwei dicht neben ihm liegende Punkte G der zugehörigen Linie L konstruiert. Die letzteren liegen beide ausserhalb des Kreises und so, dass sie die Vermutung begründen, der dritte Punkt X sei, wenn nicht selbst der Punkt X_m, doch diesem so nahe, dass es nicht lohnt die Annäherung noch weiter zu treiben. „Nicht lohnt" — wir setzen voraus, es sei der Massstab der Zeichnung, wie es bei graphischen Lösungen immer geschehen sollte, je nach dem Grade der geforderten Genauigkeit so gross gewählt, dass nachher alle peinlichen Bemühungen, welche die Sehkraft überanstrengen und immer unzuverlässige Resultate zutage fördern, unterbleiben können.

Will man sich aber an jener Vermutung nicht genügen lassen, so könnte man für ein $y_{m+1} > y_m$, wie in Fig. 1ª ausgeführt ist, die Linie L_{m+1} konstruieren, wenigstens eine Anzahl von Punkten G derselben angeben, die in der Nähe des Punktes X_m liegen. Die vier Punkte G, welche von der Achse Y_{m+1} aus bestimmt sind, zeigen, dass die Curve L_{m+1} den Kreisbogen nicht trifft, ein Punkt X auf dem Kreisbogen, der ein Rechteck $BC.y_{m+1}$ bestimmte, also nicht vorhanden, das *Max* dieser Rechtecke jedenfalls kleiner als $BC.y_{m+1}$ ist. — Vgl. übrigens die Bemerkung zu Beispiel 17 des Anhangs.

12. Wir wollen zum Schluss eine Aufgabe aus der Geometrie des Raumes graphisch lösen, in welcher die Oerter L Flächen sind. Gleichzeitig möge das Beispiel als eine Uebung in den Anfangsgründen der beschreibenden Geometrie angesehen werden, deren Kenntnis hier vorausgesetzt werden wird.

16. Beispiel: Es sind zwei Punkte A und B eine grade Linie l, welche zu der Graden AB windschief ist, gegeben; wir wollen, wie in den Beispielen 9 und 10, auf l den Punkt X_m bestimmen, von dem aus die Strecke AB unter dem grössten Winkel erscheint. Tafel C, Fig. 2 u. 3.

In Fig. 2 ist die erste Projektionsebene P^I durch AB und $\# l$, $P^{II} \perp AB$ angenommen, und es bezeichnen l' und l'' die beiden Projektionen von l. Im Uebrigen haben wir uns eine Abkürzung hinsichtlich der Bezeichnung erlaubt. Da alle Punkte und Linien die vor der Projektionsachse liegen, der ersten Projektionsebene, diejenigen aber, die über ihr liegen, der zweiten Projektionsebene angehören, sind die sonst gebräuchlichen Zeiger an Punkten, Linien und Ebenen weggeblieben. Nur die herabgeschlagenen Punkte sind üblicher Weise durch Klammern, als solche, kenntlich gemacht.

Legen wir durch AB irgend eine Ebene E, beschreiben in ihr über AB als Sehne einen Kreisbogen und lassen dann die Ebene E um AB rundlaufen; so erzeugt der Kreisbogen eine Umdrehungsfläche L, in deren Punkten die Strecke AB unter demselben Winkel y erscheint. Die Fläche L schneidet, vorausgesetzt dass y nicht zu gross, der Radius des Kreises nicht zu klein war, die feste Ortslinie l. Ueber die Zahl der Durchschnittspunkte sei bemerkt, dass es zwar grade Linien giebt, welche von diesen Flächen L in vier Punkten geschnitten werden, wenn sie durch die an den Punkten A und B liegenden Höhlungen der Fläche L gehen; dass aber für die Lage unserer festen Ortslinie und die hier in Betracht kommenden Kreise mehr als zwei Durchschnittspunkte nicht vorhanden sind. Hiernach werden die Punkte X der festen Ortslinie durch die Flächen L, die durch die verschiedenen Meridiankreise über AB erzeugt werden, gepaart; und es erübrigt, die Fläche L_m anzugeben, von welcher die Grade l berührt wird. Es giebt der Hauptsache nach zwei Wege dies Ziel zu erreichen.

I. Wir legen durch l irgend eine Ebene F und bestimmen deren Schnitte mit den Umdrehungsflächen L. Alsdann erhalten wir ein ebenes Curvenbüschel, wie in den voraufgehenden Beispielen, und namentlich wird der Schnitt $(L_m F)$ die Grade l in dem gesuchten Punkte X_m berühren. Zur Ebene F wählen wir die zweite projizierende Ebene der Graden l und verfahren nun mit dem so bestimmten Büschel und der Graden l ganz so, wie bei der vorigen Aufgabe.

Auf der Graden l ist der Punkt X_1 nach Gutdünken angenommen, der Meridianbogen ABX_1 gedacht und um AB auf P^I herabgeschlagen. Dabei gelangt der Punkt X_1 nach (X_1), und wenn man jetzt den Kreisbogen $AB(X_1)$ konstruiert, so erhält man die Umdrehungsfläche L_1, indem man ihn um die Grade AB rundlaufen lässt. Der Schnitt $L_1 F$, der Ort der Punkte G_1, kann mittels der Meridianebenen erhalten werden. In der Figur ist eine solche dicht neben E_1 angebracht, ihr Schnitt mit F zunächst in P^{II} angegeben und dieser sowohl auf P^I projiziert, als mit seiner Meridianebene auf P^I herabgeschlagen. Man erhält so zunächst die beiden Punkte (G_1) und aus diesen die ersten Projektionen der beiden Punkte G_1. Uebrigens sei bemerkt, dass das Bild der ersten Projektionen aller in der Ebene F gelegenen Punkte und Linien gleichzeitig das Bild ihrer gegenseitigen natürlichen Lage ist, da P^I und F parallel sind. Die beiden Punkte G_1, zusammen mit X_1, lassen den Verlauf der Schnittlinie L_1F in soweit erkennen, dass wir eine Vorstellung von der Lage des zweiten Durchschnittspunktes $L_1 l$ gewinnen. Wir teilen hiernach wieder die Punkte X in zwei Schaaren X' und X'' und nennen den bisher betrachteten Punkt: X'_1.

Gränzen für die Lage des Punktes X_m festzustellen, wählen wir einen Punkt X_2 nach Gutdünken aber so, dass er, nach Massgabe der Lage von G_1, der andern Schaar angehört, übrigens näher an X_m liegt, als X''_1. Sonst ist mit ihm verfahren, wie mit X_1; und die Lage der Punkte G_2 zeigt, dass er als ein Punkt X'' angesehen werden muss. — Ebenso ergiebt sich für einen dritten Punkt X_3 nach der Anordnung der Punkte G_3, dass er zur Schaar X' gehört. Dabei tritt in unserer Figur, wie immer, wenn die beiden Punkte X' und X'' der Paare enger an einander schliessen, die Erscheinung ein, dass der eine der beiden Punkte G_3 sehr nahe der Punkt X''_3 ist. Es ist dann einige Vorsicht nötig, um zu beurteilen, ob der betreffende Punkt ein Punkt X' oder X'' ist.

Die Frage entscheidet sich aber leicht mittels der Tangenten t an die betreffende Schnittcurve L_kF in dem Punkte X_k. Da überdies die Schnittlinie L_mF die Grade l in dem Punkte X_m berühren soll, so wird die Richtung der Tangenten t als ein Massstab für die Nähe des Punktes X_m gelten können, und wir wollen uns darum den Vorzug unseres Beispiels, dass wir, ohne die Natur der Curve L_kF zu kennen, doch die Tangente für jeden ihrer Punkte ohne besondere Mühe angeben können, nicht entgehen lassen.

Nächst dem Punkte X_3 ist unsere Konstruktion an Punkt X_4 ausgeführt, aber ohne Punkte G_4 anzugeben. Statt dessen ist der erste Schnitt der Tangentialebene T_4 im Punkte X_4 an die Fläche L_4 von der die Meridianlinie gezeichnet vorliegt, konstruiert worden. Der Schnitt T_4F ist die gesuchte Tangente t_4. Da übrigens ferner $F \mathrel{\#} P^I$ ist, so ist t_4 jenem ersten Schnitte von T_4 parallel. Die Ebene T_4 enthält zwei durch X_4 gehende Grade, die auch anderweit als Bestimmungsstücke für T_4 dienen: die Tangente an die Meridianlinie und an den Parallelkreis. Die letztere ist in P^{II} gezeichnet, ihr erster Durchgang d_4 genannt; während die Tangente an die Meridianlinie in demselben Punkte e_4 durch P^I geht, in welchem die Tangente an (X_4) die Umdrehungsachse AB trifft. Verbindet man d_4 und e_4, so ist dies der erste Schnitt von T_4, die Parallele t_4 zu ihm durch X_4 die gesuchte Tangente an den Schnitt $L_4 F$. — In derselben Weise ist die Tangente t_3 für den Punkt X_3 noch nachträglich konstruiert. Beide Tangenten t_3 und t_4 zeigen, dass X_3 zur Schaar X', X_4 unter die Punkte X'' gehört, X_m zwischen ihnen liegt.

Weiter ist die Annäherung nicht fortgesetzt. Man könnte eine obere Gränze für das *Max* des gesuchten Winkels, welche er jedenfalls nicht erreicht, angeben, wenn man, wie im vorigen Beispiel, in der Reihe der Mittelpunkte M der Meridiankreise einen überletzten M_{m+1} annähme, für welchen die Fläche L_{m+1} die Grade l nicht mehr trifft. Das Fehlerintervall für unsere Angabe des *Max* würde dann der Winkel $M_{m+1}AM_4$ sein. — Zum Abschluss der Konstruktion ist dann für irgend einen zwischen X_3 und X_4 liegenden Punkt X_m als Scheitel des Winkels y_m, dieser mit seiner Meridianebene auf P^I herabgeschlagen.

II. Diejenige Umdrehungsfläche L_m zu finden, welche die Grade l berührt, würde die beschreibende Geometrie, in Uebereinstimmung mit ähnlichen Verfahren, einen andern Weg vorschlagen. Sie würde empfehlen, zunächst Flächen L, die durch Kreisbögen von kleinerem Radius erzeugt sind, solche nämlich in Betracht zu nehmen, welche von der Graden l nicht geschnitten werden, an diese durch l Tangentialebenen zu legen, dann aber die Radien der Kreisbögen wachsen zu lassen, bis der Berührungspunkt einer Tangentialebene auf die Linie l fällt.

Die Regel steht in unmittelbarster Beziehung zu dem von uns bisher befolgten Verfahren den Punkt X_m zu bestimmen und hat, da sie sich leicht verallgemeinern lässt, als eine Ergänzung des Voraufgehenden, berechtigten Anspruch auf einen Platz neben diesem.

Denken wir uns die Reihe der Flächen: $L_1, L_2 \ldots L_{m-1}, L_m$, indem wir den Radius des Meridianbogens noch weiter abnehmen, den Winkel y zunehmen lassen, über L_m hinaus fortgesetzt: L_{m+1}, $L_{m+2} \ldots L_n \ldots$, so werden diese von der Graden l nicht mehr getroffen. Wir wollen uns hierzu ein Ebenenbüschel T um die Achse l d. i. alle

Ebenen T denken, welche die Grade l enthalten. Diese werden dadurch paarweis einander zugeordnet, dass jede der Flächen $L_{m+1} \ldots$ von zwei der Ebenen T berührt wird. Durchlaufen wir dann die Reihe der Flächen L, indem wir bei irgend einem z. B. L_n anfangen, in umgekehrter Ordnung: $L_n, L_{n-1} \ldots L_{m+1}, L_m$, so wird gleichzeitig die Neigung der Paare $T_n, T_{n-1}, \ldots T_{m+1}, T_m$ gegen einander immer kleiner, bis endlich die beiden Ebenen T_m in eine zusammenfallen. Diesem Nähern der Ebenen entspricht aber, dem Gesetz in der Veränderung der Flächen L gemäss, eine Abnahme des Winkels y. Daraus folgt, dass für den Berührungspunkt der Doppelebene T_m, der nur auf der Achse l des Ebenenbüschels T liegen kann, den Punkten aller übrigen Flächen $L_n \ldots L_{m+1}$ gegenüber y ein *Min* sein muss; während den Punkten der Graden l gegenüber, da keiner von ihnen auf einer dieser Flächen L liegt, der Wert y_m ein *Max* ist.

Der Gang dieser Folgerungen erinnert an den andern (Nr. 10), da unter den Graden Z eines Punktes diejenige Z_m gefunden werden sollte, für welche eine Funktion y, deren Werte zu den einzelnen Graden in irgend einer Beziehung stehen, ein *Max* oder *Min* wird, während die Graden, welchen derselbe Wert von y entspricht, nach Curven L geordnet sind. Das eigentlich Neue dieser Betrachtung liegt in der Stellung der Oerter $L_n, \ldots L_{m+1}, L_m$ zu unserer Aufgabe, liegt darin, dass diese Oerter zu den einzelnen Punkten unserer Graden, von denen in unserer Aufgabe die Rede ist, in gar keiner Beziehung stehen, als in der allgemeinen, dass keiner unter ihnen, ausgenommen X_m, von einem Orte L getroffen wird. Die Möglichkeit aber, trotzdem die uns vorliegende Frage auf diesem Wege zu beantworten, kommt offenbar daher, dass die Fläche L_m, auf deren Bestimmung die Lösung der Aufgabe in jedem Falle hinausläuft, die Gränze so der einen, als der anderen Schaar von Oertern L bildet. —. Wenden wir uns danach zur Ausführung dieser Betrachtung.

Wollten wir den Verlauf, wie die Paare des Ebenenbüschels T sich bilden, verfolgen, so müssten wir zu jeder Umdrehungsfläche L zunächst den Umhüllungscylinder konstruieren, dessen Seiten der Achse l des Ebenenbüschels parallel sind, dann aber durch l die beiden Berührungsebenen T' und T'' an diesen Cylinder legen. Die

Durchführung der Konstruktion ist bei weitem nicht so beschwerlich, als es zunächst den Anschein hat. Sie ist zunächst ganz einfach, wenn die Fläche L die einer Kugel ist. Führt man aber eine Kugelfläche um den Mittelpunkt von AB, als eine Hilfsfläche, ein, so lassen sich leicht die Punkte auf jeder Fläche L_k angeben, in denen die Berührungsebene derjenigen eines bestimmten Punktes auf der Kugelfläche parallel ist. Man erhält also auf einer dritten Projektionsebene, welche $\perp l$ ist, unmittelbar Punkte der Leitlinie des Umhüllungscylinders für L_k. Inzwischen bedarf es der Umhüllungscylinder überhaupt nicht, wenn wir bei dem Wege stehen bleiben, den, wie im Eingange dieser Betrachtung (II.) bemerkt war, die beschreibende Geometrie zur Bestimmung der Fläche L_m und somit des Punktes X_m angiebt. Tafel C, Fig. 3.

Durch den Punkt d^{II}, den zweiten Durchgang der Graden l, sind die zweiten Schnitte einiger Ebenen T des Ebenenbüschels gelegt, welche die Flächen L_1, L_2 ... berühren sollen, während deren ersten Schnitte $\nparallel l'$ laufen. Nach diesen Schnitten T sollen die Meridianlinien der Flächen L_1, L_2 bestimmt werden. Die Berührührungsebene T an eine Umdrehungsfläche L steht senkrecht zu der Meridianebene E, welche den Berührungspunkt O enthält. Ist also T_1 eine solche Berührungsebene, und E_1 die Meridianebene, deren zweiter Schnitt senkrecht zum zweiten Schnitt von T_1 steht, so wird auch die Ebene $E_1 \perp$ Ebene T_1 und der Schnitt t_1 beider Ebenen Tangente der Meridianlinie zur Fläche L_1 sein. Die Grade t_1 ist einerseits auf P^I projiziert: t_1, andererseits auf P^I mit E_1 herabgeschlagen: (t_1); und wenn man dann einen Kreisbogen über AB konstruiert, der (t_1) berührt, so ist dies die Meridianlinie für L_1. In der Figur ist die Konstruktion ausgeführt, indem zu DA und DB die mittlere Proportionale $D[O_1]$ gesucht und $= D[O_1]$ auf (t_1) abgetragen ist. Aus (O_1) findet man dann durch Zurückschlagen auf t_1 den Punkt O_1 d. i. die erste Projektion des Berührungspunktes $L_1 T_1$.

Um jetzt eine Annäherung an die Ebene T_m herbeizuführen, fehlen uns die Punkte G der vorigen Konstruktion Fig. 2, durch welche uns die Lage der Ebene T_1'' angezeigt werden würde, wenn wir die soeben betrachtete Berührungsebene mit T'_1 bezeichnen wollten; und grade hierzu würden einige Punkte jener Leitlinie des Umhüllungs-Cylinders gute Dienste leisten. Aber der Umstand, dass der Berührungspunkt O_m gleichzeitig der Punkt X_m sein, auf der Graden l liegen soll, bietet einen Ersatz für die Orientierung durch die Punkte G. Wir brauchen dazu nur eine Ebene T_2 zu ermitteln, deren Berührungspunkt O_2 auf der O_1 entgegengesetzten Seite von l' liegt — ein Versuch, der bei einiger Ueberlegung sehr bald zum Ziele führt, — so wird zwischen beiden Ebenen T_1 und T_2 die gesuchte Ebene T_m liegen. In der Figur ist an der Ebene T_2 die vorige Konstruktion: $E_2 \perp T_2$, t_2, (t_2), $D_2[O_2]$, $D_2(O_2) = D_2[O_2]$ ausgeführt und endlich die erste Projektion des Punktes O_2 durch Zurückschlagen von (O_2) auf t_2 bestimmt. Dabei ergiebt sich nicht nur, dass O_2 und O_1 auf entgegengesetzten Seiten von l liegen, sondern aus der Lage des Punktes (O_2) gegen die Meridianlinie von L_1, dass auch das Ebenenpaar T_2 der Doppelebene T_m näher kommt, als das Paar T_1. Sonach ist allen Anforderungen an ein Näherungsverfahren genügt, und es bedarf die Fortsetzung keiner weiteren Erörterung.

13. Schlussbetrachtung.

Das darstellende Verfahren in vollem Masse fruchtbar zu machen müsste entweder die Curve L_m des Büschels, welche irgend eine Ortslinie K berührt, und der Berührungspunkt X_m beider sich nach einer allgmeinen Regel konstruieren lassen; oder es müsste immer die Art der Linien L festgestellt und nach den besonderen Eigenschaften dieser Art sowohl die Curve L_m als ihr Berührungspunkt X_m bestimmt werden können. Jene allgemeine Regel giebt es nicht. Ferner ergiebt ein Ueberblick über die von uns gelösten Aufgaben, dass das Eingehen auf die besonderen Eigenschaften der Linien L zwar dann zum Ziele führt, wenn die Linien L Kreise sind, unter gewisser Voraussetzung auch dann, wenn es andere Linien zweiter Ordnung sind; indessen versagten unsere Kenntnisse bei den beiden letzten Beispielen (15. und 16. Beispiel) den Dienst, obwohl im 15. Beispiel, wie sich später erweisen wird, die Linien L nichts anderes, als Hyperbeln, sind. Angesichts der Notwendigkeit auf den direkten Weg unter allen Umständen einmal, es sei früher oder später, zu verzichten, musste noch auf eine andere Lösung Bedacht genommen werden, welche, wenn auch in weniger vollkommner Weise, doch in jedem Falle zum Ziele führt.

Unsere Untersuchung kehrte demnach bei Behandlung des 15. und 16. Beispiels zur allgemeinen Regel wieder zurück, um den Punkt X_m, unbekümmert um andere Eigenschaften der Linien L, als solche, welche sich durch die Zeichnung unmittelbar der Anschauung darbieten, nach dieser Regel zu ermitteln. Es sei dem Verfahren, das einer in der reinen, namentlich aber in der angewandten Mathematik weit verbreiteten Familie angehört, eine kurze Betrachtung gewidmet.

Man würde die Curve L_m, ganz so wie es bei sog. „indirekten Beweisen" geschieht, durch ein ausschliessendes Verfahren bestimmen können, wenn man alle diejenigen Linien L auszuscheiden vermöchte, welche einerseits die feste Ortslinie K schneiden, also die Curven L_{m-1}, $L_{m-2}\ldots$, andererseits diejenigen: L_{m+1}, $L_{m+2}\ldots$, welche K gar nicht treffen. Die letztere Schaar ist von vornherein dadurch ausgeschlossen worden, dass wir die einzelnen für die Betrachtung ausgewählten Linien L bestimmten, indem wir den Punkt X' oder X'' auf der Linie K annahmen, von dem sie ausgehen sollten. Hinsichtlich der ersten Schaar aber vollzog sich das Ausscheiden anfänglich ganz leicht, indem man sich sagte, dass wenn X'_k und X''_k die Schnitte irgend einer Curve L_k auf K sind, alle Punkte ausserhalb der trennenden Strecke $X'_k X''_k$ als ausgeschiedene anzusehen sind. Die Schwäche des Verfahrens liegt aber selbstverständlich darin, dass in Wirklichkeit niemals das Ausscheiden ganz durchzuführen ist, dass immer noch eine Strecke auf K, niemals ein Punkt übrig bleibt, der dann der gesuchte X_m sein müsste. Da übrigens jeder Punkt der übrig bleibenden Strecke $X'_{m-1} X''_{m-1}$, wenn wir die zugehörige Curve L_{m-1} nennen, der Punkt X_m sein kann, so würde, indem man etwa die Mitte der Strecke als den Punkt X_m annimmt, eine Fehlergränze für diese Angabe gleich der Hälfte der Strecke $X'_{m-1} X''_{m-1}$ anzumerken sein; während zur Ermittelung des möglichen Fehlers in der Angabe des Wertes y, wie im 15. Beispiel ausgeführt worden ist, eine Curve L_{m+1} konstruiert werden muss, welche K nicht mehr trifft, dann aber die Gränzen für y_m die beiden Werte y_{m-1} und y_{m+1} sind.

Natürlich hangt der Wert, vielleicht die Brauchbarkeit eines Verfahrens, vorausgesetzt dass unbeschadet der Deutlichkeit die Annäherung nicht über die Curve L_{m-1} hinausgehen kann, von der

Länge der die beiden Punkte X_{m-1} trennenden Strecke auf K ab. Dabei zeigt sich nun, dass unsere Bestimmung des Punktes X_m, die Bestimmung, dass eine Curve L und die Ortslinie K grade eine Berührung vollziehen sollen, eine überaus ungünstige ist, es deshalb ist, weil auch für die der Curve L_m voraufgehenden Curven L nur eine schwache Convergenz gegen K, ein sich Hinziehen an der Linie K zu erwarten ist, hierunter aber die Deutlichkeit der Figur, namentlich die des zweiten Durchschnittspunktes leidet.

Ist diese Schwierigkeit aber wirklich so hoch anzuschlagen, als es auf den ersten Blick zu sein scheint? Beachten wir zunächst, dass jene Erscheinung die unmittelbarste Folge der naturgemässe Ausdruck für die Veränderung der Funktion an der Stelle ist, wo sie ein *Max* oder *Min* erreicht. Denn wenden wir einmal das Gesetz der Stetigkeit auf die Veränderlichkeit der Funktion in der Nähe z. B. ihres *Max*-Wertes an, so darf sie, wenn sie im Punkte X_m aus Steigen in Fallen übergeht, an dieser Stelle weder steigen noch fallen, sich überhaupt gar nicht verändern; und in solchen Zustand kann sie ferner nur dadurch gelangen, dass sie vorher wenig steigt, der Grad der Steigung nach und nach bis zu völliger Unveränderlichkeit abnimmt; sowie sie endlich auf der andern Seite von X_m von dem neutralen Zustande aus, indem sie zu fallen beginnt, noch einmal alle Zwischenstufen einer geringen Veränderlichkeit zu durchlaufen hat. Bleiben wir also bei der Annahme, dass L_{m-1} die letzte Curve L ist, für welche mit Sicherheit auf der Linie K zu beiden Seiten des Punktes X_m noch Curvenpunkte X' und X'' festgestellt werden können; so vollzieht sich der eben beschriebene Vorgang einer fast ruhenden Veränderung des Wertes y, während ein Leitpunkt X von X'_{m-1} nach X''_{m-1} übergeht. Die Wirkung aber auf das Bild der zwischen L_{m-1} und L_m etwa noch möglichen Linien L, für deren Punkte der Wert von y genau derselbe bleibt, ist dies, dass sie sich in engem Anschluss an die Linie K hinziehen.

Was also jene Schwierigkeit betrifft, von der oben die Rede war, so ist jetzt darauf zu erwiedern, dass in demselben Masse, als die Veränderung des y in der Nähe des Punktes X_m überhaupt winzig ist, somit die Zeichnung undeutlich zu werden Gefahr läuft, es auch wenig verschlägt, ob der Punkt X_m oder ein neben ihm liegender als derjenige angesehen wird, für welchen y ein *Max* oder *Min* wird. Es lässt sich nicht leugnen, dass die Möglichkeit einer verhältnissmässig grossen fehlerzeigenden Strecke $X'_{m-1} X''_{m-1}$ hierbei gegeben ist. Aber diese grosse Strecke ist nicht das Anzeichen eines „besonders grossen" Fehlers, sondern die Folge davon, dass der Fehler sich in einem „besonders grossen" Massstabe darstellt.

Die Schwäche unseres ausschliessenden Verfahrens liegt, wie oben gesagt war, darin, dass schliesslich nicht ein Punkt X_m, sondern immer eine „trennende Strecke" übrig bleibt, eine genaue Angabe des Punktes auf diesem Wege nicht zu erreichen ist. Praktischen Anforderungen gegenüber, wenn es sich um die Ausführung einer Anlage handelt, auf welche das darstellende Verfahren in erster Linie berechnet ist, kann diese Schwäche kaum als ein Mangel bezeichnet werden — nicht deshalb, weil es auf kleine Abweichungen nicht ankommt, sondern darum, weil auch die sorgsamste Ausführung eine vollkommne mathematische Genauigkeit nicht wiedergeben kann. Was hilft einem Ingenieur diese Genauigkeit, wenn er an die Stelle der Linien nachher eiserne Stangen oder hölzerne Balken bringen soll? Es ist also allen billigen Anforderungen genügt, wenn durch die Zeichnung derjenige Grad von Genauigkeit erzielt wird, der sich nachher durch die Ausführung auch verwerten lässt. Diese Gränze aber lässt sich durch die Zeichnung, erforderlichen Falls durch die Wahl eines hinlänglich grossen Massstabes, wohl immer erreichen. —

Es wird bei einer Aufgabe, die dem Anschein nach auf direktem Wege nicht zu lösen ist, die Frage entstehen, ob nicht die Rechnung schneller und sicherer zum Ziele führt. Das algebraische Verfahren ist natürlich in allen den Fällen als nächstliegendes anzusehen, wenn die in der Aufgabe enthaltenen Constanten irgendwie in Zahlen gemessen vorliegen. Dasselbe lässt sich aber auch auf solche Beispiele, in denen das Gegebene in einer Zeichnung dargegestellt ist, anwenden, und der Hergang ist, der Hauptsache nach, derselbe, wie wenn anderweitig geometrische Konstruktions-Aufgaben auf dem Wege der Rechnung gelöst werden. Das 15. und 16. Beispiel können bei der Beurteilung dieses Auswegs als Anhalt dienen.

Wenn man das 15. Beispiel algebraisch behandelt, so gelangt

man, wie zur Lösung des 44. Beispiels bemerkt ist, zu dem folgenden Ergebnis. Bezeichnet man den Radius des Kreises mit r, die Abstände der den gegebenen Kreisabschnitt und der das gesuchte Rechteck begränzenden Sehne vom Kreismittelpunkte mit a, bez. v; so wird das Rechteck ein *Max* für denjenigen Wert von v, welcher die quadratische Gleichung erfüllt:

$$2v^2 - av = r^2,$$

sonach für

$$v = \frac{a}{4} + \sqrt{\frac{r^2}{2} + \frac{a^2}{16}}.$$

Danach ist auf Tafel C Fig. 4 die Sehne $D_m X_m$ in der Entfernung v vom Punkte M, indem man, wie die Figur zeigt, mit der Konstruktion dem Aufbau der Formel folgte, auf Grund bekannter Regeln konstruiert worden.

An einen ähnlichen Weg könnte bei dem 16. Beispiel gedacht werden, etwa so, dass man die Senkrechte zu den beiden windschiefen Linien konstruierte und von deren Fusspunkten aus gemessen einerseits die Punkte A und B auf der einen Graden durch die Strecken a und b festlegte, andrerseits auf l die Entfernung des Punktes X_m einstweilen wieder mit v bezeichnete. Denkt man dann noch die Entfernung der beiden windschiefen Linien $= d$, ihren Winkel $= \alpha$ gemessen: so würde der Winkel, unter welchem die Strecke AB in X_m erscheint, ein *Max* sein, wenn v die kubische Gleichung erfüllte:

$$2v^3 + v\{d^2(1+\cos^2\alpha) - ab\sin^2\alpha\} - d^2(a+b)\cos\alpha = 0.$$

Zur Bestimmung des Punktes X_m bedürfte es mithin der Auflösung dieser Gleichung, danach aber der Konstruktion des erhaltenen algebraischen Ansdruckes für v, welcher bekanntlich Kubikwurzeln enthält. Eine solche Konstruktion ist aber, wie beim 43. Beispiel erörtert werden wird und in Tafel C Fig. 5 dargestellt ist, selbst nur mittels eines Näherungsverfahrens ausführbar. Wir wären also, wollten wir hier denselben Weg einschlagen, wie beim vorigen 15. Beispiel, nach einem nicht unerheblichen Aufwand an Rechnung, den die Aufstellung und die Auflösung der vorstehenden Gleichung veranlassen, an demselben Punkte angelangt, von dem unser ausschliessendes Verfahren, ohne weitere Vorkehrungen ausgeht.

Für die vorliegende Aufgabe und viele anderen ist also der Weg der geometrischen Konstruktion, und sei es auch das ausschliessende Verfahren, der allein gangbare. Ja, es wird unter gewissen Voraussetzungen, selbst in solchen Fällen, wo die die Grösse y bedingenden Constanten in Zahlen gemessen vorliegen, danach das Verfahren zunächst auf die Rechnung sich hingewiesen sieht, einer Erwägung wert sein, ob es nicht ratsam ist, eine Zeichnnng nach den gegebenen Massen anzufertigen, um die Aufgabe erst einmal nach dem darstellenden Verfahren aufzulösen. Stellen wir uns etwa mit Bezug auf unsere Aufgabe vor, es wäre die Grade l, oder die Strecke AB nach Länge oder Lage auf ihrer Graden nicht als „unabänderlich" gegeben, sondern dieselbe wäre beim Entwerfen nur vorläufig aus gewissen Rücksichten so, wie die Figur zeigt, angenommen unter dem Vorbehalt, diese Annahme aus Gründen der Zweckmässigkeit zu verbessern: so würde der Einfluss solcher Verschiebungen sich ungleich leichter einer Figur, als der Formel entnehmen lassen, namentlich wenn es sich zunächst um eine annähernde Schätzung dieses Einflusses handelt; und es würde die Formel sich um so schwerfälliger für diesen Zweck erweisen, der Vorzug der geometrischen Darstellung, den Ueberblick zu fördern, um so deutlicher hervortreten, je mannigfaltiger die in der Formel vorkommenden Constanten unter einander verflochten sind.

Die Entwickelung der Cultur in unserem Jahrhundert hat es mit sich gebracht, dass gegenwärtig viel mehr gerechnet wird, als vor einigen Jahrzehnten. Aber es ist kennzeichnend für den Wert, den die wissenschaftliche Forschung wie das praktische Leben den Resultaten der Rechnung beilegt, dass in gleichem Masse sich das Bedürfnis allgemein ausgebildet hat, wissenschaftliche Resultate auch „graphisch" — durch Zeichnung darzustellen. Die voraufgehenden Betrachtungen veranschaulichen an einem Beispiel, wie die beiden Verfahren sich gegenseitig ergänzen. „Ergänzen!" — Dies ist es, um was es sich bei dem Wettstreit des algebraischen und des geometrischen Verfahrens lediglich handeln kann, und nur die Diener sind es, welche gelegentlich im Eifer für ihre Sache — der Eine neidisch auf die Erfolge des Andern werden. Hiernach entsprach es so den Anforderungen als dem Denken unserer Zeit, dass wir neben dem algebraischen auch das darstellende Verfahren in den

Kreis unserer Untersuchung zogen, und diese auch so weit fortsetzten, dass auf einem der gezeigten Wege jede Aufgabe gelöst, wenigstens „anständig unter Dach gebracht“ werden kann.

Inzwischen kann doch bei solchem Ziel, bei der Aussicht ziemlich häufig auf das Näherungsverfahren uns angewiesen zu sehen, nicht einmal vom praktischen, geschweige denn vom wissenschaftlichen Standpunkte aus, von einer eigentlichen Befriedigung hinsichtlich der dabei erlangten Resultate die Rede sein. Nur der direkte Weg bietet diese Befriedigung; und wenn wir auf die Betrachtungen zurückblicken, die sich unmittelbar unserm Hauptlehrsatz anschlossen, so erscheinen uns diese wie ein weit angelegtes und schön ausgeführtes Gefäss, das hinsichtlich seines Inhalts die ihm zukömmliche Bestimmung nicht erreicht. Wer wollte sich z. B. dieses Eindrucks erwehren, wenn er bei einem Rückblick auf die Behandlung des 15. Beispiels sich die mühsame und doch eines vollen Erfolges entbehrende Arbeit, die das Näherungsverfahren erfordert — oder als Ersatz dafür die holprige Konstruktion, welche die Formel für v vorschreibt, vergegenwärtigt: wenn er dann aber erfährt, derselbe Lehrsatz führe, wie im 17. Beispiele auf direktem Wege zu erörtern sein wird, auf eine für die Anschauung sehr viel näher liegende Eigenschaft des Punktes X_m, insofern er der Berührungspunkt derjenigen Kreistangente ist, auf welcher das zwischen der Achse und der Sehne des Kreissegmentes enthaltene Stück durch den Berührungspunkt halbiert wird? Und noch deutlicher würde die Unvollkommenheit in der Verwertung unseres Hauptlehrsatzes hervorgetreten sein, wenn wir dieselben Betrachtungen, zu denen das 15. Beispiel Veranlassung gab, an der Aufgabe angestellt hätten, die im 17. Beispiel behandelt werden wird, wenn wir an die Stelle des Segments ein Dreieck gesetzt hätten.

Wollen wir den Weg, den Punkt X_m auf der festen Ortslinie direkt zu bestimmen, mit Aussicht auf Erfolg beschreiten, so hat dies, wie in den ersten Zeilen dieser Schlussbetrachtung bemerkt worden ist, die Kenntnis der Natur der Linien L zur Voraussetzung; und wenn wir uns hierbei auf erreichbare und wirklich nützliche Ziele beschränken, so muss dies wenigstens hinsichtlich der Linien zweiter Ordnung, bez. zweiter Klasse, gefordert werden.

In dem Lehrgange der analytischen Geometrie, der Stereometrie

— oder wo es sonst gewesen sei, pflegen die Eigenschaften von Punkten und Tangenten der Kegelschnitte in ihrer Beziehung auf ausgezeichnete Punkte und Grade: Mittelpunkte, Brennpunkte, Scheitel, Durchmesser, Achsen etc. zur Sprache gebracht zu werden. Daraus folgt, wie wir bereits durch Erfahrung belehrt sind, dass wir eine Curve L, den Ort für Punkte, die uns durch irgend eine Konstruktion gegeben werden, als Kegelschnitt nur dann zu erkennen vermögen, wenn in der Konstruktion jene ausgezeichneten Punkte und Graden namentlich Achsen, bez. konjugierte Durchmesser gleichfalls vorkommen. Die Voraussetzung war erfüllt im 8. und 11. Beispiel, sie war nicht erfüllt im 15. Beispiel, und darum blieb hier die Natur der Linien L überhaupt unerkannt.

Der Mannigfaltigkeit der Konstruktionen gegenüber, durch welche Linien zweiter Ordnung, bez. zweiter Klasse entstehen können, darf nicht erwartet werden, dass es ein Kennzeichen für diese Linien gäbe, das ohne weiteres in jedem Falle Anwendung finden könnte — etwa so, wie der Grad der Gleichung, durch welche eine Grösse bestimmt wird, unmittelbar anzeigt, ob sie ein- oder zweideutig, oder wieviel-deutig sie bestimmt ist. Aber gewiss ist es ein richtig gewählter Ausgangspunkt für die Erörterung dieser Kennzeichen und für eine Behandlung der Curvenlehre überhaupt, dass man solche Beziehungen der Punkte und Tangenten in Betracht nimmt, welche der Gegenstand einer Aussage für Curven jeder Ordnung, bez. jeder Klasse sein können. Damit ist dann gesagt, dass vorerst von jenen ausgezeichneten Punkten und Graden keine Rede sein kann; dass sie sich als Folgerungen in zweiter Linie ergeben werden, wenn man die allgemeinen Beziehungen an Linien einer bestimmten Ordnung erörtert. Worauf aber soll man die Punkte einer Curve irgend welcher Ordnung beziehen? Auf andere Punkte der Curve. Curvenpunkte sind immer vorhanden; alles Andere wird bei den einen sich vorfinden, bei anderen fehlen. Als nächstliegende allgemeine, d. h. bei allen Curven in Betracht kommende; Kennzeichen einer Curve, werden danach diejenigen anzusehen sein, welche lediglich aus Beziehungen der Curvenpunkte unter einander abgeleitet sind. Betrachtet man ebenso eine Curve als Ort für Grade, so wird irgend eine Art am leichtesten, zunächst wenigstens, wiedererkannt, wenn sie lediglich durch die Beziehungen unter einer bestimmten Zahl beliebig gewählter Tangenten charakterisiert worden ist. — Was aber die Beziehungen, also jene Aussagen betrifft, die von den Punkten im einen, von den Tangenten im andern Falle gemacht werden, so müssen auch sie von ganz allgemeiner, d. h. solcher Natur sein, dass sie für alle Curven der Form nach übereinstimmen, während sie gleichzeitig die einzelnen Arten unterscheiden.

Eine in diesem Sinne allgemeine Beziehung unter den Punkten einer Linie zweiter Ordnung muss natürlich auf die Erklärung dieser Linien zurückgehen und wird zunächst gleichbedeutend mit ihr sein — dahin also lauten, dass auf keiner Graden mehr als zwei Punkte liegen. Ebenso wird die Betrachtung der Linien zweiter Klasse von der Beziehung unter den Tangenten ausgehen müssen, dass von keinem Punkte der Ebene aus mehr als zwei Tangenten an den Ort zweiter Klasse führen. Es war dann wohl die nächstliegende Frage, wie man Linien nach so seltsamer Beschreibung zustande bringt. Ueberlassen wir der Wissenschaft, wie sie sich in dem Wunderlichen der Sache zurechtfindet. Nur auf den aus der Allgemeinheit dieser Beziehungen entspringenden Vorteil, grade was das Wiedererkennen der Oerter, wie es unsere Aufgaben erfordern, betrifft, sei hier noch ausdrücklich hingewiesen: wenn die Entstehung der Linien verschiedener Ordnung, wie deren Erklärung, immer von denselben Gesichtspunkten ausgeht, jeder Ort aber seine bestimmten Voraussetzungen hat, von denen jede alle übrigen ausschliesst, so werden wir in solchen Fällen, wo ein vorliegender Ort z. B. nicht von der zweiten Ordnung ist, auch dies mit aller Sicherheit aussprechen können.

Die durch diese Ausgangspunkte als Grundlage einer systematischen Curvenlehre gekennzeichneten Untersuchungen bilden das Gebiet der sogenannten **„neueren Geometrie“**. Inwiefern deren Ergebnisse für die Linien der zweiten Ordnung, bez. zweiten Klasse, und zwar nur die allernächstliegenden, die Lösung von Aufgaben über *Max* und *Min* auf direktem Wege vermitteln, mag im hier anschliessenden „Anhang“ (Nr. 14 u. folgende) solchen Lesern, welche mit den Anfangsgründen der „neueren Geometrie“ vertraut sind, an einigen Beispielen gezeigt werden. Zur besseren Verständigung aber seien in einer „Vorbemerkung“ diejenigen Lehrsätze, auf welche wir uns nachher werden berufen müssen, in gehöriger Ordnung, aber ohne weitere Begründung*) übersichtlich zusammengestellt.

Anhang.

Bestimmung von Max und Min unter Anwendung projektivischer Beziehungen.

Vorbemerkung.

I. Es giebt in der Ebene einer Linie zweiter Ordnung Grade, welche sie treffen, und andere, welche sie nicht treffen. Indem wir die letzteren, für welche die Curve ohne Bedeutung ist — wenigstens zunächst zu sein scheint — von unserer Betrachtung ausschliessen, fassen wir die Erklärung der Linien zweiter Ordnung so, dass jede Grade, die durch einen Punkt A einer Linie zweiter Ordnung geht, mit ihr ausserdem nur noch einen Punkt gemeinschaftlich hat.

Dieser zweite Punkt kann jeder Punkt der Linie zweiter Ordnung sein; und wenn namentlich der zweite Punkt mit dem Punkte A zusammenfällt, so ist nach dem Stetigkeitsgesetze die Gerade die Tangente der Curve im Punkte A.

I. In der Ebene einer Linie zweiter Klasse finden sich Punkte, von denen zwei Tangenten an die Curve führen, und andere, durch welche keine Tangente geht. Die letzteren können, zunächst wenigstens, ausser Betracht bleiben. Alsdann erklären wir eine Linie zweiter Klasse als solche, dass von jedem Punkte einer ihrer Tangenten $\mathfrak{B}$ ausserdem nur noch eine Tangente dem gegebenen Orte angehört.

Diese zweite Tangente kann jede beliebige Tangente der Curve sein; und wenn namentlich die zweite Tangente mit $\mathfrak{B}$ zusammenfällt, so ergiebt sich nach der Stetigkeit, dass der Punkt auf $\mathfrak{B}$, von dem sie ausgeht, der Berührungspunkt von B ist.

II. Nimmt man zwei Punkte A' und A'' auf einer Linie zweiter Ordnung als Mittelpunkte zweier Strahlbüschel an und ordnet Strahlen c' und c'', d' und d''... einander zu, welche dieselben Curvenpunkte C, D... treffen, so werden hierdurch beide Büschel eindeutig d. h. so

II. Betrachtet man auf zwei beliebigen Tangenten $\mathfrak{B}'$ und $\mathfrak{B}''$ einer Linie zweiter Klasse diejenigen Punkte $\mathfrak{c}'$ und $\mathfrak{c}''$, $\mathfrak{d}'$ und $\mathfrak{d}''$... als zugeordnete Punkte, in welchen sie von anderen Tangenten $\mathfrak{C}$, $\mathfrak{D}$... geschnitten werden, so werden hierdurch die beiden Graden eindeutig

*) Eine ausführliche Erörterung dieser Grundlehren wird demnächst u. d. T. „Lehrproben II. Einführung in die Betrachtungen der neueren Geometrie" — erscheinen.

auf einander bezogen, dass jedem Strahle des Büschels A' ein, und nur ein Strahl des Büschels A'' entspricht. Und zwar gehört zu dem gemeinschaftlichen Strahle $A'A''$ beider Büschel, wenn er als A' angehörig, als p', betrachtet wird, nach dem Stetigkeitsgesetze, die Tangente in A'', als p''; und ebenso zu dem Strahle $A''A'$, als q'' aufgefasst, die Tangente in A', als q'.

III. Bringt man die beiden mittels einer Linie zweiter Ordnung auf einander bezogenen Büschel in eine solche Lage, dass ein Paar entsprechende Strahlen m' und m'' in dem gemeinschaftlichen Strahle ($A'A''$) vereinigt ist, so erzeugen die Durchschnitte ensprechender Strahlen — oder genauer: die Punkte, welche entsprechenden Strahlen gemeinschaftlich angehören, ein System von zwei graden Linien, von denen die eine immer die Grade $A'A''$ ist.

d. h. so auf einander bezogen, dass jedem Punkte der einen ein und nur ein Punkt der andern entspricht. Und zwar gehört zu dem Schnittpunkt der Graden, er heisse nun $\mathfrak{p}'$ oder $\mathfrak{q}''$, nach dem Stetigkeitsgesetze, der Berührungspunkt der andern Tangente, bezüglich $\mathfrak{p}''$ auf $\mathfrak{B}''$ oder $\mathfrak{q}'$ auf $\mathfrak{B}$.

III. Bringt man die beiden mittels einer Linie zweiter Klasse auf einander bezogenen Graden in eine solche Lage, dass ein Paar entsprechender Punkte in ihrem Schnittpunkt $\mathfrak{B}'\mathfrak{B}''$ auf einander fallen, so ist der Ort für die Projektionsstrahlen, d. h. für die Verbindenden entsprechender Punkte, nicht mehr eine Curve, sondern ein System zweier Punkte von denen der eine immer der Schnittpunkt $\mathfrak{B}'\mathfrak{B}''$ der beiden Graden ist.

IV. Die Beziehungen unter den Strahlen zweier Büschel A (unter den Punkten zweier Graden $\mathfrak{B}$), je nachdem sie (vgl. III) das System von zwei Graden (das System von zwei Punkten) oder (vgl. II) eine Linie zweiter Ordnung (eine Linie zweiter Klasse) erzeugen, sind nicht der Art nach verschieden. Die Verschiedenheit der durch sie erzeugten Gebilde entspringt nur dem Unterschied hinsichtlich ihrer gegenseitigen Lage, je nachdem in dem gemeinschaftlichen Strahle (Punkte) zwei entsprechende Elemente vereinigt sind (III) oder nicht (II).

Zwei Strahlbüschel (zwei Grade), die auf die eine oder andere Weise (III oder II) eindeutig auf einander bezogen sind, werden projektivisch in Ansehung der Strahlen c' und c'', p' und p''... (in Ansehung der Punkte $\mathfrak{c}'$ und $\mathfrak{c}''$, $\mathfrak{p}'$ und $\mathfrak{p}''$...) genannt, ihre Lage aber als perspektivische (III) oder schiefe (II) unterschieden.

Schneiden vier Strahlen c, d, p, q eines Büschels A eine Grade $\mathfrak{B}$ in den Punkten $\mathfrak{c}$, $\mathfrak{d}$, $\mathfrak{p}$, $\mathfrak{q}$, so besteht zwischen den Winkeln der vier Strahlen und den Entfernungen der vier Punkte die Beziehung:

$$\frac{\mathfrak{cd}}{\mathfrak{cp}} : \frac{\mathfrak{qd}}{\mathfrak{qp}} = \frac{\sin cd}{\sin cp} : \frac{\sin qd}{\sin qp}.$$

Die Gleichung dient als Grundlage für die Massbestimmung der Beziehung zwischen je vier Paaren entsprechender Elemente in irgend zwei projektivischen Gebilden.

Aus ihr folgt ferner, dass wenn in einer Reihe von Gebilden jedes mit dem folgenden, auch das erste mit dem letzten projektivisch ist.

V. Das ganze System der entsprechenden Elemente zweier projektivischen Gebilde ist bestimmt, wenn drei Paare derselben gegeben sind. Daraus folgt, dass

eine Linie zweiter Ordnung durch fünf Punkte bestimmt ist, wobei auch ein Punkt oder zwei Punkte durch gleich viel Tangenten an den übrigen Punkten ersetzt werden können. Versteht man unter einem Sechseck die Figur, welche entsteht, wenn sechs Punkte in beliebiger Reihenfolge durch Grade verbunden werden; so enthält die Beziehung unter solchen sechs Punkten, welche auf einer Linie zweiter Ordnung liegen, der Pascalsche Lehrsatz: In jedem einer Linie zweiter Ordnung eingeschriebenen Sechseck liegen die drei Durchschnitte gegenüberstehender Seiten auf einer graden Linie.

eine Linie zweiter Klasse durch fünf Tangenten bestimmt ist, wobei auch eine oder zwei Tangenten durch eine gleiche Zahl von Berührungspunkten der übrigen ersetzt werden können. Versteht man unter einem Sechsseit die Figur, wenn sechs Grade, in beliebiger Reihenfolge — jede mit der folgenden zum Durchschnitt gebracht werden; so lehrt die Beziehung unter sechs Tangenten einer Linie zweiter Klasse der Satz von Brianchon: In jedem einer Linie zweiter Klasse umschriebenen Sechsseit gehen die drei Verbindenden gegenüberstehender Ecken durch denselben Punkt.

VI. Unter den Paaren entsprechender Strahlen zweier projektivischen Strahlbüschel finden sich an solchen, die parallel sind — entweder zwei, oder keins, oder es rücken die beiden Richtungen des ersten Falls, beim Uebergang in den zweiten, einander so nahe, dass sie in eine zusammenfallen. Im ersten Falle erzeugen die Büschel Hyperbeln, deren Asymptoten die Stellen der Tangenten in den beiden unendlich entfernten Punkten einnehmen; während im zweiten Falle die Büschel eine Ellipse erzeugen. Im dritten Falle endlich entsteht eine Parabel, für welche die unendlich entfernte Grade der Ebene in die Stelle einer Tangente, der unendlich entfernte Punkt der Parallelstrahlen in die Stelle ihres Berührungspunktes tritt. Schon hieraus ist zu schliessen, dass eine Parabel durch vier Punkte und gewiss durch vier Tangenten bestimmt ist. Ueberdies sind auch zwei projektivische Strahlbüschel, wenn ihnen noch die Bedingung gestellt ist, dass sie nur ein Paar Parallelstrahlen haben sollen, schon durch zwei Paare entsprechender Strahlen bestimmt.

14. 17. Beispiel: In ein Dreieck ABC ein Parallelogramm, von welchem zwei Seiten längs der Dreieckseiten BA und BC fallen, so zu zeichnen, dass sein Inhalt ein *Max* wird. Tafel D Fig. 1—

Die Aufgabe unterscheidet sich von der des 15. Beispiels nur dadurch, dass die feste Ortslinie für den Punkt X jetzt die Dreieckseite AC, damals der Bogen VC war. Auch der Gang der Konstruktion, namentlich für die Linien L des Büschels, und somit deren Natur bleibt unverändert; da jeder Punkt X, gleichviel welcher Linie er angehört, seine eigene Linie L hat.

Die Parallelogramme mit den verschiedenen Punkten X werden in solche mit der Seite BC verwandelt, alsdann ist (Fig. 1) das auf der Achse Y von C aus abgeschnittene Stück $CE'' = y$ die Strecke, die ein *Max* werden soll. Soll jetzt umgekehrt der Ort L_1 für die der Ecke B gegenüberstehenden Ecken G solcher Parallelogramme angegeben werden, welche dem Parallelogramme aus BC und y_1 gleich sind, so wird man (Fig. 2) den Punkt E' auf Y_1'' beliebig annehmen, durch ihn einerseits den Projektionsstrahl $g' \ddagger BA$, andrerseits den Projektionsstrahl von B aus ziehen, der Y' in E''' trifft, durch E''' aber den Projektionsstrahl $g'' \ddagger BC$, welcher auf g' den Punkt G bestimmt. Hieraus ergiebt sich, mittels der projektivischen Beziehungen unter den beiden Büscheln g' und g'' unmittelbar die Natur der Linie L_1. Die Graden Y' und Y_1'' werden durch das Strahlbüschel B in den Punkten E' und E''' projektivisch geteilt. Darum sind auch die beiden Büschel, welche durch die unendlich entfernten Punkte von BA bez. BC gehen, projektivisch in Ansehung solcher Strahlen, die einerseits durch die Punkte E', andrerseits durch die Punkte E''' gehen, und es liegen mithin die Punkte G auf einer Linie zweiter Ordnung, welche durch jene beiden unendlich entfernten Punkten geht, sonach eine Hyperbel ist. Die Asymptoten selbst aber sind diejenigen beiden Strahlen g' bez. g'', welche dem gemeinschaftlichen Strahle beider Büschel, hier also der unendlich entfernten Graden der Ebene entsprechen. Rückt aber der Strahl g' ins Unendliche, mit ihm E', so fällt E''' auf C, g'' in BC; und wenn andererseits g'' in die unendlich entfernte Grade übergeht, E''' der unendlich entfernte Punkt auf Y' wird, rückt E' und mit ihm g' auf die Grade BA. Das Büschel L besteht also aus Hyperbeln, die sämtlich BC und BA zu Asymptoten haben — setzen wir hinzu: dies zählt für vier Punkte, und der fünfte Punkt, durch welchen die einzelnen L unterschieden werden, ist der Punkt E'' auf Y', durch welchen die Grösse der durch die Punkte G bestimmten Parallelogramme gegeben wird.

Tritt nun an Stelle dieses fünften Punktes für die Hyperbel L_m eine Tangente, die Bedingung nämlich, es solle die Grade AC von der Hyperbel berührt werden, so wird die Hyperbel auch hierdurch bestimmt, und was insbesondere den Berührungspunkt X_m angeht, so ergiebt sich dieser (Fig. 3) mittels des unmittelbar aus dem Pascal'schen Satze folgenden Lehrsatzes, dass das zwischen den Asymptoten einer Hyperbel liegende Stück einer Hyperbeltangente durch ihren Berührungspunkt halbiert wird. Das grösste dem $\triangle\, ABC$ einbeschriebene Parallelogramm ist also dasjenige, dessen Ecke X_m auf der Mitte von AC liegt.

Bemerkung. Bringen wir mit Hilfe des Ergebnisses dieser Untersuchung nun auch das 15. Beispiel zu völligem Abschluss, so wird der Kreisbogen VC von der Hyperbel L_m, welche BV und BC zu Asymptoten hat in dem Punkte X_m berührt werden, wenn das zwischen jenen Asymptoten gelegene Stück der Kreistangente des Punktes X_m in diesem Punkte halbiert wird.

18. Beispiel. Ein normaler Kegel soll durch eine Ebene parallel zur Grundfläche so geschnitten werden, dass der zwischen den beiden parallelen Ebenen enthaltene, über der Schnittfläche konstruierte Cylinder einen möglichst grossen Inhalt hat. Tafel E, Fig. 1—4.

Das rechtwinklige Dreieck ABC (Fig. 1) und das Rechteck $DBFE$ seien die Meridianlinien des Kegels und irgend eines ihm eingeschriebenen Cylinders, während ADB als Umdrehungsachse dient; und es kommen nach der Aufgabe die Cylinder zum Vergleich, die entstehen, während E sich über CA bewegt. Der Inhalt des in der Figur angenommenen Cylinders ist $= \pi . BF^2 . BD$, die Funktion also, die ein *Max* werden soll, $= BF^2 . BD$. Sie ist, wie die des vorigen Beispiels, ein Produkt. Es scheint also angezeigt, wenn auch jetzt drei veränderliche Faktoren, gegen zwei im vorigen Beispiel, vorhanden sind, denselben Gang der Entwickelung beizubehalten. Dazu muss zunächst jenes Produkt nach der Lehre von der Verwandlung der Parallelogramme durch ein anderes ersetzt werden, in dem nur ein veränderlicher Faktor vorkommt, die beiden andern einem für alle Lagen von E gleichbleibenden Faktor, hier BC, gleich werden. Nach der aus der Figur ersichtlichen Konstruktion ist

$$BF^2.BD = BF(BC.CM') = BC(BF.FM) = BC^2.CM'''.$$

Sonach haben wir für unsere Untersuchung wieder die Strecke CM''' als den dem Punkte E entsprechenden Wert der Funktion y anzusehen, der mit y' bezeichnet werden möge.

Die Frage, ob, dem vorigen Beispiel ähnlich, die Grade CA die feste Ortslinie sein soll, so dass der Punkt E einen der Punkte X_1 vorstellte, wird davon abhangen, wie sich unter solcher Voraussetzung die Curven L gestalten würden. Wir suchen dazu den geometrischen Ort, wie vorhin der Punkte G, so jetzt der Punkte H von solcher Beschaffenheit, dass wenn man Punkt F' auf der Achse U beliebig annimmt ($BF' = HH^0 = u$) und durch F' eine Parallele zur Achse V oder Y' zieht, die Coordinaten von H die Gleichung erfüllen

$$u^2v = BC^2.y'.$$

Der Ort der Punkte H würde alsdann nicht, wie vorher der Ort der Punkt G, für welche $uv = BC.y'$ war, eine Linie zweiter Ordnung werden. Wir erhalten nämlich den Punkt H aus dem durch den Punkt F' auf Y'' bestimmten Punkte M_1'', indem wir ihn zweimal hinter einander von B aus auf Y'' und von dort parallel Y'' wieder auf die Grade g zurückprojizieren: M_1'', M_1', G, H', H. Nun sind zwar, wenn wir uns den Punkt F' auf BC verschoben denken, die Strahlbüschel g' und g'' projektivisch, auch die Strahlbüschel f und h projektivisch; aber es ist das Strahlbüschel f nicht zu g' auch nicht zu g'' projektivisch, wie es sein würde, wenn der Punkt B auf der Hyperbel läge, die auch in unserm jetzigen Beispiele der Punkt G wieder beschreibt. Da wir nun auf die Anwendung der projektivischen Beziehungen nicht verzichten können, so müssen die Punkte H ausser Betracht bleiben, darf in dem Verfahren, aus einem gegebenen y' den Punkt E zu bestimmen, nur bis an die Punkte G gegangen werden, so dass als Curvenbüschel L auch hier wieder das Hyperbelbüschel des vorigen Beispiels Verwendung finden muss. Danach kann aber AC nicht mehr die feste Ortslinie sein, muss der Punkt E von einem Punkte einer anderen festen Ortslinie aus bestimmt werden.

Tafel E Fig. 2 stellt die Linie L_1 des Curvenbüschels dar und erinnert namentlich daran, dass diese durch den Punkt M gehen muss, von dem aus E ebenso einfach zu erreichen, als unmittelbar M aus E bestimmt ist. Versuchen wir den Ort der Punkte M anzugeben, ob diese als feste Ortslinie der Punkte X dienen könnte. Die Graden AC und Y' werden durch das Büschel Parallelstrahlen EE', x'' ... protektivisch geteilt; deshalb sind die beiden Büschel, welche einerseits die Parallelstrahlen x', andererseits die Strahlen f um den Punkt B bilden, projektivisch und erzeugen eine Linie zweiter Ordnung, die durch den Punkt B und den unendlich entfernten Punkt auf x' oder auf Y'. geht. Die Grade BA ist der beiden Strahlbüscheln x' und f gemeinschaftliche Strahl, und da diesem, als Strahl f betrachtet, die unendlich entfernte Grade der Ebene entspricht, so muss die Ortslinie eine Parabel sein, deren Durchmesser die Richtung x' haben. Die Parabel geht ferner durch den Punkt C, und wie BA' die Tangente für B ist, so wird sie in C von CA berührt. Die Figur zeigt das Paar X'_1 und X''_1, in welchem die Parabel von der Curve L_1 geschnitten wird, wobei X'_1 und M derselbe Punkt ist.

Der Punkt X_m der Parabel ist derjenige, in welchem sie von einer Hyperbel L_m berührt wird, oder: derjenige, in welchem die Tangenten der Parabel und der durch ihn gehenden Hyperbel zusammenfallen. In Fig. 3 sind zunächst einmal für den Punkt X'_1 die Hyperbel- und die Parabel-Tangente konstruiert. Die erstere ist, nach dem im vorigen Beispiel angeführten Lehrsatze $\mathrel{+\!\!\!\!=} NF$ oder auch $\mathrel{+\!\!\!\!=} DC$. Die Parabeltangente VI ist nach dem Pascal'schen Satze konstruiert. Die sechs Seiten sind mit den Nrn. I bis VI bezeichnet, während II die unendlich entfernte Grade der Ebene ist. Daraus ergiebt sich die Regel für die Konstruktion der Parabeltangente, dass man durch E eine Parallele zu $X'_1 C$ zieht: deren Schnitt mit Y' ist ein Punkt der Tangente.

In Fig. 4 ist endlich der Versuch gemacht, den unteren Teil der Fig. 1 so zu gestalten, dass einerseits $X_m T \mathrel{+\!\!\!\!=} DC$, und gleichzeitig $E_m T \mathrel{+\!\!\!\!=} X_m C$ wird. Danach müsste

$$E_m X_m = X_m Q = Q F_m = \tfrac{1}{3} E_m F_m$$

werden. Hieraus folgt, dass $DE_m = \frac{2}{3} BC$, die Höhe des grössten in den Kegel beschriebenen Cylinders $= \frac{1}{3}$ der Kegelhöhe ist.

Die vorstehende Entwickelung findet eine unmittelbare Anwenwendung bei der folgenden Aufgabe:

19. Beispiel. In einer Horizontalebene sind zwei Punkte P' und Z gegeben, der erstere als Horizontal-Projektion eines leuchtenden Punktes P, während der andere den Ort für ein von P beleuchtetes Flächenelement der Horizontalebene angiebt. Es soll die Höhe des Punktes P über P' so bestimmt werden, dass die Horizontalebene bei Z am hellsten beleuchtet wird. Tafel E Fig. 5 u. 6.

Ist λ die Lichtmenge, auf die Flächeneinheit umgerechnet, welche die Lichtquelle auf ein Flächenelement sendet, das in der Entfernung $= 1$ senkrecht zum Lichtstrahl angebracht ist; so ist die Helligkeit unseres Elementes bei Z

$$= \frac{\lambda . \cos\varphi . \sin^2\varphi}{a^2},$$

wenn a die Entfernung $P'z$ und φ den Winkel bezeichnet, den PZ mit der Vertikalen PP' einschliesst. Danach ist die Funktion, die ein *Max* werden soll, $\cos\varphi . \sin^2\varphi$, oder wenn wir, um Strecken statt der Winkel in Betracht zu nehmen, mit r^3 multiplizieren, $= r\cos\varphi (r\sin\varphi)^2$. In Fig. 5 ist deshalb um den Scheitel B eines rechten Winkels mit einem beliebigen Radius $r = BC$ ein Kreisbogen beschrieben, so dass, wenn man irgend einen $\angle \varphi = DBE$ an die Vertikale BD gelegt denkt, unter allen Punkten E des Kreisbogens derjenige anzugeben ist, für welchen wieder die Funktion dritten Grades $DE^2 . DB$ ein *Max* ist. Auch ist, wie im vorigen Beispiel, indem man die Tangente Y' gezogen hat, durch Verwandlung von Rechtecken die Funktion dargestellt durch $BC^2 . CM''' = r^2 . y'$; so dass schliesslich wieder die Strecke $CM''' = y'$ jene Funktion veranschaulicht.

Sollen jetzt, umgekehrt, Punktpaare X'_1 und X''_1 angegeben werden, denen der Wert $y' = CM'''$ entspricht, so werden diese wieder diejenigen sein müssen, in welchen die feste Ortslinie von der Hyperbel L_1 geschnitten wird, deren Asymptoten BD und BC

sind, und die durch den Punkt M''' geht. Die Hyperbel L_1 enthält aber nicht unmittelbar den Punkt E, sondern wieder den Punkt M, den Schnitt zweier projizierenden Graden, wenn man einerseits $E \mp Y'$, andererseits E' von B aus projiziert. Es liegt der Gedanke nahe, den Ort m der Punkte M aufzusuchen, während E über den Kreisbogen läuft. Aber dieser Ort ist nicht eine Linie zweiter Ordnung, wie im vorigen Beispiel, da der Ort für die Punkte E eine grade Linie war. Gleichwohl werden uns projektivische Beziehungen den Weg zeigen, den Punkt X_m auf ihr zu bestimmen, in dem sie von einer Hyperbel L berührt wird, ihre Tangente und die Hyperbeltangente zusammenfallen. Denn konstruieren wir für den Punkt E die Kreistangente ET und den ihr entsprechenden Ort P_1 der Punkte M, so haben am Punkte M die beiden Curven m und P_1 dasselbe Curvenelement, dieselbe Tangente. Die Curve P_1 ist aber, wie beim vorigen Beispiele sich ergeben hatte, eine Parabel, deren Durchmesser die Richtung Y' hat, die ausserdem durch die Punkte B, M und T geht. Konstruiert man also nach dem Pascal'schen Satze die Tangente (VI) für den Punkt M, wobei die Seite III die unendlich entfernte Grade der Ebene ist, so ist dies auch gleichzeitig die Tangente für die Curve m im Punkte M. Die Konstruktion der Tangente VI erfolgt — kurz so, dass man TM zum Durchschnitt Q mit BD bringt, Q mit E' verbindet und die Tangente VI $\mp QE'$ zieht.

Für den Punkt X_m auf der Ortslinie m müssen diese Parabeltangente VI und die Hyperbeltangente zusammenfallen, oder da die Hyperbeltangente $\mp NF_1 \mp DC$ ist, müssen, nach dem Vorigen, QE' und DC parallel sein. Hieraus ergiebt sich sofort die Bestimmung des Punktes X_m der Ortslinie Tafel E Fig. 6, bez. die des Punktes E_m auf der Kreislinie.

Konstruiert man von einem Punkte E_m aus die Kreistangente $E_m T$ und die Grade $E_m F \mp Y'$, welche die Diagonale BE' im Punkte M schneidet; zieht man ferner TM bis zum Durchschnitt Q mit BD, so ist der Punkt M der gesuchte Punkt X_m dann, wenn $E'Q$ der Diagonale DC parallel ist. Dieser Parallelismus wird erreicht, wie aus einer leicht abzuleitenden Eigenschaft des einem Kreise umschriebenen regelmässigen Sechsecks folgt, wenn $\angle DBE' = 60^0$ ist. Hieraus folgt dann für unsern $\angle \varphi$, dass

$$\cos\varphi_m = \frac{BD}{r} = \frac{E'C}{r} = \operatorname{tang} 30^0 = \sqrt{\tfrac{1}{3}},$$ somit

die günstigste Höhe des leuchtenden Punktes durch das Verhältniss:

$$\frac{PP'}{a} = \operatorname{cotg}\varphi_{m'} = \sqrt{\tfrac{1}{2}} = 0{,}7071$$

bestimmt wird.

15. Es sei endlich eine Aufgabe gestellt, bei der als fester Ort und Curvenbüschel L nicht Oerter für Punkte, sondern Oerter für Grade auftreten.

20. Beispiel. Es sind zwei in dem Punkte Q sich schneidende unendliche Grade $\mathfrak{B}'$ und $\mathfrak{B}''$, ausserdem ein Punkt M gegeben; es soll durch M eine dritte grade Linie so gezogen werden, dass das von den drei Graden eingeschlossene Dreieck einen möglichst kleinen Inhalt erhält. Tafel D Fig. 4 u. 5.

Soll zunächst der Inhalt des Dreiecks ein gegebener, etwa dem des gleichschenkligen Dreiecks $QA'A''$ gleich sein, so ist hierzu der Ort aller Graden anzugeben, welche ein Dreieck von diesem Inhalte abschneiden. Ein solches Dreieck erhält man, wenn durch A' und A'' die Strahlen c' und c'' parallel zu einander gezogen, danach die Durchschnitte $\mathfrak{c}''$ und $\mathfrak{c}'$ auf den Graden $\mathfrak{B}''$ und $\mathfrak{B}'$ mit einander verbunden werden. Da die beiden Strahlenbüschel A' und A'' in Ansehung der Paare c' und c'' etc., danach auch die Graden $\mathfrak{B}'$ und $\mathfrak{B}''$ in Ansehung der Paare $\mathfrak{c}'$ und $\mathfrak{c}''$ etc. projektivisch sind, umhüllen die Projektionsstrahlen $\mathfrak{c}'\mathfrak{c}''$ ... zusammen mit den Graden $\mathfrak{B}'$, $\mathfrak{B}''$ sowie der Graden $A'A''$ eine Linie zweiter Klasse. Diese Curve ist, da dem Punkte Q die unendlich entfernten Punkte auf $\mathfrak{B}'$ bez. $\mathfrak{B}''$ entsprechen, eine Hyperbel, welcher $\mathfrak{B}'$ und $\mathfrak{B}''$ als Asymptoten dienen.

Will man alle Dreiecke von dem bestimmten Inhalt angeben, die rund um den Punkt Q zwischen den Graden $\mathfrak{B}'$ und $\mathfrak{B}''$ liegen, so wird man zunächst diejenigen noch anführen, welche entstehen, wenn $\mathfrak{c}''$ über Q nach $\mathfrak{n}''$, gleichzeitig $\mathfrak{c}'$ durch den unendlich entfernten Punkt gleichfalls in die obere Hälfte nach $\mathfrak{n}'$ gelangt, die Grade $\mathfrak{n}''\mathfrak{n}'$ den oberen (in der Figur nicht gezeichneten) Hyperbelarm berührt und hier ein $\triangle = QA'A''$ abschneidet. Ferner aber erhält man noch andere Dreiecke, wenn man QA'' über Q hinaus auf $\mathfrak{B}''$, oder QA'

über Q hinaus nach QA''' abträgt, $A'A^{IV}$ oder $A''A'''$ zieht und in diesen Winkelöffnungen die vorige Konstruktion wiederholt, so dass eine zweite Hyperbel entsteht. So giebt es von M aus in jedem Falle zwei Grade, in dem unsrigen deren vier, welche die beiden Hyperbeln berühren, somit Dreiecke $= QA'A''$ abschneiden.

Der feste Ort für die Graden, wenn man den gegebenen Inhalt ändert, ist der Punkt M, das Curvenbüschel eine Schaar von Hyperbeln, deren Asymptoten $\mathfrak{B}'$ und $\mathfrak{B}''$ sind. Der Inhalt wird ein *Max*, die beiden Tangenten $\mathfrak{d}'\mathfrak{d}''$, $\mathfrak{e}'\mathfrak{e}''$ fallen in eine $\mathfrak{m}'\mathfrak{m}''$ zusammen, wenn die Hyperbel L_m durch den Punkt M geht. Nach dem in den vorigen Beispielen fortgesetzt angewandten Satze muss M in der Mitte des Projektionsstrahles $\mathfrak{m}'\mathfrak{m}''$ liegen.

Unter allen Dreiecken, welche von den durch M gehenden Graden abgeschnitten werden, ist dasjenige BQC das kleinste, in welchem QM die Mittellinie zu BC ist. Fig. 5.

Dreht man hiernach eine durch M gehende unendliche Grade X, von der Lage MQ ausgehend, um M nach rechts, so erhält man folgende Veränderungen in der Lage und Grösse des von ihr abgeschnittenen Dreiecks:

1. $\triangle$ liegt im Teile II und wächst von 0 bis ∞, wenn X in die Lage ME gelangt;

2. $\triangle$ liegt im Teile I, nimmt ab und erreicht das *Min* QCB, wenn X auf CB fällt;

3. $\triangle$ liegt im Teile I und wächst bis ∞, wenn X in die Lage MD kommt;

4. $\triangle$ liegt im Teile III, nimmt ab und kehrt wieder auf 0 zurück, wenn X auf MQ fällt.

II. Algebraische Betrachtungen.

Dritte Untersuchung.

Unmittelbare Angabe des oberen oder unteren Gränzwertes einer veränderlichen Grösse: $y = f(x)$.

16. Wie bei den geometrischen Betrachtungen, beginnen wir auch die nachfolgende Untersuchung damit, solche Fälle zu sammeln, wo in den früheren Lehrgängen bei Berechnung irgend welcher Grössen aus der Form des für sie ermittelten algebraischen Ausdrucks der Schluss gezogen wurde, es bilde ein bestimmter Wert die obere oder untere Gränze aller derjenigen, welche die Grösse unter gegebenen Voraussetzungen, wie sie die Constanten anzeigen, annehmen könne. Denken wir hierbei z. B. an trigonometrische Berechnungen, so giebt der Gesichtspunkt, dass der obere Gränzwert von $\sin x$ und $\cos x$ die Zahl 1 ist, dass dieser Wert von der Funktion sin für $x = 90^0$, von cos für $x = 0$ erreicht wird, öfter unmittelbar Auskunft über die obere oder untere Gränze von Funktionen, wenn die Unabhängig-Veränderliche ein Winkel ist.

21. Beispiel. Unter allen Dreiecken (a, α) dasjenige zu bestimmen, welches den grössten Umfang hat.

Sind x und z die beiden andern Dreieckswinkel, so wird der

$$\text{Umfang} = a + \frac{a}{\sin\alpha}(\sin x + \sin z),$$

und der veränderliche Teil, der möglichst gross werden muss, ist $\sin x + \sin z$. Die weitere Umformung geht davon aus, dass $x + z$ bekannt, $= 180 - \alpha$, es sonach möglich ist, alles Veränderliche in eine Funktion zusammen zu fassen. Da nun

$$\sin x + \sin z = 2\cos\frac{\alpha}{2}\cdot\cos\frac{x-z}{2}$$

ist, so erreicht der Umfang seine obere Gränze für $x = z$, dann also, wenn das Dreieck gleichschenklig ist.

Untersuchen wir die Inhalte der verschiedenen Dreiecke (a, α), so wird

$$J = \frac{a^2 . \sin x . \sin z}{2\sin\alpha};$$

und wenn wir die Umformung nach demselben Gesichtspunkte vornehmen, für

$$2\sin x . \sin z = \cos(x-z) + \cos\alpha$$

setzen, so ergiebt sich,. dass das gleichschenklige Dreieck $(b = c)$ auch den grössten Inhalt hat.

Ebenso lässt sich auch die in dem 14. Beispiel geometrisch behandelte Aufgabe durch Rechnung darauf zurückführen, dass schliesslich nur für den cos eines veränderlichen Winkels sein grösster Wert eingesetzt zu werden braucht. Es sollen hierzu

22. Beispiel: die Inhalte aller Dreiecke (r, α) verglichen werden, wenn r den Radius des dem Dreiecke eingeschriebenen Kreises bezeichnet.

Sind die beiden anderen Winkel wieder x und z, so ist bekanntlich

$$J = r^2\left(\operatorname{cotg}\frac{\alpha}{2} + \operatorname{cotg}\frac{x}{2} + \operatorname{cotg}\frac{z}{2}\right).$$

Lösen wir das Veränderliche hier ab, so ist zunächst

$$\operatorname{cotg}\frac{x}{2} + \operatorname{cotg}\frac{z}{2} = \frac{\sin\frac{x+z}{2}}{\sin\frac{x}{2}\cdot\sin\frac{z}{2}} = \frac{\cos\frac{\alpha}{2}}{\sin\frac{x}{2}\cdot\sin\frac{z}{2}};$$

und heben wir von diesem Ausdrucke wieder allein den Nenner hervor, so ergiebt sich endlich, ähnlich der Ausführung des vorigen Beispiels,

$$2\sin\frac{x}{2}\cdot\sin\frac{z}{2} = \cos\frac{x-z}{2} - \sin\frac{\alpha}{2}.$$

Hiernach erreicht jener Nenner seine obere, der Bruch und somit der

Inhalt seine untere Gränze, wenn das umschriebene Dreieck gleichschenklig ($b=c$) ist.

Die Anwendbarkeit dieser Schlussweise zur Bestimmung der Gränzwerte einer Funktion hat zur Voraussetzung, dass alles Veränderliche nur in einer trigonometrischen Funktion vorkommt. Sie würde z. B. bei denselben Aufgaben nicht zum Ziele geführt haben, wenn wir etwa den $\angle z$ mit Hilfe der Beziehungen

$$\sin z = \sin(\alpha + x); \quad \operatorname{cotg}\frac{z}{2} = \operatorname{tang}\frac{\alpha + x}{2}$$

hätten eliminieren wollen, wonach die Klammern aufzulösen gewesen wären, x in mehren Funktionen aufgetreten wäre. Wir müssen, da auch Anknüpfungspunkte für weitere Betrachtungen über Bestimmung der Gränzwerte hier nicht abzusehen sind, diesen Kreis von Erscheinungen hiermit für abgeschlossen erklären.

17. Die Wurzeln der quadratischen Gleichung

$$x^2 - ax + b = 0$$

sind

$$x = \frac{a}{2} \pm \sqrt{\frac{a^2}{4} - b}.$$

Bezeichnen x, a, b die Masszahlen der Grössen X, A, B, welche in der durch die Gleichung ausgesprochenen Beziehung stehen, so lehrt die Form des für x entwickelten Ausdrucks, dass es für die Grösse B eine obere Gränze, einem gegebenen a gegenüber — ebenso: einem gegebenen b gegenüber, hinsichtlich der Grösse A eine untere Gränze für die Beziehung unter den drei Grössen giebt. Die Gränze wird erreicht, wenn

$$\frac{a^2}{4} - b = 0$$

ist. Der Ausdruck sagt nämlich, es würde, wenn die Grössen B oder A einmal Masszahlen hätten so beschaffen, dass

$$\frac{a^2}{4} - b < 0$$

wäre, der Grösse X eine Masszahl zugehören müsse, die es in der Reihe der rationalen oder irrationalen nicht giebt. Eine Grösse, für die es keine Masszahl im ganzen Zahlenbereiche giebt! — Dieser Widerspruch, die unmittelbare Folge der Zusammenstellung der Werte

a und b, kann natürlich nur dadurch beseitigt werden, dass man die Zusammenstellung für eine solche, die mit der ursprünglichen Beziehung in Widerspruch steht — kurzum, im Sinne dieser Beziehung für unmöglich erklärt.

Dies Beispiel kann als Muster für die weitaus meisten Fälle gelten, wo in früheren Lehrgängen für veränderliche Grössen obere oder untere Gränzen angegeben worden sind. Die Voraussetzung solcher Angaben war dies, dass in dem Ausdrucke für eine Grösse X eine Qudratenwurzel enthalten war, deren Radikand die Fähigkeit hat sein Vorzeichen zu wechseln, durch Null oder Unendlich zu gehen. Irgend eine der im Radikanden vorkommenden Grössen erreicht in dem Augenblick ihren Gränzwert, wo der Uebergang des Radikanden aus dem Positiven ins Negative sich vollzieht. —

Beachten wir, dass, in der Sprache der Funktionenlehre zu reden, die Funktion y selbst es sein muss, die in dem Radikanden auftritt, wenn nach dem vorstehenden Gesetz ihr Gränzwert bestimmt werden soll. Die vorige Bestimmungsweise (Nr. 16) setzte voraus, dass die Beziehung zwischen den Veränderlichen in der Gestalt vorlag

$$y = f(x),$$

und dieselbe Voraussetzung werden wir nachher wieder in dem der vierten Untersuchung angehörigen Verfahren machen. Die Anwendung des vorliegenden Gesetzes übergeht die Unabhängig-Veränderliche scheinbar mit Stillschweigen. In Wirklichkeit ist es die von uns mit X bezeichnete Grösse. Jedenfalls muss, wenn die Beziehung zwischen x und y in der vorstehenden Form gegeben ist, die Gleichung $y = f(x)$ in die andere $x = F(y)$ umgerechnet werden.

Wir wollen hier noch an einige Beispiele erinnern, bei denen die Angabe eines oberen oder unteren Gränzwertes einer veränderlichen Grösse auf der obigen Schlussweise beruhte.

1. Bleiben wir zunächst bei der allgemeinen Form der quadratischen Gleichung stehen, wie sie oben aufgestellt ist, und beachten, dass der algebraische Charakter aller quadratischen Gleichungen von dieser Form darin besteht, zwei Zahlen aus ihrer Summe $= a$ und ihrem Produkte $= b$ zu bestimmen; beachten wir ferner, dass für die Gränzwerte von a oder b die beiden Wurzeln der Gleichung

gleich gross, $=\frac{a}{2}$, werden: so folgen aus den obigen Betrachtungen unmittelbar zwei Lehrsätze, indem man entweder für ein festes a die obere Gränze von b, oder für ein festes b die untere Gränze für a angiebt. Sie lauten:

Das Produkt aus den Teilen einer Zahl (a) ist dann am grössten, wenn die Teile gleich gross sind.

Zerlegt man irgend eine Zahl (b) in zwei Faktoren, so ist deren Summe bei gleichen Faktoren am kleinsten.

2. Die Gleichung einer Ellipse, bezogen auf irgend ein Paar konjugierter Durchmesser, als Coordinaten-Achsen, sei

$$\frac{x^2}{a^2}+\frac{y^2}{b^2}=1.$$

Daraus folgt

$$x=\pm\frac{a}{b}\sqrt{b^2-y^2}.$$

Hiernach giebt es keinen Punkt der Ellipse, dessen Ordinate grösser als b ist — oder: der bekannte Satz aus der Kreislehre, nach welchem der Durchmesser die grösste Sehne ist, kehrt unter den Eigenschaften der Ellipse in der Form wieder, dass keine Ellipsensehne grösser ist, als der ihr parallele Durchmesser.

3. Betrachten wir endlich noch die Formel für den Inhalt eines Dreiecks, wenn seine drei Seiten a, b, c gegeben sind, überdies $a+b+c=2s$ gesetzt wird:

$$J=\sqrt{s(s-a)(s-b)(s-c)}.$$

Es sei vorab bemerkt, dass nicht gleichzeitig zwei von den drei Differenzen negativ werden können, welches auch die Längen a, b, c sein mögen. Denn wären z. B.

$$s-a<0$$
$$s-b<0,$$

so müsste erstrecht

$$2s-(a+b)<0,$$

sonach auch $c<0$ sein.

Die Form des Ausdrucks für den Inhalt eines Dreiecks aus seinen drei Seiten setzt hiernach voraus, dass jede von drei Strecken a, b, c, welche ein Dreieck bilden sollen, kleiner als die Summe der beiden andern — oder, dasselbe in anderen Worten: jede grösser als die Differenz der beiden andern ist.

Für den vorliegenden Zweck würde diese Aussage wohl genügen. Inzwischen bedarf sie fü. spätere Erörterungen einer Verbesserung. Darum sei diese gleich hier angebracht.

Gehen wir von dem bekannten Sachverhalt aus, wonach man von drei Strecken a, b, c, die ein Dreieck bilden sollen, zwei, etwa a und b, beliebig wählen kann, für die dritte aber c die Summe jener eine obere, deren Differenz eine untere Gränze bildet: so zeigt sich, dass eigentlich nicht drei die Grösse der Seiten beschränkende Bedingungen, wie man aus der obigen Aussage schliessen muss, sondern nur zwei thatsächlich vorhanden sind. Ausserdem ist es, im Sinne der Funktionenlehre verwirrend, wenn einmal a, dann b, endlich auch noch c als Funktion der je andern beiden Seiten aufgefasst wird. Die Frage ist nur die, wie die Form von J, also die Form des Radikanden jene Gränzbestimmung, in Bezug auf c ausgesprochen, zum Ausdruck bringt.

Dass $c < a+b$ sein müsse, wird dargestellt in der Form

$$1)\quad s-c > 0.$$

Für die andere Gränzbestimmung ist zu beachten, dass sie ebensowohl den Fall, dass $a > b$, als den anderen, dass $a < b$ ist, umfassen muss. Man würde dies vielleicht in der Form auszudrücken geneigt sein: $c > \pm(a-b)$, wo das obere Vorzeichen zu nehmen ist, wenn $a > b$, das untere, wenn $a < b$ ist; unter dem Werte $\pm(a-b)$ der absolute Wert von $(a-b)$ verstanden werden soll. Es giebt einen ganz naheliegenden Kunstgriff, diese Erläuterung entbehrlich zu machen. Man erhebe nur die Ungleichung ins Quadrat. Die Ungleichung

$$c^2 > (a-b)^2$$

sagt nicht mehr und nicht weniger, als was unsere Gränzbestimmung ausgedrückt wissen will. Führen wir dann in diese, oder in die gleichbedeutenden

$$c^2-(a-b)^2 > 0, \quad (c+a-b)(c-a+b) > 0$$

wieder den Wert s ein, so erhalten wir zur Bestimmung der unteren Gränze von c

$$2)\quad (s-a)(s-b) > 0.$$

Diese beiden Ungleichungen zeigen, wie man den Radikanden zu

„lesen“ hat, um in ihm die Gränzbestimmungen für irgend eine der drei Seiten a, b oder c zu erkennen.

Wir werden im Folgenden aus dieser Form der Gränzbestimmung noch eine andere abzuleiten haben.

18. Die Möglichkeit, die Gränzwerte einer veränderlichen Grösse y in den soeben behandelten Beispielen zu bestimmen, beruht auf der Form des Ausdrucks für den dem jedesmaligen y entsprechenden Wert des x, insofern er eine Quadratwurzel enthält, deren Radikand die Fähigkeit hat sein Vorzeichen zu wechseln.

Vergegenwärtigen wir uns hierzu die Konstruktion eines Dreiecks aus seinen drei Seiten, ihrer besonderen Eigentümlichkeit im Vergleich zu den beiden andern aus (γ, a, b) oder aus (c, α, β). Während die beiden letzteren nur ein Auftragen von Strecken auf gegebenen Graden, ein Abtragen von Winkeln an solche Graden erforderten, ein Dreieck aus beliebigen Seiten und Winkeln immer zustande kommt; wird bei der ersteren, wenn man etwa um die Endpunkte C und B einer Strecke $BC = a$ Kreise mit den Radien b bez. c beschreibt, bei beliebiger Wahl der Strecke c gegen a und b, der zweite Kreis den ersten manchmal schneiden, anderemal nicht treffen, hiermit anzeigend, dass die Seite c die untere oder die obere Gränze überschritten hat, für welche ein Dreieck aus den drei Seiten a, b, c noch möglich ist. Ganz ebenso nun, wie in diesem Beispiel zur Bestimmung des Dreiecks sich die Kreise einstellten, nicht zufällig, sondern charakteristisch dafür, dass ein Dreieck aus drei gegebenen Seiten, je nach deren Längen, ebensowohl wirklich, als unmöglich sein kann: wird es in der Algebra Formen geben, welche der algebraische Ausdruck für den Wert x einer Grösse dann annimmt, wenn diese, je nach den Werten der sie bestimmenden Grössen, ebensowohl wirklich, als unmöglich sein kann. Jede dieser Formen aber wird einen Weg zeigen die obere oder untere Gränze einer der das x bestimmenden Grössen zu ermitteln.

Als eine von den Formen hat sich die Quadratwurzel ausgewiesen, sofern der Radikand sowohl positive, als negative Werte annehmen konnte. Giebt es deren noch mehr? Oder fragen wir lieber, indem wir mit der Forschung weniger weit ausholen: sind uns auch noch andere Formen von solcher Natur begegnet?

1. Wie aus den Uebungen im Ansetzen von Gleichungen erinnerlich sein wird, beantwortet bisweilen eine Gleichung die Frage nach einer unzweifelhaft absolut gedachten Zahl x mit einem negativen Werte, zeigt also damit an, dass eine Grösse, welcher dieser Wert zugehört, nicht vorhanden, irgend einer der Werte $a, b, c, d \ldots$ grösser (bez. kleiner) angenommen ist, als er nach der durch die Gleichung für wirkliche Grössen $X, A, B \ldots$ ausgesprochenen Beziehung unter denselben überhaupt sein kann. So kann also eine Differenz, an welche wir bei Entstehung einer negativen Zahl, wenigstens zunächst, denken werden, zu einer Form werden, welche die Unmöglichkeit einer Grösse X ausdrückt; wenn sie auch nicht schon an sich solche Form ist, da bekanntlich keineswegs immer der negative Wert einer Grösse etwas Undenkbares bezeichnet. Nach besonderen Beispielen brauchen wir nicht zu suchen. Noch soeben, am Schluss der vorigen Nr. 17, gab sich die Unmöglichkeit, dass gleichzeitig zwei der Differenzen: $s-a$ und $s-b < 0$ werden, dadurch zu erkennen, dass alsdann die absolute Zahl c negativ werden müsste. Auch kommen wir beim nächsten Beispiel nochmals auf sie zurück.

2. Unmöglich sind alle Grössen, deren Masszahlen imaginäre Werte haben. Sie entstehen auf mancherlei Weise, namentlich dann, wenn eine Wurzel graden Grades aus einer negativen Zahl gebildet werden soll, und die von der vorigen Betrachtung (Nr. 17) her bekannte Form bildet die nächstliegende der hierher gehörigen Arten. —

Es ist nicht zufällig, dass es die sogenannten „inversen Rechnungsarten" sind, denen wir die algebraischen Formen entnehmen, welche gewisse Zusammenstellungen von Werten $a, b, c \ldots y$ als unmöglich darzustellen vermögen; und es bleibe dahingestellt, ob nicht auch die Bruchform an dieser Obliegenheit sich gelegentlich beteiligt.

3. Treten wir endlich aus dem Bereich der algebraischen Funktionen in das der trigonometrischen, so werden wir uns sagen, dass, wenn der Wert von $\sin x$ oder $\cos x$ algebraisch durch $a, b, c \ldots$ ausgedrückt ist, eine Zusammenstellung von Werten für diese Grössen unmöglich ist, sobald der Wert von $\sin x$ bez. $\cos x$ grösser als Eins wird.

Nehmen wir z. B. einen Punkt A in der Entfernung a vom Mittelpunkt eines Kreises mit dem Radius r an und ziehen durch A

eine Sekante, auf welcher eine Sehne von der Länge $2s$ liegt, so wird der Winkel x, welchen die Sekante mit der durch A gehenden Mittelpunkts-Sekante einschliesst, bestimmt durch die Gleichung:

$$\sin x = \frac{\sqrt{r^2-s^2}}{a}.$$

Aus dieser Form des Ausdrucks bestimmt sich gleichzeitig eine obere und eine untere Gränze für s. Damit $\sin x$ reell ist, muss $s < r$ sein. Der Durchmesser ist die grösste Sehne. — Ist $a > r$, so kann die Sehne beliebig klein werden, ohne dass $\sin x$ aufhört < 1 zu bleiben. Nimmt man $s = 0$, lässt die Sekante in die Tangente übergehen, so wird $\sin x = \frac{r}{a}$: die Tangente steht senkrecht zum Radius, der nach ihrem Berührungspunkt führt. — Ist aber $a < r$, so würde, wenn man wieder $s = 0$ setzte, $\sin x = \frac{r}{a} > 1$ werden. Eine solche Sehne ist also nicht möglich. Die kleinste Sehne ist diejenige, für welche $\frac{\sqrt{r^2-s^2}}{a} = 1$ ist: die kleinste Sehne steht auf der durch A gehenden Mittelpunkts-Sekante senkrecht. —

Als zweites Beispiel wählen wir die bekannten Formeln zur Berechnung der Winkel eines Dreiecks aus seinen drei Seiten:

$$\cos\frac{\gamma}{2} = \sqrt{\frac{s(s-c)}{ab}}; \quad \sin\frac{\gamma}{2} = \sqrt{\frac{(s-a)(s-b)}{ab}}.$$

Damit die Werte reell sind, muss für die erste $s-c > 0$, für die zweite $(s-a)(s-b) > 0$ sein. Es verlangt also die erste, dass c kleiner als die Summe $(a+b)$, die zweite, dass c grösser als die Differenz $\pm(a-b)$ ist. In jeder von beiden Formeln vermissen wir noch eine Bestimmung über die Gränze des c.

Was sagt nun die weitere Bedingung $\frac{s(s-c)}{ab} < 1$?

Schaffen wir den Nenner weg und setzen für $s-c = a+b-s$, so wird aus der Ungleichung

$$s^2 - s(a+b) + ab > 0$$
$$(s-a)(s-b) > 0.$$

Ebenso geht die Beziehung

$$\frac{(s-a)(s-b)}{ab} < 1$$

in die andere über:

$$s^2-s(a+b)<0.$$

Die linke Seite der Ungleichung kann dargestellt werden

$$=s\{s-(a+b)\}=s\{s-(2s-c)\}=s(c-s),$$

und die Ungleichung wird danach

$$s(c-s)<0,\quad s(s-c)>0,\quad s-c>0.$$

Fassen wir zusammen:
Damit der Wert für

$$\left\{\begin{matrix}\cos\frac{\gamma}{2}\\ =\sqrt{\frac{s(s-c)}{ab}}\end{matrix}\right\}\begin{array}{lll} & \text{reell,} & \text{bez.} <1 \text{ werde,}\\ \text{, muss} & s-c>0 & \text{„}\quad (s-a)(s-b)>0\end{array}$$

sein; und ebenso damit der Wert für

$$\left\{\begin{matrix}\sin\frac{\gamma}{2}\\ =\sqrt{\frac{(s-a)(s-b)}{ab}}\end{matrix}\right\}\begin{array}{lll} & \text{reell,} & \text{bez.} <1 \text{ werde,}\\ \text{, muss} & (s-a)(s-b)>0 & \text{„}\quad s-c>0 \text{ sein.}\end{array}$$

Jede der beiden Formen, sowohl die für $\cos\frac{\gamma}{2}$, als die für $\sin\frac{\gamma}{2}$, enthält sonach dieselben beiden Gränzbestimmungen hinsichtlich der Seite c, als die Inhaltsformel in Nr. 17.

19. Die voraufgehenden Erörterungen setzen uns nun in den Stand die obere oder untere Gränze einer veränderlichen Grösse y zu bestimmen — nicht bloss dann, wenn sie uns unter einer der soeben (in Nr. 18) bezeichneten Formen vorliegen, sondern auch dann, wenn wir uns diese Form erst bilden müssen. Setzen wir, um ein allgemeines Verfahren einzuleiten, voraus, es sei gegeben:

$$y=f(x),$$

so muss, wie früher schon angedeutet wurde, diese Beziehung zunächst in die andere umgerechnet werden

$$x=F(y),$$

indem die erste Gleichung in Bezug auf x aufgelöst wird. Das wird immer möglich sein, wenn $f(x)$ eine ganze algebraische Funktion von nicht zu hohem Grade ist. Wir werden uns in den folgenden Beispielen auf solche Fälle beschränken, in denen $f(x)$ den zweiten Grad nicht übersteigt.

23. Beispiel. Unter allen Dreiecken ($b+c=s$, α) dasjenige zu bestimmen, welches die kleinste dritte Seite a hat.

„Unter allen Dreiecken" — aus dieser Angabe ist die Unabhängig-Veränderliche zu bilden, während a im Sinne der obigen allgemeinen Betrachtung als Funktion anzusehen ist, in diesem Beispiel mit y bezeichnet werden wird. Zur Bestimmung „des Dreiecks" bedarf es aber ausser der gegebenen Stücke $b+c=s$, α noch eines dritten, das wir nach Belieben wählen mögen. Das Nächstliegende ist, zur Unabhängig-Veränderlichen eine der Seiten b oder c — sagen wir: die Seite c als x anzunehmen. Alsdann ist

$$a^2 = b^2+c^2-2bc\cos\alpha,$$

$$= s^2-4bc\cos^2\frac{\alpha}{2} = s^2-4(s-c)c\cos^2\frac{\alpha}{2},$$

oder wenn wir die Bezeichnung $a=y$, $c=x$ einführen,

$$y^2 = s^2-4(s-x)x\cos^2\frac{\alpha}{2}.$$

Löst man nun, wie oben bedacht war, diese Gleichung nach x auf, so wird

$$x = \tfrac{1}{2}\left(s \pm \frac{1}{\cos\frac{\alpha}{2}}\sqrt{y^2-s^2\sin^2\frac{\alpha}{2}}\right);$$

und diese Form bezeichnet den Wert von y, welcher die Gleichung erfüllt

$$y^2-s^2\sin^2\frac{\alpha}{2} = 0,$$

$$y = s\sin\frac{\alpha}{2}$$

als den kleinsten, welchen die dritte Seite a anzunehmen vermag.

Das Ergebnis stimmt mit dem bei der geometrischen Behandlung natürlich überein; insofern sich dort ergeben hatte, dass BC möglichst klein wird, wenn in dem Dreiecke BSC, $\angle C$ ein rechter ist.

Anmerkung. Es muss auffallen, dass in dem Ausdruck für x die obere Gränzbestimmung $y < s$ fehlt. Ja! da in der Entwickelung die Beziehung vorkommt:

$$a^2 = s^2-4bc.\cos^2\frac{\alpha}{2},$$

welche es unumwunden ausspricht, dass $a < s$ ist, so muss sich nachweisen lassen, dass dieselbe Gränzbestimmung auch im Resultate sich vorfindet, oder wenn dies etwa nicht gelingt, wo sie im Laufe der Entwickelung, vielleicht durch eine Elimination, abhanden gekommen ist. — Wir wollen mit einigen Sätzen auf diesen Einwand eingehen.

Die Rechnung ergiebt für die Seiten c und b, unter c die grössere von ihnen verstanden,

$$c = \tfrac{1}{2}\left(s + \frac{1}{\cos\frac{\alpha}{2}}\sqrt{a^2 - s^2 . \sin^2\frac{\alpha}{2}}\right),$$

$$b = \tfrac{1}{2}\left(s - \frac{1}{\cos\frac{\alpha}{2}}\sqrt{a^2 - s^2 . \sin^2\frac{\alpha}{2}}\right).$$

Für einen Wert $a = s$, wird das zweite Glied in der Klammer $= s$, sonach $b = 0$ und $c = s$. Setzt man aber für a einen Wert, der grösser als s ist, so wird dasselbe Glied $> s$, mithin b negativ, $c > s$. Die Voraussetzung $a > s$ ist also grade so unmöglich, als für b ein negativer Wert unmöglich ist; und da wir uns unter dem Werte von b zunächst jedenfalls eine absolute Zahl vorgestellt haben, so ist die Bestimmung der oberen Gränze für a, $a < s$, thatsächlich vorhanden. Uebrigens sei angemerkt, dass sie auf dem ersten der drei in Nr. 18 beschriebenen Wege erfolgt.

Anfrage: wäre es denn wirklich sinn-los, dem b einen negativen Wert beizulegen?

Es sei zur Erörterung dieser Frage darauf hingewiesen, dass die Formel

$$a^2 = b^2 + c^2 - 2bc\cos\alpha$$

auf gleiche Werte für a führt, gleichviel ob man b oder $-b$ für den Wert der zweiten den $\angle\alpha$ einschliessenden Seite einstellt, wenn man mit dem Wechsel im Vorzeichen auch eine Aenderung der Winkels α in $180^0 - \alpha$ vornimmt.

Dass die Algebra die Vorsicht beobachtet hat, die mildeste der drei Formen zu wählen, durch welche die Werte $a > s$ ausgeschlossen sind, giebt der Vermutung Raum, dass es ihr mit dem Ausschliessen im Grunde nicht vollkommen Ernst gewesen ist. — Wir kommen wohl anderweitig nochmals auf die Frage zurück.

24. Beispiel. Auf dem einen Schenkel eines rechten Winkels liegen zwei Punkte A und B in den Entfernungen a und b $(b > a)$

vom Scheitel V; es soll auf dem andern Schenkel der Punkt X_m in der Entfernung x_m vom Scheitel so angegeben werden, dass von ihm aus die Strecke AB unter dem grössten Winkel erscheint (vgl. 9. Beispiel).

Der in Rede stehende Winkel AXB ist die Differenz zweier Winkel, $= \angle VXB - \angle VXA$, die kurz mit β und α bezeichnet seien. Nun ist

$$\operatorname{tang}(\beta-\alpha) = \frac{\operatorname{tang}\beta - \operatorname{tang}\alpha}{1+\operatorname{tg}\beta \,.\, \operatorname{tg}\alpha},$$

$$\operatorname{tang}\beta = \frac{b}{x}, \quad \operatorname{tang}\alpha = \frac{a}{x},$$

sonach

$$\operatorname{tang}(\beta-\alpha) = \frac{(b-a)x}{x^2+ba}.$$

Wir können unmittelbar $\operatorname{tang}(\beta-\alpha)$ als die Funktion ansehen, deren grösster Wert bestimmt werden soll. Bezeichnen wir sie also mit y, so würde nach unserm Verfahren zunächst die Gleichung

$$y = \frac{(b-a)x}{x^2+ba}$$

nach x aufzulösen sein — ganz so, als wäre die Frage gestellt, in welcher Entfernung (x) man den Punkt X annehmen müsse, damit die Strecke AB unter einem gegebenen Winkel $\operatorname{arc}(\operatorname{tg} = y)$ erscheint. Es ergiebt sich dabei

$$x^2 - \frac{b-a}{y}x = -ba,$$

$$x = \tfrac{1}{2}\left\{\frac{b-a}{y} \pm \sqrt{\left(\frac{b-a}{y}\right)^2 - 4ba}\right\}.$$

Damit der Wert für x reell bleibt, darf $\left(\frac{b-a}{y}\right)^2$ eine gewisse untere, y und darum auch der Winkel AXB selbst eine gewisse obere Gränze nicht überschreiten; und zwar erreicht AXB den grössten Wert, wenn

$$\left(\frac{b-a}{y}\right)^2 - 4ab = 0, \quad y^2 = \frac{(b-a)^2}{4ab}$$

wird. Aus $\operatorname{tang} AX_mB$ berechnen wir

$$\sin AX_mB = \frac{b-a}{b+a}.$$

Errichtet man also in der Mitte M von AB auf AB eine Senkrechte und bestimmt auf dieser den Punkt P_m so, dass $AP_m = VM$ wird, so genügt der $\angle AP_m M$ der voraufgehenden sin-Gleichung, und gleichzeitig wird

$$\begin{aligned} MP_m &= \sqrt{AP_m^2 - AM^2} \\ &= \sqrt{\left(\frac{b+a}{2} + \frac{b-a}{2}\right)\left(\frac{b+a}{2} - \frac{b-a}{2}\right)} \\ &= \sqrt{ba} = x_m. \end{aligned}$$

Mithin trifft die zu dem Schenkel VAB durch P_m gezogene Parallele den andern Schenkel in dem gesuchten Punkte X_m.

20. Wir wollen uns hier noch, im Anschluss an die ersten geometrischen Untersuchungen, mit der Frage nach der

kleinsten und grössten Entfernung eines Punktes von einer Curve

beschäftigen — nicht eigentlich um dieser Frage selbst willen. Denn es würde gewiss jemand, der hierüber Auskunft zu geben hätte, ohne weitere Rechnung sich dafür entscheiden, dass die kürzesten, wie die längsten Graden die Curve immer unter rechten Winkeln treffen müssen. Aber es bietet sich hier Gelegenheit, abgesehen von einigen neuen Erscheinungen im Auftreten grösster und kleinster Werte, Betrachtungen über Normalen, namentlich aber über Krümmung der Curven anzustellen; und gewiss liegt es nahe, da wir an den Gegenständen unserer Umgebung fortgesetzt Krümmungen anschauen und beobachten, einmal zuzusehen, wie die Geometrie die Krümmung wissenschaftlich behandelt, wie sie namentlich ein Mass für die Krümmung einer Curve in deren verschiedenen Punkten sich gebildet hat. Hierzu bedarf es auch keiner andern, als elementarer Vorkenntnisse, und für die folgende Untersuchung ausserdem der Grundlehren der analytischen Geometrie, deren Methode wir uns zu bedienen gedenken. Wir wollen die oben angeregte Frage zunächst für folgenden Fall beantworten.

25. Beispiel: Es ist eine Viertelellipse (a, b) und auf der grossen Halbachse (a) ein Punkt U gegeben; es soll unter den Ellipsenpunkten P derjenige P_m gefunden werden, dessen Entfernung (p) von U am kleinsten oder grössten ist. Tafel F.

Wir schicken der Beantwortung der Frage eine Untersuchung

über die Durchschnitte U_n der Normalen der Ellipse mit der grossen Achse voraus. Fig. 1.

1. Es sei die Gleichung der Ellipse, auf deren Achsen als Coordinatenachsen bezogen,

$$\frac{x^2}{a^2} + \frac{y^2}{b^2} = 1;$$

alsdann wird die Gleichung der Normalen für einen Ellipsenpunkt $(x' y')$

$$y - y' = \frac{a^2 y'}{b^2 x'}(x - x'),$$

und für deren Durchschnitt U_n mit der grossen Achse besteht die Beziehung unter seinen Coordinaten: $y = 0$, $x = u_n$

$$0 - y' = \frac{a^2 y'}{b^2 x'}(u_n - x'),$$

$$0 = y'\left\{1 + \frac{a^2}{b^2 x'}(u_n - x')\right\}.$$

Die Gleichung sagt: ist der Fusspunkt der Normalen der Scheitel V der grossen Achse, $y' = 0$, so kann jeder Punkt der grossen Achse als Durchgang U_n angesehen werden — natürlich! weil die Achse auf der Ellipse senkrecht steht. Für jeden andern Ellipsenpunkt $(y' > 0)$ trifft die Normale des Punktes P die grosse Achse in der Entfernung u_n vom Mittelpunkte, so dass

$$1 + \frac{a^2}{b^2 x'}(u_n - x') = 0,$$

$$u_n = \frac{e^2}{a^2} x'$$

wird, wobei $a^2 - b^2 = e^2$ gesetzt ist.

Aus der Beziehung

$$\text{Gl. 1} \quad u_n = \frac{e^2}{a^2} x,$$

wo der Accent an x weggelassen ist, da x und y im Folgenden ausschliesslich Coordinaten der Ellipsenpunkte P bezeichnen werden, ergiebt sich, dass u_n immer kleiner als x, dass ferner insbesondere für den grössten Wert von x, für $x = a$,

$$u'_n = \frac{e^2}{a}$$

wird.

Der Punkt auf der grossen Achse mit der Abscisse u_n', der mit U_n' bezeichnet werden möge, ist für unsere Betrachtung von besonderer Wichtigkeit, zunächst insofern, als er überhaupt die Gränzlage für die Punkte U_n, die Durchgänge der Normalen, angiebt. Stellen wir uns also vor, es bewege sich der in der Aufgabe mit U bezeichnete Punkt vom Ellipsen-Mittelpunkt aus über die grosse Achse, indem seine Abscisse u von 0 bis a zunimmt; so sind für alle Werte des u von $u = 0$ bis $u = u_n' = \frac{e^2}{a}$ die Punkte U auch Punkte U_n d. h. solche, von denen aus, ausser der grossen Achse noch eine zweite Normale an die Curve führt; und es bestimmt sich deren Fusspunkt nach der obigen Gl. 1 durch die Beziehung $x = u_n \frac{a^2}{e^2}$. Diese zwei Normalen nähern sich hinsichtlich ihrer Richtung unaufhörlich der grossen Achse und fallen für $u = u_n'$ mit ihr zusammen. Wächst nachher u von dem Werte u_n' bis a, so ist von diesen Punkten U aus die grosse Achse die einzige Normale an unseren Ellipsenbogen.

Dieses Ergebnis wird als Grundlage zur Lösung unserer Aufgabe genügen. Zur Erläuterung sei noch hinzugefügt, dass wenn der Punkt U_n' als „Durchgang" der Normalen am Scheitel V (Gl. 1, $x = a$) behandelt ist, dies zunächst nicht gegen unsere Behauptung streitet, derzufolge „jeder Punkt" dieser Normalen als Durchgang gelten könnte. Wir rechtfertigen ferner die Annahme grade dieses Punktes als „Durchgang" mit dem Grundsatz der Stetigkeit, damit also, dass für die „unmittelbar" neben dem Scheitel V liegenden Ellipsenpunkte die Normalen auch „ganz" dicht neben U_n' die Achse durchsetzen, der Punkt U_n' den Uebergang bildet zu denjenigen, welche von anderen Normalen nicht mehr getroffen werden. Endlich aber weist noch eine andere Bestimmungsweise des Durchgangs darauf hin, den Punkt U_n' als Durchgang der Normale des Scheitels V anzusehen. Bekanntlich halbiert die Normale eines Ellipsenpunktes P den Winkel der nach P führenden Brennstrahlen; und darum teilt sie, nach einem bekannten planimetrischen Satze, die Brennweite ($2e$) im Verhältnis der Brennstrahlen. Denkt man jetzt P in V fallend, so werden die Brennstrahlen $= a + e$ bez. $a - e$, und wenn man $2e$ in diesem Verhältnisse teilt, u' so bestimmt, dass

$$e+u'_n : e-u'_n = a+e : a-e$$

wird, so ergiebt sich

$$u'_n = \frac{e^2}{a}.$$

2. Zur **Berechnung der kleinsten bez. grössten Entfernung** ermitteln wir zunächst die Entfernung p eines beliebigen Ellipsenpunktes P vom Punkte U. Es ist

$$p^2 = y^2+(x-u)^2,$$

oder wenn man aus der Ellipsengleichung y durch x ausdrückt,

$$= \frac{b^2}{a^2}(a^2-x^2)+x^2-2ux+u^2$$

$$= b^2+\frac{e^2x^2}{a^2}-2ux+u^2.$$

Hieraus würde sich unmittelbar die Länge p_n der vom Punkte U ausgehenden Normale, sofern $u \leqq u'_n$ ist, ergeben, wenn man nach der Gl. 1 setzte

$$x = \frac{a^2}{e^2}u,$$

$$p_n^2 = b^2+\frac{a^2}{e^2}u^2-2\frac{a^2}{e^2}u^2+u^2$$

$$= b^2-\frac{u^2b^2}{e^2}.$$

Um den grössten oder kleinsten Wert von p zu bestimmen, haben wir die für p^2 aufgestellte Gleichung nach x aufzulösen. Dabei findet sich

$$\text{Gl. 2} \quad \frac{ex}{a} = \frac{au}{e} \pm \sqrt{p^2-b^2+\frac{b^2u^2}{e^2}}.$$

Damit diesem Werte von x aber ein Punkt P unserer Viertelellipse entspricht, sind zwei Bedingungen von ihm zu erfüllen. Es muss nämlich

1. $p^2-b^2+\frac{b^2u^2}{e^2} \geqq 0$ sein, wenn x überhaupt einen reellen Wert annehmen soll;

sowie 2. der aus dieser Gleichung sich ergebende Wert von $x \leqq a$, der auf der rechten Seite stehende Ausdruck sonach $\leqq e$ sein, da für die Ellipsenpunkte y nur dann reell wird, wenn $x \gtreqless a$ ist.

Die zweite Bedingung nötigt uns bei der Behandlung die beiden Fälle zu unterscheiden,

ob das erste Glied $\frac{au}{e} < e$, oder ob es an sich schon $> e$ ist.

Im ersten Falle wird nämlich für p daraus eine obere Gränze sich ergeben, dass

$$\frac{au}{e} + \sqrt{p^2 - b^2 + \frac{b^2u^2}{e^2}} \leqq e$$

bleibt, während die untere Gränze aus der ersten Bedingung abzuleiten ist, der Wert $\frac{au}{e} - \sqrt{p^2 - b^2 + \frac{b^2u^2}{e}}$ für unsern Zweck ohne Belang ist.

Im zweiten Falle dagegen kommt, wenn $\frac{au}{e}$ schon grösser als e ist, von beiden Werten des $\frac{ex}{a}$ von vornherein nur der andere und zwar so in Betracht, dass die Bedingung

$$\frac{au}{e} - \sqrt{p^2 - b^2 + \frac{b^2u^2}{e^2}} \leqq e$$

einen unteren Gränzwert bestimmt; während die erste Bedingung in diesem Falle nicht mitspricht.

1. Fall. Die Voraussetzung,

$$\frac{au}{e} < e, \quad \text{oder} \quad u < \frac{e^2}{a} \quad \text{d. i.} \quad < u'_n$$

sagt, es solle der Punkt U zwischen dem Mittelpunkt und dem Punkt U'_n liegen, einer derjenigen Punkte der grossen Achse sein, von denen zwei Normalen an den Ellipsenbogen gezogen werden können. Aus unserer Beziehung (Gl. 2)

$$\frac{ex}{a} = \frac{au}{e} \pm \sqrt{p^2 - b^2 + \frac{b^2u^2}{e^2}}$$

folgt nun, dass x nur so lange reell, als der Radikand positiv ist. Da für die hier in Betracht kommenden Punkte U die oben entwickelte Beziehung

$$p_n^2 = b^2 - \frac{b^2u^2}{e^2}$$

gilt, so kann die Gl. 2 auch so geschrieben werden:

$$\frac{ex}{a} = \frac{au}{e} \pm \sqrt{p^2 - p_n^2},$$

und diese sagt, es sei die zweite Normale die kürzeste Grade, welche von dem Punkte U zum Ellipsenbogen führt.

Auch einen oberen Gränzwert bestimmt die Gl. 2, insofern die Wurzelgrösse, die mit wachsendem p selbst wächst, zu $\frac{au}{e}$ nicht mehr hinzufügen darf, als dass e entsteht. Dies würde sich algebraisch ausdrücken lassen in der Form

$$e - \frac{au}{e} \gtreqless \sqrt{p^2 - b^2 + \frac{b^2u^2}{e^2}},$$

oder

$$\left(e - \frac{au}{e}\right)^2 + b^2 - \frac{b^2u^2}{e^2} \gtreqless p^2,$$

oder

$$e^2 + b^2 - 2au + \frac{a^2 - b^2}{e^2} u^2 \leqq p^2,$$

oder endlich

$$(a-u)^2 \gtreqless p^2, \quad p \lesseqgtr a-u,$$

$a-u$ ist aber die Entfernung des Punktes U vom Scheitel V, also die Länge der mit der grossen Achse zusammenfallenden Normale; und von dieser sagt die letzte Gleichung, sie sei die grösste Entfernung eines Punktes P des Ellipsenbogens von dem gegebenen Punkte U, der in diesem Falle einer der Punkte U_n war. Ist dagegen

2. Fall, $\frac{au}{e} > e$, $u > \frac{e^2}{a}$, der Punkt U ein solcher, der zwischen U_n' und dem Scheitel V liegt, ein solcher also, von dem aus nur eine Normale, und zwar die auf die grosse Achse fallende, auf den Ellipsenbogen herabgelassen werden kann; so gilt natürlich auch für diese Punkte U die Beziehung (Gl. 2)

$$\frac{ex}{a} = \frac{au}{e} \pm \sqrt{p^2 - b^2 + \frac{b^2u^2}{e^2}},$$

und es muss auch

$$p^2 \geqq b^2 - \frac{b^2u^2}{e^2}$$

bleiben. Aber dieser Wert liegt schon über die wirkliche untere

Gränze hinaus. Nicht Null kann der Radikand für irgend einen Ellipsenpunkt werden, sondern einen positiven Wert W muss er haben, wenigstens so gross, dass, wenn man $\sqrt{W}$ von $\frac{au}{e}$ subtrahiert, e übrig bleibt. Die untere Gränze für p bestimmt sich also jetzt, nicht wie vorhin, sondern aus der Gleichung

$$\frac{au}{e} - e \leqq \sqrt{p^2 - b^2 + \frac{b^2 u^2}{e^2}},$$

die ganz wie im vorigen Falle nach p aufzulösen ist und schliesslich auf die Beziehung führt

$$p \geqq a - u.$$

Die Entfernungen aller Punkte des Ellipsenbogens vom Punkte U sind in diesem Falle hiernach grösser als die Strecke UV, und die Strecke UV, die für die Punkte U_n (im vorigen Falle) der obere Gränzwert für die Entfernungen UP war, bildet in diesem Falle die untere Gränze für die Entfernungen, während uns durch die Formel ein besonders ausgezeichneter Wert für die obere Gränze nicht angezeigt wird. Wir würden sagen, dass für die Viertelellipse der Scheitel auf der kleinen Achse, für eine Halbellipse der dem Scheitel V gegenüberstehende die grösste Entfernung vom Punkte U hat. —

3. Graphische Darstellung der Entfernungen — Tangentenfolge.

Die soeben ausgesprochenen Gesetze weisen auf Erscheinungen von solcher Mannigfaltigkeit hin, dass es angezeigt erscheint sie noch besonders zur Anschauung zu bringen. Auf Tafel F ist das, was die Ellipse Fig. 1 in einem Bilde über die Entfernungen verschiedener Punkte P von dem einen oder anderen Punkte U und namentlich über deren allmähliche Veränderungen zeigt, in mehren getrennten Zeichnungen bildlich dargestellt worden. Von einer Viertelellipse sind, wie die Figur 2 lehrt, die Punkte 0 bis 9 genau bestimmt und die zwischen ihnen liegenden Sehnen auf einer horizontalen Achse (X) Fig. 3 abgetragen worden, so dass annähernd, da die Sehnen klein genug sind, dies Stück 09 die Länge des Bogens der Viertelellipse angiebt. Alsdann sind die Entfernungen jener 10 Ellipsenpunkte von irgend einem Punkte U der grossen Achse, als Ordinaten, in den

Teilpunkten des ausgestreckten Ellipsenbogens aufgetragen; endlich sind die Endpunkte der Ordinaten „aus freier Hand“ durch eine Curve verbunden, die durch ihren Verlauf übersichtlicher, als es durch die Anschauung der Ellipse möglich ist, das Gesetz der Entfernungen PU darstellt.

Es kommt aber namentlich darauf an zu zeigen, wie dieses Gesetz ein anderes Aussehen gewinnt, wenn man von einem Punkte U zu einem anderen übergeht; wie es insbesondere möglich ist, ohne das Gesetz der Stetigkeit zu verletzen, dass für Punkte U bis dicht vor U'_n die Entfernung des Ellipsenscheitels V (Punkt 9) ein *Max*, dagegen für Punkte U unmittelbar hinter U'_n die Entfernung desselben Punktes V ein *Min* wird. Diese Uebergänge zu veranschaulichen ist die Schaar der Entfernungen PU für mehre Punkte U ausgeführt worden, zwar wurden hierzu die Durchgänge der für die Ellipsenpunkte 0, 2, 4, 6, 9 konstruierten Normalen, und endlich der Brennpunkt F gewählt. Uebereinstimmend mit diesen Punkten U sind die für sie konstruierten Curven gezeichnet, und dieselben Zeiger sind dem Buchstaben X beigeschrieben, um die Abscissen-Achse anzugeben, von der aus die Entfernungen als Ordinaten aufgetragen worden sind.

Die Figur veranschaulicht den Uebergang, von dem soeben die Rede war. Die Stellen, an denen die Entfernungen des Punktes P von U *Min* oder *Max* werden, machen sich an den Curven dadurch kenntlich, dass, wie in der Zeichnung angedeutet ist, die Tangenten an den betreffenden Punkten parallel der X Achse — sagen wir kurz, mit Rücksicht auf die Lage unserer Figur, „horizontal“ werden. Und nun kommt jener Uebergang dadurch zustande, dass je mehr das *Min* nach rechts rückt, somit in horizontaler Richtung sich dem *Max* nähert, desto weniger das *Max* über das *Min* hinaufsteigt, eine Erhebung des *Max* über das *Min* an der Curve U_6 kaum noch wahrzunehmen, an der Curve U'_n überhaupt nicht mehr vorhanden ist, *Min* und *Max* in einen Punkt zusammenfallen. So müssen wir die Gestalt der Curve U'_n in der Nähe des Punktes 9 bezeichnen, dürfen nicht von einem einfachen *Min*, wie es bei der Curve U_F am Punkte 9 sich findet, reden. Entsprechend dem Verlauf der voraufgehenden Curven holt U'_n von weither schon aus, um in die horizontale Richtung an der Abscisse 9 zu gelangen, und nimmt eine muldenartige Gestalt an, die sich nach und nach bei den auf einander folgenden Curven U entwickelt hat.

Um die Erscheinung dieses Ueberganges richtig zu beurteilen, wollen wir die Vorgänge beobachten, durch welche eine Curve wie z. B. die Curve U_0 Fig. 3 zustande kommt. Es wird dazu nur nötig sein, dass wir das Gesetz der Stetigkeit auf die Tangentenfolge anwenden. Zur Erleichterung der Vorstellung sind in Fig. 4 einzelne Vorgänge bildlich dargestellt — so weit dies möglich ist. Denn die „Stetigkeit", die „unmerkliche" Veränderung lässt sich eben nicht darstellen, und es kann dem Leser nicht erspart werden, die Vorstellung, welche das Bild zunächst erzeugt, nach bestem Vermögen in das Gebiet der „unendlich kleinen" d. h. solcher Grössen zu übertragen, die man im Vergleich zu endlichen Grössen nie „klein genug" sich denken kann.

Verfolgen wir eine Curve von einem Punkte aus, wo ihre Ordinate ein *Min* ist, so heben sich die Curvenelemente mit ihrem vorderen Ende I, und zwar tritt zuvörderst die Erscheinung ein (II), dass von je zwei auf einander folgenden Elementen a', a'' das spätere a'' sich stärker hebt gegen a', als a' gegen das ihm voraufgehende a^0. Bei der Curve U_0 Fig. 3 folgt dem ersten Abschnitt ein zweiter, in welchem die Elemente b zwar sich nicht bloss gegen die XAchse, sondern auch jedes Element b'' gegen das voraufgehende b' hebt, aber wie der Teil III in Fig. 4 zeigt, b'' gegen b' weniger, als b' gegen b^0; und dieser Abschnitt schliesst mit einem Punkte P_w, für welchen ein Heben des Elementes c'' gegen c' nicht mehr statt findet, c'' und c' eine gerade Linie bilden. Dieser Punkt wird ein Wendepunkt der Curve genannt. Mit diesem für die Tangentenfolge überaus wichtigen Punkte vollzieht sich hinsichtlich der Aufeinander-Folge der Tangenten eine Erscheinung derjenigen ganz ähnlich, wenn eine Grösse ihr Vorzeichen wechselt. Das Heben eines Elementes gegen das vorhergehende ist vorher immer geringer, endlich zu Null geworden, so dass im Punkte P_w das neue Element in der Richtung des ihm voraufgehenden sich gradlinig fortsetzt. Und weiter geht die Tangentenfolge hinter P_w in demselben Sinne, so also, dass das Weniger-Heben als ein sich Senken jedes Elementes gegen das vorhergehende erscheint, wie der Teil IV unserer Figur schon andeutet, V in weiterer Entwickelung zeigt, d'' gegen d', d'

gegen d^0 sich senkt. Hieraus erklärt sich dann die Erscheinung, dass die Tangentenrichtung hinter dem Punkte rückläufig insofern wird, als ihr Drehungssinn im Punkte P_w wechselt: während die Tangenten in unserer Eigur, wenn man von einer zur folgenden übergeht, vor dem Wendepunkte eine Linksdrehung ausführten, sie nach demselben rechts herum schwenken, somit wieder in dieselben Richtungen kommen, die sie vor dem Wendepunkte bereits gehabt hatten. Das Ende dieses fortgesetzten sich Senkens der Tangenten d'' gegen d' u. s. f. aber ist dies, dass alle vor dem Wendepunkte erzielte Hebung wieder rückgängig gemacht ist, in dem Punkte VI e' in der horizontalen Richtung ankommt, die Ordinate unser Curve U_0 ihr *Max* erreicht.

Die Anschauung lehrt nun unmittelbar, dass — immer positive Ordinaten vorausgesestzt! — so lange jedes Curvenelement gegen sein voraufgehendes sich hebt, die Curve der X Achse ihre Wölbung, und ebenso wenn es sich senkt, ihre Höhlung der X Achse zukehrt, während im Wendepunkt, wo die Curve gradlinig ist, der gewölbte und der hohle Teil der Curve — wir wollen nicht sagen: „sich scheiden“, sondern: „in einander übergehen“. Ebenso selbstverständlich ist, wie die Zeichnung lehrt, dass ein *Min* der Ordinaten nur im gewölbten, ein *Max* nur im hohlen Teil einer Curve vorkommen kann, dass also zwischen *Min* und *Max* immer ein Wendepunkt liegt.

Die sechs Curven Fig. 3, welche die Entfernungen der Ellipsenpunkte von Punkten U der grossen Achse darstellen, bestätigen die vorstehenden Beobachtungen. Namentlich zeigen die vier ersten Curven deutlich einen Wendepunkt, praktisch zu reden: nicht bloss zwei Curvenelemente, sondern eine ganze Curvenstrecke, die man mit einem Lineal herzustellen für angezeigt halten könnte.

Was aber die Curve U'_n betrifft, auf die wir jetzt unsere Aufmerksamkeit besonders richten wollen, so müssen wir, wenn wir nach dem Gesetze der Stetigkeit für die Abscisse 9 *Min* und *Max* zusammenfallend annehmen, hinzufügen, dass die Gestalt der Curve um diesen Punkt eine solche sein muss, dass Punkt 9 auch noch wie ein Wendepunkt erscheint. Hieraus entspringt grade jene Gestalt der Curve, die, wie oben gesagt wurde, schon von weither ausholt, um im Punkte 9 die horizontale Richtung ohne besondere Krümmung in der Nähe des Punktes 9 — dort darf sie gar keine Krümmung haben — zu erreichen. Diese Erörterung führt uns auf den Gesichtspunkt, nach welchem

4. **das Mass der Krümmung** unserer Ellipse im Punkte 9, und allgemein: irgend einer Curve in einem gegebenen Punkte bestimmt werden kann.

Alles, was wir im Laufe dieser Untersuchung über die Entfernungen der Ellipsenpunkte von den Punkten U gesagt haben, hätte sich auch noch unter anderer Form aussprechen lassen, wenn wir uns um jeden Punkt U eine Schaar konzentrischer Kreise gedacht und die Schnittpunkte dieser Kreise und der Ellipse betrachtet hätten. Andererseits werden wir unsere Ergebnisse ohne weiteres in diese Form fassen, z. B. den auch an sich bemerkenswerten Satz für eine Vollellipse als bewiesen erachten können:

Ein Kreis dessen Mittelpunkt U auf der grossen Achse einer Ellipse liegt, kann die Ellipse nur dann in 4 Punkten treffen, wenn die Entfernung u des Punktes U vom Ellipsen-Mittelpunkt kleiner als u'_n oder $\frac{e^2}{a}$ ist. Ueberdies muss, den Radius anlangend, dieser zwischen den Werten der beiden Normalen $U_n P$, $U_n V$ liegen, welche von dem Punkte U_n auf eine Viertelellipse können herabgelassen werden. Ist namentlich der Radius einer der beiden Gränzwerte, so fallen an der unteren Gränze zweimal zwei, an der oberen einmal zwei Punkte in je einen zusammen, indem die betreffenden Kreise die Ellipse berühren. Hierdurch ist dann angezeigt, dass wenn die Radien die angegebenen Gränzen überschreiten, bezw. alle 4 Durchschnitte in dem einen, oder 2 Durchschnitte in dem anderen Falle verloren gehen.

Der Versuch, in dieser Weise die Kreise um die Punkte U in die Betrachtung zu ziehen, scheint besonders dann angezeigt, wenn es sich darum handelt, die Krümmung der Ellipse in einzelnen Punkten zu untersuchen. Die Frage nach der Grösse der Krümmung in diesem oder jenem Punkte schliesst sich unmittelbar unseren Untersuchungen über Tangentenfolge an, sie muss als Ergänzung dieser Betrachtungen angesehen werden. Denn wenn man anzugeben vermöchte — und vielleicht ist das wissenschaftlich möglich, wenn auch wir einstweilen diese Möglichkeit noch nicht absehen — um wie viel sich eine Tangente einer gegebenen Curve gegen ihre voraufgehende hebt oder senkt, so würden unzweifelhaft eine solche Bestimmung und die andere, welche die Krümmung der Curve angiebt, ziemlich nahe einander verwandt sein.

Vor allem handelt es sich, eine Art Massstab zu finden, an dem man die Krümmung messen kann. Woher könnte dieser gewonnen werden? — Die Krümmung beruht auf der mehr oder weniger schnellen Veränderung in der Richtung der Curve. Und wie bestimmt man denn die Richtung einer Curve in einem ihrer Punkte? durch die Tangente dieses Punktes — und warum so? — dies zeigt den Weg. —

Wie die grade Linie dazu benutzt wird, die Richtung einer krummen Linie in einem ihrer Punkte anzugeben, weil sie in allen Punkten dieselbe Richtung hat, eine gradlinige Verlängerung eines Curvenelementes ist, also dessen Richtung zur Anschauung bringt: so bestimmt man den Richtungswechsel von einem Curvenpunkte P zum folgenden P', die Krümmung im Punkte P (oder P') mittels eines Kreises. Denn nach seiner ersten und wichtigsten Eigenschaft „ist der Kreis rund", d. h. er hat in allen seinen Punkten dieselbe Krümmung. Legt man also einen geeigneten Kreis auf die hinsichtlich ihrer Krümmung zu prüfende Curvenstelle, so wird wieder die mit derselben Krümmung sich fortsetzende Vervollständigung des den Curvenbogen deckenden, immer noch unendlich kleinen Kreisbogens zu einem Bogen von endlicher Länge — besser noch: zu einem Vollkreise nicht bloss ein Bild der Curvenkrümmung abgeben, sondern, insofern die Gestalt, die Grösse des Kreises nur von seinem Radius abhangt, die Grösse des Radius auch die Grösse der Krümmung bestimmen.

Wenn wir diesen unzweifelhaft nächstliegenden Gedanken, die Krümmung einer Curve in einem ihrer Punkte V anzugeben, zur Ausführung bringen wollen, so wird es sich darum handeln einen Kreis auf die Curve an der Stelle V zu legen, der sich dem Curvenlauf möglichst vollkommen anschliesst, sie zunächst im Punkte V berührt; und da jeder Punkt der Normalen des Punktes V zum Mittelpunkt eines Berührungskreises dienen kann, unter den Berührungskreisen denjenigen auszuwählen, der sich auch in den V nächstgelegenen Punkten möglichst wenig von der Curve entfernt, mit der Curve einen gemeinschaftlichen Lauf hat. Wir wollen diesen „Krümmungskreis" zunächst für den bestimmten Fall aufsuchen, dass der Punkt V, wie in der Ueberschrift gesagt ist, in den Scheitel der grossen Achse unserer Ellipse Fig. 2 fällt.

Eine Betrachtung unserer Fig. 3 lässt uns nicht einen Augenblick in Zweifel darüber, dass kein anderer Berührungskreis, als der um den Punkt $U'_n\left(u'_n = \frac{e^2}{a}\right)$, der Krümmungskreis für den Punkt V ist. Denn wenn die Längen der Ordinaten einer und derselben Curve die Entfernungen der auf einander folgenden Ellipsenpunkte von einem und demselben Punkte U angeben, so werden um denjenigen Punkt U die Ellipsenpunkte, welche in der Nähe von V liegen, sich am meisten kreisförmig ordnen, wo im Bilde Fig. 3 der Lauf der Curve, gegen die Abscisse 9 hin, möglichst nahe parallel der Abscissenachse X ist. Dies ist aber unstreitig für die Curve U'_n in höherem Masse, als für irgend eine der fünf anderen Curven der Fall.

Und was die Anschauung uns sagt, wird durch die voraufgehenden Betrachtungen über die Tangentenfolge bestätigt. Es sei nur daran erinnert, dass, während bei allen voraufgehenden Curven ein *Min* dem *Max* der Ordinaten im Punkte 9 vorangeht, die Curve also vorher steigt, bei der Curve U'_n im Punkte 9 ein Wendepunkt mit horizontaler Tangente liegt. Ja! die Entstehung der muldenartigen Gestalt der Curve U'_n, wie wir oben durch ein Bild den Parallelismus zur Abscissenachse ausgesprochen haben, bedarf, um Alles zu erkennen, was auf diesen Parallelismus hinwirkt, nach einer weiteren Erläuterung.

Stellen wir uns vor, es würden in Fig. 2 der Ellipsenbogen über den Punkt 9 hinaus in den unter der Abscissenachse liegenden Quadranten fortgesetzt, die symmetrisch zu den Punkten 8, 7, 6, ... liegenden Ellipsenpunkte bestimmt, und deren Entfernungen von den einzelnen Punkten U auch in die Fig. 3 bei den Curven gehörig eingetragen, indem man die Abscissenachse X (Fig. 3) über 9 hinaus verlängerte, auf dieser Punkte 8, 7, 6, ... symmetrisch gegen 9 zu den vorhandenen Punkten 8, 7, 6, ... angäbe und auf den zugehörigen Ordinatenlinien wieder die Entfernungen UP aus Figur 2 abtrüge: so würde, wenn man auch die Curven der Fig. 3 fortsetzte, ein Spiegelbild derselben entstehen, so dass die Ordinatenlinie des Punktes 9 eine Achse der Symmetrie für die in unserer Figur vorhandenen Curven und die soeben beschriebenen würde. Es ist wohl nicht „zu viel verlangt", sich diese zweite Hälfte der Figur rechts neben der gezeichneten — namentlich, die Lage der neuen *Min*, die Lage der Wendepunkte auf den Fortsetzungen der einzelnen Curven vorzustellen? Vergleicht man jetzt die einzelnen ganzen Curven mit einander, beobachtet die Uebergänge aus einer in die andere, indem man bei U_0 anfangend bis U'_n fortschreitet, so ergiebt sich, dass in dem Punkte 9 der Curve U'_n nicht bloss ein, sondern zwei *Min* mit einem *Max* zusammentreffen, somit in den Punkt 9 nicht nur ein, sondern zwei Wendepunkte fallen.

Hieraus erklärt sich nun zuvörderst die merkwürdige Erscheinung, dass mit dem Punkte U'_n auf der grossen Achse der Ellipse (Fig. 2) eine Reihe von Punkten $U \ldots V$ anfängt, für welche die Entfernung UV nicht mehr *Max*, wie vorher, sondern *Min* wird. Es erklärt sich ferner hieraus, dass der Punkt mit der Abscisse 9 auf der Curve U'_n ein Wendepunkt derselben ist, und doch ein sichtbares „Wenden" der Krümmung nicht stattfindet, vor und hinter dem Punkte 9 die Wölbung der Curve der Achse X zugekehrt ist. Denn wenn dieser Punkt ein doppelter Wendepunkt ist, so muss es ja wohl als selbstverständlich erscheinen, dass die eine „Wendung" die andere wieder aufhebt. Auf beide Gesichtspunkte kommen wir im Zusammenhange mit einer anderen Frage später (Nr. 30) noch einmal zurück.

Aber als Drittes erklärt sich aus jener Häufung ausgezeichneter Eigenschaften des Punktes 9 auf der Curve U'_n, wenn wir sie im Zusammenhange mit den Erscheinungen an den übrigen fünf Curven auffassen, worauf es uns hier ankommt, der weithin merkliche Parallelismus der Curve U'_n zur Achse X, wenigstens die Neigung zu solchem Parallelismus — zunächst wenn wir ihm den Lauf der Curve U_F gegenüberstellen, der uns den Eintritt eines einfachen *Min* im Punkte 9 veranschaulicht. Andererseits zeigt schon die Curve U_6 deutlich die Anlage zu der muldenförmigen Gestalt, den die Curve gestaltenden — man könnte bildlich sagen, zwängenden Einfluss der beiden Wendepunkte zwischen den Punkten 6 und 9, bezw. 9 und 6, der sich auch rückwärts auf die Punkte 5, 4 … erstreckt, sich relativ um so weiter erstreckt, je näher die Wendepunkte einander rücken, wenn man andere Curven U zwischen U_6 und U'_n eingeschaltet denkt.

Diese Untersuchung zeigt endlich den Weg, wie wir durch unmittelbare Betrachtung der Berührungskreise in der Fig. 1 oder 2 den Krümmungskreis bez. dessen Mittelpunkt, den Krümmungsmittelpunkt, für den Scheitel V der Ellipse und ebenso für irgend einen Punkt V einer beliebigen Curve bestimmen können. Von allen Punkten $U_n \left(u_n \leqq \frac{e^2}{a} \right)$ der grossen Achse einer Ellipse giebt es zwei Normalen an den Ellipsen-Quadrandanten, von denen die eine Schaar immer längs der grossen Achse fällt, und das *Max*, die andere Schaar die Ellipse in anderen Punkten P der Reihe nach schneidet, und das *Min* der Entfernung der Ellipsenpunkte von dem betreffenden Punkte U_n anzeigt. Ebenso giebt es, wie oben schon bemerkt war, um jeden Punkt U_n auch zwei Berührungskreise, und diese beiden konzentrischen Berührungskreise nähern sich um so mehr, je näher der Punkt U_n dem Punkte U'_n gleichzeitig der Punkt P dem Punkte V kommt. Betrachten wir irgend einen Punkt U_n, der ziemlich nahe an U'_n liegt, beschreiben um ihn die beiden Berührungskreise, deren Radien p und v heissen mögen, und denken uns um denselben Punkt U_n noch andere Kreise beschrieben, deren Radien zwischen p und v liegen, einer p' ganz nahe $= p$, ein anderer v' ganz nahe $= v$, so werden diese den Ellipsenbogen zwar nicht mehr berühren, aber doch noch annähernd den Lauf der Ellipse jener im Punkte P, dieser im Punkte V angeben. Und weiter wird diese Annäherung zunehmen, wenn man den Punkt U_n näher an U'_n verlegt denkt, und für diesen die Konstruktion wiederholt. Denn nach und nach wird auch der Kreis mit dem Radius p' in den Bereich des Kreises v gelangen, oder umgekehrt, so dass aus zwei Ursachen — wenn wir uns eines Bildes bedienen bedürfen: der Lauf des Kreises p' von zwei Kraftquellen aus an die Ellipse herangezogen wird. Die beiden Kräfte werden sich auch um so wirksamer hierin unterstützen, je näher sie an einander liegen. So kommt es, dass der Lauf der Ellipse am Punkte V einem Kreisbogen um so mehr ähnelt, durch den Kreisbogen um so vollkommner ersetzt werden kann, je näher dessen Mittelpunkt an U'_n liegt und, wenn er in den Punkt U'_n fällt, die Uebereinstimmung die höchste ist, welche erreicht werden kann.

In der voraufgehenden Betrachtung ist nichts enthalten, was

nicht ebensogut, wie vom Scheitel V der Ellipse und der grossen Achse, von irgend einem andern Punkte V nicht nur der Ellipse, sondern einer beliebigen Curve und dessen Normale gesagt werden könnte. Ganz allgemein lässt sich also über die Lage des Krümmungsmittelpunktes einer Curve im Punkte V folgendes feststellen.

Ist für den Punkt V einer Curve die Normale N gegeben, und schneidet die Normale irgend eines anderen Punktes P der Curve die erstere N in einem Punkte U_n, so wird, vorausgesetzt dass auf dem Curvenbogen PV kein anderer Punkt liegt, dessen Normale gleichfalls durch U_n geht — wenn man den Punkt P auf der Curve dem Punkte V nähert, der Punkt U_n auf N gleichfalls dem Punkte V näher kommen und, wenn P auf V fällt, eine Gränzlage U'_n erreichen. Diese Gränze kann als Durchschnitt der Normale des „letzten Punktes“ P mit N — oder einfacher: als Durchschnitt zweier aufeinander folgenden Normalen bezeichnet werden, und in ihn fällt der Krümmungsmittelpunkt, während $U'_n V$ den Krümmungshalbmesser angiebt.

Wir wollen hierzu noch einige Bemerkungen machen.

1. Ein Kreis ist durch drei Punkte bestimmt. Unsere Erklärung des Krümmungskreises aber kann auch so ausgesprochen werden, dass er durch drei auf einander folgende Curvenpunkte geht. Hiermit ist also gesagt, dass eine vollkommne Uebereinstimmung zwischen dem Lauf einer Curve und dem eines Kreises für zwei auf einander folgende Bogenelemente immer erreicht werden kann, aber im allgemeinen auch nicht für mehr, als zwei. Die Uebereinstimmung mag unbedeutend erscheinen — was wollen „zwei Elemente“ sagen! — was es bedeutet, dass die Curve und der Krümmungskreis im Punkte 9 einander nicht nur streifen, sondern auch eine Abbiegung auf das folgende Curvenelement ganz übereinstimmend ausführen — was dies bedeutet für den weiteren Lauf der Curve, das hat uns Fig. 3 gelehrt. Andererseits soll damit natürlich nicht gesagt sein, dass wenn man auf die Gestalt des Kreises verzichtet, nicht Berührungscurven angebracht werden könnten, die drei und mehr auf einander folgende Elemente mit der gegebenen Curve im Punkte V gemein haben und darum nur um so vollkommener sich deren weiterem Laufe anschliessen.

2. Einzelne Krümmungsradien anzuführen, ist derjenige für den Scheitel einer Ellipse (a, b) im Endpunkte der grossen Achse a

$$r = a - \frac{e^2}{a} = \frac{a^2 - e^2}{a} = \frac{b^2}{a}.$$

Sollte wohl der andere für den Scheitel der kleinen Achse $= \frac{a^2}{b}$ sein? Alsdann verhielten sich die beiden Radien $= \frac{1}{a^3} : \frac{1}{b^3}$, ein Verhältnis, das durch die dritte Potenz der Halbachsen die grosse Verschiedenheit der Krümmung in beider Art Scheiteln ausdrückt.

3. Der Krümmungsmittelpunkt liegt immer in der Höhlung einer Curve. Daraus folgt, dass er, wenn eine Curve in ihrem Laufe Höhlung und Wölbung wechselt, von einer Seite derselben auf die andere gelangen muss. Jener Wechsel erfolgt im Wendepunkte der Curve, wo sie gradlinig ist, der Krümmungshalbmesser nach und nach unendlich gross geworden ist. Jener Uebergang des Krümmungsmittelpunktes aus einem der beiden Teile, in welche die Curvenebene durch die Curve geteilt wird, in den anderen vollzieht sich also durch den unendlich entfernten Punkt der Graden, welche im Wendepunkte senkrecht zur Wendetangente errichtet wird. —

Die voraufgehenden Betrachtungen setzen uns endlich instand, die Aufgabe, von welcher unsere Untersuchung ausgegangen war, dahin zu verallgemeinern:

26. Beispiel: Es soll auf einer beliebigen Curve unter ihren Punkten P derjenige angegeben werden, dessen Entfernung von einem gegebenen Punkte U ein *Max* oder *Min* — grösser als die Entfernungen der beiderseits benachbarten Curvenpunkte oder kleiner als die Entfernungen derselben ist.

Wenn wir uns für irgend einen in Betracht zu ziehenden Punkt P den Krümmungskreis konstruiert denken und, der Einfachheit wegen, uns weiter vorstellen, dass dieser mit der Curve vor dem Punkte P den Punkt P', hinter P den Punkt P'' gemein hat; so entscheidet sich die vorliegende Frage unmittelbar nach dem Ergebnisse derselben Frage in dem Falle, dass die gegebene Curve ein Kreis ist. Dies gilt zunächst dann, wenn UP nicht senkrecht auf der Curve steht, insofern die Reihe UP', UP, UP'' eine steigende, oder fallende ist, für UP ein Wechsel zwischen Steigen und Fallen nicht eintritt. Die grösste oder kleinste Entfernung liegt immer auf der Normalen; und zwar ist sie in dem Falle, dass U in der Höhlung der Curve liegt, wenn U'_n den Krümmungsmittelpunkt bezeichnet, ein *Max* oder *Min*, je nachdem $UP > U'_n P$ oder $< U'_n P$ ist; wenn die Curve aber dem Punkte U ihre Wölbung zukehrt, stets ein *Min*.

21. Soll der grösste oder kleinste Wert einer Grösse $y = f(x)$ bestimmt werden, so bedarf es, wie gesagt wurde, einer Auflösung dieser Gleichung nach x. Auf Grund der Auflösung der allgemeinen quadratischen Gleichung $x^2 - ax + b = 0$, sind oben in Nr. 17 die beiden Lehrsätze abgeleitet worden: das Produkt aus den Teilen einer Zahl ist dann am grössten — oder: die Summe aus den Faktoren einer Zahl ist dann am kleinsten, wenn die Teile (bez. die Faktoren) gleich gross sind. Nichts hindert, gegebenen Falls, diese Sätze unmittelbar anzuwenden.

27. Beispiel: Unter allen Dreiecken ($b+c = s$, a) dasjenige vom grössten Inhalt anzugeben.

Ist $b+c = s$, so wird $J = \frac{1}{2} bc \sin \alpha$ — weil bc, am grössten für $b = c$, also für das gleichschenklige Dreieck.

28. Beispiel: Unter allen Dreiecken (a, $b+c = s$) dasjenige vom grössten Inhalt anzugeben.

Bezeichnen wir, ausnahmsweise, den Umfang des Dreiecks mit $2u$, so wird der Inhalt

$$J = \sqrt{u(u-a)(u-b)(u-c)},$$

$$\frac{J^2}{u(u-a)} = u^2 - (b+c)u + bc;$$

es erreicht sonach der Inhalt gleichzeitig mit bc, und da $b+c$ gegeben ist, für $b = c$, also beim gleichschenkligen Dreieck seine obere Gränze.

29. Beispiel: Es soll der Halbmesser r eines Kreisausschnittes so bestimmt werden, dass während dessen Umfang $= 2a$ wird, sein Inhalt möglichst gross werde — mit andern Worten: welche Verteilung der Länge $2a$ auf die beiden Radien $2r$ und den Bogen $2b$ erzielt für den Kreisausschnitt den grössten Inhalt?

Da $2r + 2b = 2a$, oder $r + b = a$ sein soll, der Inhalt J aber $= rb$ wird; erreicht J den grössten Wert, wenn $r = b = \frac{a}{2}$ ist.

30. Beispiel: In einem Dreieck ABC soll zwischen den Seiten

AB und AC eine Grade DE parallel zu BC ausgespannt werden, dass der Inhalt des Dreiecks MDE möglichst gross werde, wenn M einen Punkt der Seite BC bezeichnet.

Da es für den Inhalt des $\triangle MDE$ gleichgiltig ist, wo der Punkt M auf BC liegt, nehmen wir einen der Punkte B oder C für M. Denken wir uns mehre Parallelen DE gezogen, so ist der Inhalt der Dreiecke BDE den Produkten $BD.DE$ proportional, oder es sind, da DE wieder DA proportional ist, die Inhalte der Dreiecke BDE den Produkten $BD.DA$ proportional. Da nun $BD+DA$ immer die Dreieckseite BA ausmacht, erreicht $BD.DA$ oder jede dem Produkt proportionale Grösse den oberen Gränzwert, wenn $BD = DA = \frac{BA}{2}$ ist. —

Die beiden Lehrsätze, auf welche wir die voraufgehenden Beispiele zurückgeführt haben, kann man bekanntlich auch in anderer Weise ableiten, indem man beide Zahlen, deren Summe $= a$, deren Produkt $= b$ ist, durch den ganzen Verlauf der Rechnung beibehält. Nennen wir die Zahlen x und z, so dass gegeben ist

$$\text{a)} \quad x+z = a; \quad xz = b;$$

so entsteht die quadratische Gleichung: $x^2 - ax + b = 0$, wenn man aus der einen von beiden Gleichungen eine Unbekannte mit Hilfe der anderen Gleichung eliminiert. Will man die Symmetrie der Beziehungen unter den Grössen x und z nicht stören, so kann die Auflösung auch so erfolgen, dass man berechnet:

$$x - z = \pm\sqrt{a^2 - 4b},$$

mittels $x+z$ und $x-z$ aber die Grössen x und z bestimmt. Das Resultat ist natürlich dasselbe, wie das aus der quadratischen Gleichung abgeleitete; es wird nur durch die Gleichung für $x-z$ noch unmittelbarer ausgesprochen.

So aufgefasst, erscheinen unsere beiden Lehrsätze als einzelner Fall einer Gruppe von allgemeinen Sätzen, die sich ergeben, wenn man quadratische Gleichungen mit mehren Unbekannten (x, z) auflöst, ohne sie zuvor, durch Elimination der einen von ihnen, auf die Form $x^2 - ax + b = 0$ gebracht zu haben. Wir knüpfen an die bekannten Verfahren einige Beispiele.

Es sei gegeben:

$$\text{b)} \quad x^2 + z^2 = a^2; \quad xz = b^2;$$

so folgt

$$x+z=\pm\sqrt{a^2+2b^2};\quad x-z=\pm\sqrt{a^2-2b^2}.$$

Auch hier bestimmt der Wert für $x-z$ eine obere Gränze von b^2, eine untere von a^2; und wieder wird die Gränze erreicht für $x=z$. Diese Betrachtung führt uns wieder zu zwei algebraischen Lehrsätzen, die leicht anzugeben sind. Sprechen wir sie, näher liegend, in ihrer geometrischen Anwendung aus, indem wir unter x und z die Seiten eines Rechtecks verstehen:

Unter allen Rechtecken eines Kreises hat das Quadrat den grössten Inhalt — sowie: unter allen Rechtecken von gleichem Inhalt liegt das Quadrat im kleinsten Kreise.

31a. Beispiel. Zwischen den Schenkeln eines gegebenen Winkels A die kürzeste Grade DE zu ziehen, welche ein Dreieck ADE von gegebenem Inhalte abschneidet — mit andern Worten: ein Dreieck (α, J) zu suchen, in welchem a möglichst klein wird. Bezeichnen wir die den $\angle\alpha$ einschliessenden Seiten mit x und z, so ist

$$a^2=x^2+z^2-2xz.\cos\alpha,\quad \tfrac{1}{2}xz\sin\alpha=J.$$

Denken wir xz aus der ersten Gleichung mittels der zweiten eliminiert, so fragt es sich also, welches der kleinste Wert für x^2+z^2 bei gegebenem xz ist.

Das gesuchte Dreieck ist hiernach das gleichschenklige.

Wäre etwa J dadurch bestimmt, dass das gesuchte Dreieck die Hälfte eines in den Winkel α gezeichneten, gegebenen Dreiecks ABC werden sollte, so müsste

$$xz=\frac{bc}{2}\quad\text{sein, danach}\quad x=z=\sqrt{b.\frac{c}{2}}\quad\text{werden.}$$

c) Ist endlich das Gleichungssystem gegeben:

$$x^2+z^2=a^2,$$
$$x+z=b,$$

so ergiebt sich

$$x-z=\pm\sqrt{2a^2-b^2},$$

also eine obere Gränze für b, eine untere Gränze für a, die erreicht werden, wenn $x-z=0$, $x=z$ wird.

Unter allen Rechtecken eines Kreises hat mithin das Quadrat auch den grössten Umfang und umgekehrt, wie oben.

Auf das vorliegende Gleichungspaar und dessen Ergebnisse liesse sich die Lösung der Aufgabe zurückführen,

31b. Beispiel, welche durch Veränderung der vorigen (31a.) entsteht, wenn nicht der Inhalt des Dreiecks ADE ein gegebener, sondern $AD+AE$ etwa $=\frac{AB+AC}{2}=s$ werden sollte.

Die Aufgabe würde dann dieselbe sein, als die schon mehrfach behandelte: ein Dreieck (s, α) zu konstruieren mit möglichst kleinem a. Wenn auch die folgende Lösung vor der früheren nicht empfohlen werden soll, so möge sie wenigstens als Uebung für die Behandlung dienen. Es ist mit Beibehaltung der Bezeichnung im vorigen Beispiel

$a^2 = x^2+z^2-2xz.\cos\alpha.$ Hierin ist xz durch $x+z$ zu ersetzen, $(x+z)^2 = x^2+z^2+2xz$

$$= x^2+z^2-\cos\alpha[s^2-(x^2+z^2)],$$

$a^2+s^2.\cos\alpha = (x^2+z^2)(1+\cos\alpha),$

a^2 erreicht hiernach mit x^2+z^2 seine untere Gränze, und zwar, da gleichzeitig $x+z=s$ sein soll, für

$$x=z=\frac{s}{2}.$$

32. Beispiel. Eine gegebene Strecke u soll so auf die drei Seiten eines Dreiecks, welches einen gegebenen Winkel α erhalten soll, verteilt werden, dass die dem Winkel α gegenüberstehende Seite y möglichst klein wird.

Die drei Seiten haben folgenden drei Anforderungen zu genügen. Es soll

1) $x+z+y=u,$
2) $y^2 = x^2+z^2-2xz\cos\alpha,$
3) y möglichst klein werden.

Berechnen wir $x-z$ aus der zweiten Gleichung,

$$x-z=\pm\sqrt{y^2-4xz.\sin^2\frac{\alpha}{2}},$$

so zeigt sich, dass jedenfalls $y^2 \geqq 4xz.\sin^2\frac{\alpha}{2}$ sein muss, y nicht kleiner werden kann, als es für $x=z$ wird. Es fragt sich aber, ob es überhaupt so klein, $y=2x.\sin\frac{\alpha}{2}$, werden kann, wenn alle

Anforderungen erfüllt werden. Die Frage muss bejaht werden. Denn der noch rückständigen ersten Bedingungungsgleichung kann, wenn $z = x$, $y = 2x \sin \frac{\alpha}{2}$ gesetzt wird, genügt werden

$$2x + 2x \sin \frac{\alpha}{2} = u,$$

durch die Werte:

$$z = x = \tfrac{1}{2} \frac{u}{1 + \sin \frac{\alpha}{2}}, \quad y = \frac{u \sin \frac{\alpha}{2}}{1 + \sin \frac{\alpha}{2}};$$

da diese Formen keinerlei Anzeichen an sich tragen, dass die an den gegebenen Grössen vorzunehmende Konstruktion unausführbar werden könnte. —

Die Konstruktion gestaltet sich sehr einfach. Ist etwa, Fig. 14, ein $\triangle ABC$ gegeben und bestimmt, dass u halb so gross werden soll, als der Umfang dieses Dreiecks, so wird man den $\angle A$ halbieren und von den Graden, welche gleiche Stücke auf den Schenkeln des Winkels abschneiden, irgend eine z. B. $N'P'M'Q'$ ziehen. Trägt man dann auf dieser von P' aus das Stück $P'N' = P'A$ ab, und verbindet N' mit A, so ist diess der Ort aller Punkte N von solcher Beschaffenheit, dass wenn man durch ihn eine Parallele zu $P'Q'$ zieht, NM immer der halbe Umfang des entstandenen gleichschenkligen Dreiecks — oder auch, anders ausgedrückt: $AP = \frac{MN}{1 + \sin \frac{\alpha}{2}}$ wird. Hieraus ergiebt sich dann, wie die Figur zeigt, aus der Strecke $\frac{u}{2}$ unmittelbar das gesuchte Dreieck ADE.

Fig. 14.

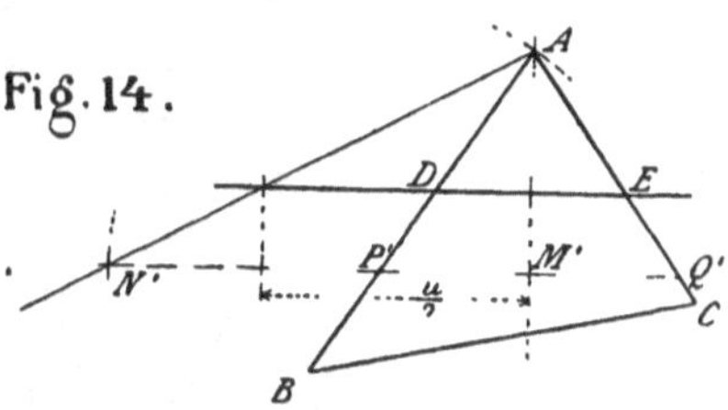

22. In Anbetracht der mannigfaltigen Anwendungen der Lehre von den quadratischen Gleichungen zur Bestimmung der Gränzwerte einer Funktion mag die Frage nahe liegen, wie sich das Verfahren gestaltet, wenn die Funktion $y=f(x)$ eine solche dritten Grades, beim Umrechnen derselben in die Form $x=F(y)$ eine kubische Gleichung aufzulösen ist. Versuchen wir die einfache Aufgabe (vgl. 18. Beispiel) danach zu behandeln:

33. Beispiel: In einen Kegel von der Höhe h, von einem Grundkreise mit dem Radius r soll ein Cylinder von möglichst grossem Inhalt beschrieben werden.

Ist x der Radius, z die Höhe des Cylinders, so ist sein Inhalt

$J=\pi x^2 z,$ oder wenn wir z mittels der Proportion $z:h=r-x:r$ eliminieren

$$J=\pi x^2(r-x)\frac{h}{r},$$ und wenn wir setzen

$\frac{Jr}{h\pi}=y,$ $y=x^2r-x^3$. Soll jetzt die Gleichung

$x^3-rx^2+y=0$ aufgelöst, zunächst das Glied mit x^2 fortgeschaft werden, so entsteht, wenn wir setzen

$x=w+c,$ $w^3+(3c-r)w^2+(3c^2-2rc)w+c^3-rc^2+y=0,$ oder für

$c=\frac{r}{3},$ $w^3-\frac{r^2}{3}w-\left(\frac{2r^3}{27}-y\right)=0.$ Nach dem bekannten Verfahren, die kubische Gleichung aufzulösen, führen wir ein

$w=u+v,$ $u^3+v^3+3uv(u+v)-\frac{r^2}{3}(u+v)-\left(\frac{2r^3}{27}-y\right)=0,$

und diese Gleichung zerlegen wir in

$$\begin{cases} u^3+v^3-\left(\frac{2r^3}{27}-y\right)=0 \text{ und} \\ 3uv-\frac{r^2}{3}=0. \end{cases}$$

Daraus aber ergiebt sich, wenn wir v mittels der zweiten Gleichung eliminieren,

$$u^6-\left(\frac{2r^3}{27}-y\right)u^3+\frac{r^6}{729}=0,$$

und hiernach

$$u^3 = \tfrac{1}{2}\left\{\frac{2r^3}{27} - y + \sqrt{y\left(y - \frac{4r^3}{27}\right)}\right\},$$

$$v^3 = \tfrac{1}{2}\left\{\frac{2r^3}{27} - y - \sqrt{y\left(y - \frac{4r^3}{27}\right)}\right\}.$$

Die hieraus zu berechnenden Werte von u^3 und v^3 können je nach der Grösse des y reell oder imaginär sein. Was aber die hieraus sich ergebenden Werte von $u+v$ und somit schliesslich von x betrifft, so ist aus der Lehre von den kubischen Gleichungen bekannt, dass unsere Gleichung

$$x^3 - rx^2 + y = 0$$

für reelle u^3 und v^3 eine reelle und zwei imaginäre Wurzeln x,
für imaginäre u^3 und v^3 drei reelle Wurzeln hat.

Hieraus wird sich die Frage nach demjenigen Werte von x, für welchen y ein *Max* wird, beantworten lassen.

Ob u^3, und gleichzeitig dann auch v^3, reell oder imaginär ist, hangt, wie bei den Funktionen zweiten Grades, von dem Vorzeichen des Radikanden $y\left(y - \frac{4r^3}{27}\right)$ der Quadratwurzel ab. Inzwischen ist die Art und Weise, in welcher ein Zeichenwechsel desselben den Wert von x beeinflusst, infolge jener Beziehungen zwischen den unmittelbar sich für u^3 und v^3 ergebenden Werten und den daraus folgenden Werten für x, hier eine wesentlich andere, als bei den Funktionen zweiten Grades.

Der Radikand ist positiv, wenn beide Faktoren negativ oder beide positiv sind, negativ dann, wenn nur einer von beiden Faktoren negativ ist. Sehen wir also von der Beschränkung zunächst ab, welche hinsichtlich der Werte des x und somit auch der Werte des y durch unsere Aufgabe in sofern bedingt ist, als es sich bei dieser nur um Werte zwischen $x = 0$ und $x = r$ handelt; so werden wir sagen, der erste Faktor des Radikanden sei negativ, solange $y < 0$, der zweite, so lange $y < \frac{4r^3}{27}$ ist. Stellen wir uns danach vor, es durchliefe y alle Werte von $-\infty$ bis $+\infty$, so hätten wir diese, wenn wir sie unterscheiden nach dem Einfluss auf das Vorzeichen der beiden Faktoren und somit auf das des Radikanden, hiernach auf den Wert von u^3 und v^3, sowie endlich auf die Zahl der reellen Wurzeln x unserer kubischen Gleichung — in drei Gruppen zu bringen, die sich an den Stellen $y=0$ und $y=\frac{4r^3}{27}$, wo die Faktoren das Zeichen wechseln, von einander trennen. Die hieraus folgenden Ergebnisse für u und v, sowie für die Zahl der reellen Wurzeln der Gleichung stellen wir in einer Uebersicht zusammen:

Für alle Werte	ist das Vorzeichen		werden u^3 und v^3	ist die Zahl der reellen Wurzeln x
	d. $\begin{Bmatrix}1.\\2.\end{Bmatrix}$ Faktors	d. Radikanden		
$y<0$	$-$ $-$	$+$	reell	1
$0<y<\frac{4r^3}{27}$	$+$ $-$	$-$	imaginär	3
$y>\frac{4r^3}{27}$	$+$ $+$	$+$	reell	1

Gleichzeitig veranschaulicht Fig. 15 die vorstehenden Beziehungen zwischen dem Werte von y und der Zahl der reellen Wurzeln. Für

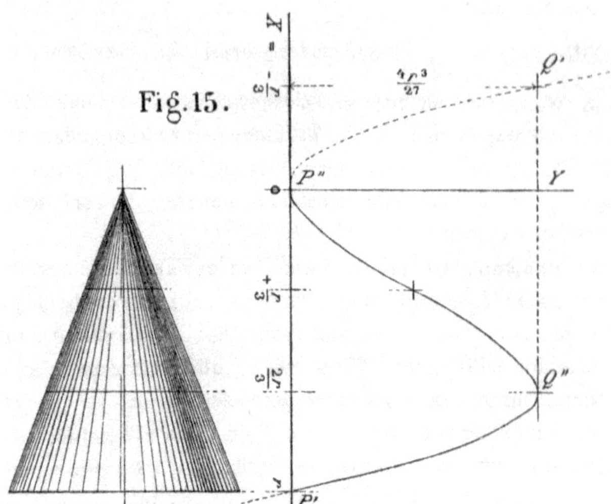

Fig. 15.

die verschiedenen Werte des x zeigen die Ordinaten die zugehörigen Werte von y. Namentlich lehrt zunächst die Figur, dass y alle Werte zwischen $y=0$ und $y=\frac{4r^3}{27}$ für **drei** verschiedene Werte von x annimmt, jeden anderen nur für **einen** Wert des x.

Soll hiernach die obere Gränze der Werte des y für die Abmessungen unseres Kegels angegeben werden, so sei zunächst darauf hingewiesen, dass von einer unmittelbaren Uebertragung der Schlussreihe, welche für Funktionen zweiten Grades zum Ziele führte, ganz abzusehen ist. Dort handelte es sich um Bestimmung des grössten Wertes, welchen y überhaupt anzunehmen imstande ist. Einen derartigen Gränzwert giebt es aber für unsere Funktion nicht, da sie allen Werten zwischen $-\infty$ und $+\infty$ gleich werden kann. Das gesuchte *Max* wird sich vielmehr als ein Wechsel zwischen Steigen und Fallen darstellen, während x die Werte zwischen 0 und r steigend oder fallend durchläuft.

Wir wollen uns eine zur Grundfläche des Kegels parallele Ebene E denken, und sie nach und nach von der Grundfläche bis zum Scheitel führen, so dass sie fortgesetzt den Kegel in einem Kreise schneidet. Vergleichen wir die Inhalte der den Querschnitten entsprechenden eingeschriebenen Cylinder, so sind diese in der Anfangs- und in der Endlage der Ebene E gleich Null, nehmen zu und nachher wieder ab, nehmen übrigens auch nur einmal zu und ab, so dass sie jeden Wert nur zweimal durchlaufen. Da nämlich y irgend einen Wert höchstens dreimal, für drei Werte von x erreicht, am Anfange ($x = r$) und am Ende ($x = 0$) der Bewegung aber $= 0$ ist, so muss noch ein Wert von x übrig bleiben, der ausserhalb des Zahlenraumes $x = 0$ bis $x = r$ liegt, und für welchen y den irgend einem Cylinder-Inhalte entsprechenden Wert annimmt, indem es von 0 bis ins Unendliche zunimmt.

Wie weit nimmt aber y zu, wenn die schneidende Ebene E ihren Lauf durch den Kegel ausführt? Unsere Uebersicht antwortet hierauf in Anbetracht der Gränzen der zweiten Gruppe: bis $y = \frac{4r^3}{27}$.

Wollen wir hieraus den Wert von x berechnen, für welchen $y = \frac{4r^3}{27}$ wird, so haben wir in den Ausdruck für u^3 und v^3 diesen Wert von y einzusetzen. Dabei ergiebt sich

$$u^3 = v^3 = \tfrac{1}{2}\left(\frac{2r^3}{27} - \frac{4r^3}{27}\right) = -\frac{r^3}{27}, \quad u = v = -\frac{r}{3},$$

$$w = u + v = -\frac{2r}{3},$$

endlich

$$x = w + c = -\frac{2r}{3} + \frac{r}{3} = -\frac{r}{3}.$$

Wir haben nun also jenen, wie vorhin gesagt wurde: „übrigbleibenden, dritten“ Wert von x gefunden, für welchen y ausserhalb des Zahlenraumes $x = 0$ bis $x = r$ den Wert $\frac{4r^3}{27}$ nochmals erreicht. Indessen ermitteln wir mit Hilfe desselben aus der Gleichung $x^3 - rx^2 + y = 0$ sofort auch den zwischen $x = 0$ und $x = r$ liegenden.

Ist von einer algebraischen Gleichung $f(x) = 0$ eine Wurzel $x = a$ gefunden, so ist bekanntlich $f(x)$ durch $(x - a)$ teilbar, und die Gleichung $\frac{f(x)}{x-a} = 0$, welche von einem um Eins niedrigeren Grade, als die ursprüngliche ist, enthält alle Wurzeln der ersteren, ausgenommen die Wurzel $x = a$. Hiernach verfahren wir mit unserer Gleichung, indem wir setzen $y = \frac{4r^3}{27}$, $a = -\frac{r}{3}$; alsdann ist zunächst

$$\frac{x^3 - rx^2 + \frac{4r^3}{27}}{x + \frac{r}{3}} = x^2 - \frac{4xr}{3} + \frac{4r^2}{9} = \left(x - \frac{2r}{3}\right)^2.$$

Die Gleichung aber

$$\left(x - \frac{2}{3}r\right)^2 = 0$$

wird erfüllt durch den Wert $x = \frac{2}{3}r$, und zwar erscheint dieser Wert als eine doppelte Wurzel der letzten und somit auch der Gleichung $x^3 - rx^2 + \frac{4r^3}{27} = 0$ — das auch bei Funktionen zweiten Grades beobachtete Kennzeichen eines *Max* oder *Min*, welches sagt, dass zwei Werte des x in einen zusammenfallen.

Uebrigens wird für

$$x = \frac{2}{3}r, \quad z = h\frac{r-x}{r} = \frac{h}{3}, \quad J = \frac{4r^3}{27} \cdot \frac{\pi h}{r} = \frac{4}{27}\pi r^2 h.$$

Es werde bemerkt, dass dieselbe Beziehung, die zwischen den Punkten Q' und Q'' in Hinsicht des Wertes $y = \frac{4r^3}{27}$ besteht, auch für die Punkte P' und P'' und den Wert $y=0$ vorliegt, wie ja auch $y=0$ ebensowohl als $y=\frac{4r^3}{27}$ den Radikanden gleich Null werden lässt, an der Stelle $y=0$ ein Uebergang von reellen zu imaginären Werten für u^3 und v^3 stattfindet, einer der Werte von x, für welchen $y=0$ wird, eine doppelte Wurzel der Gleichung

$$x^3-rx^2+y=0$$

wird. In der That geht die Gleichung über in

$$x^3-rx^2=x^2(x-r)=0,$$

welche sagt, dass für $x=0$ der Wert $y=0$ ein *Min* ist, während für $x=r$ die Funktion y einfach durch Null geht, wie unsere Uebersicht lehrt, und gleichzeitig die Figur veranschaulicht: für $x<r$ positiv, für $x>r$ negativ wird.

23. Schlussbetrachtung.

Abgesehen von den beiden Beispielen im Eingange (Nr. 16) dieses Abschnitts, und einstweilen auch von dem letzten (33.) Beispiel — war der leitende Gedanke unserer Untersuchung der folgende:

Ist x der Wert der Unabhängig-Veränderlichen, für welchen die Funktion den Wert y annimmt, und die Beziehung zwischen Beiden gegeben durch die Gleichung

$$x=F(y);$$

so kann man in gewissen Fällen aus der Natur der Funktion F Gränzwerte von y angeben. Bezeichnet x z. B. (Nr. 18, 3) den cos oder sin eines Winkels, so erreicht y eine obere oder untere Gränze y_m, wenn

$$F(y_m)=1$$

ist. Namentlich aber ergab sich eine Gränzbestimmung immer dann, wenn jene Beziehung die Gestalt hatte

$$x=A\pm\sqrt{B},$$

wo B eine Funktion von y bezeichnen soll, welche die Fähigkeit hat, ihr Vorzeichen zu wechseln — sagen wir also, indem wir den Fall eines Durchgangs durch ∞ ausschliessen: die Fähigkeit durch Null zu gehen. Zur Bestimmung des Gränzwertes von y diente dann die Gleichung

$$B=0. —$$

Aber „Bestimmung von Gränzwerten des y" — ist das nicht etwas Anderes, als was wir in unserer Einleitung (Nr. 1) aufzusuchen uns vorgenommen hatten: die Wechsel der Funktion y zwischen Steigen und Fallen für stetig zunehmende x? und wenn auch zuzugeben ist, dass, wenn y seinen grössten oder kleinsten Wert erreicht — vorausgesetzt, dass dies für ein endliches x geschieht — an dieser Stelle gleichzeitig jener Wechsel immer stattfindet; so bleibt, wie in der Einleitung erörtert wurde, doch die Frage offen, ob bei Auflösung der voraufgehenden Aufgaben uns nicht solche Wechsel entgangen sind, bei denen y nicht grade seinen „grössten" oder seinen „kleinsten" Wert annahm.

Gewiss wäre der Einwand berechtigt, wenn man die voraufgehenden Betrachtungen auf jede beliebige Art von Funktionen

$$y = f(x)$$

übertragen wollte. Inzwischen sei zunächst bemerkt, dass das, was soeben von den voraufgehenden Betrachtungen gesagt wurde, nur galt, insofern sie sich auf ganze, rationale Funktionen zweiten Grades, $f(x)$, bezogen; der Lauf einer solchen Funktion aber, wie sich nachher zeigen wird, überhaupt nie mehr, als einmal, zwischen Steigen und Fallen wechseln kann; für diese Funktionen, aber auch nur für sie, es hiernach auf dasselbe hinauskommt, ob man, die *Max* bez. *Min* dieser Funktionen zu bestimmen, die Gränzwerte oder ob man jene Wechsel sucht. Allein das geht aus dem Gesagten doch hervor, dass die voraufgehenden algebraischen Untersuchungen den eigentlichen Nerv unserer Aufgabe, um sie auf jede Funktion anzuwenden, bisher noch nicht getroffen haben.

Zu ganz demselben Resultate führt nicht nur die Betrachtung des Ganges, den die Behandlung des 33. Beispiels genommen hat, sondern vor Allem die Erwägung, dass die voraufgehenden Entwickelungen den inneren Zusammenhang mit unserem geometrischen Verfahren vermissen lassen.

Wie man dort, könnte bemerkt werden, um den Punkt X_m zu finden, zunächst von Punktpaaren X'_k und X''_k ausgegangen ist, welchen derselbe Wert y_k der Funktion entspricht: ganz so müssen sich doch auch die Werte der Unabhängig-Veränderlichen x'_k und x''_k paaren lassen, welchen nach der Beziehung

$$y = f(x)$$

derselbe Wert y_k der Funktion zugehört; und wie man dort, indem man den Wert y_k in y_{k+1}, y_{k+2} ... veränderte, neue Punktpaare

X_{k+1}, X_{k+2} ... erhielt, deren trennende Strecken immer kleiner wurden, bis man an den Doppelpunkt X_m gelangte, der die Stelle anzeigte, wo die Funktion von Steigen zu Fallen, oder umgekehrt, übergeht: ebenso könnte man beim algebraischen Verfahren, entsprechend einer Reihe von Werten der Funktion $y_k, y_{k+1}, y_{k+2} \ldots$ eine Reihe von Paaren x_k, x_{k+1}, $x_{k+2} \ldots$, je x' und x'', bilden, wo die Differenzen $x'-x''$ immer kleinere absolute Werte erhalten, bis man endlich an einen Wert x_m kommt, der gleichzeitig x' und x'' ist, und welchem darnach ein Wert y_m zugehört, bei welchem ein Wechsel der Funktion zwischen Steigen und Fallen sich vollzieht, wenn man die Schaar ihrer Werte von y_k bei x'_k bis wieder zu y_k bei x''_k durchläuft.

Beachten wir, dass der so angedeutete algebraische Weg kein anderer ist, als der, welchen wir verfolgt haben. Um zu dem Paare x'_k, und x''_k und anderen zu gelangen, welchen derselbe Wert y_k zugehört, mag es als das Nächstliegende erscheinen, dass man sich, wenn gegeben ist:

$$y = f(x),$$

umgekehrt, x durch y darstellt:

$$x = F(y).$$

War dann insbesondere $f(x)$ eine Funktion von nicht höherem, als dem zweiten Grade, so führte die Auflösung der ersten Gleichung nach x unmittelbar auf die Form

$$x = A \pm \sqrt{B},$$

und somit auf irgend ein Paar x' und x'', je nach dem Werte des y, das immer in B, unter Umständen (vgl. 24. Beispiel) auch in A enthalten ist.

Die Differenz der Werte x' und x'' eines Paares, entsprechend der trennenden Strecke $X'X''$, hat den Wert $2\sqrt{B}$. Stellen wir uns also eine Reihe der y vor: y'_k, y_{k+1}, $y_{k+2} \ldots$ in dem Sinne geordnet, dass B fortgesetzt abnimmt, so rücken x' und x'' immer näher an einander, und in dem Augenblicke, wo $B = 0$ wird für den Wert y_m, fallen x' und x'' zusammen, zeigt sich der Wert $x_m = A$.

Somit ist der Parallelismus der beiden Gedankenfolgen, einerseits bei dem geometrischen Verfahren, andererseits bei der Behandlung der Funktionen zweiten Grades nachgewiesen: das Auftreten der Paare des Unabhängig-Veränderlichen — das sich Zusammenziehen derselben — das Aufgehen endlich von Zweien in Eins, wenn der Punkt des Wechsels für die Funktion erreicht ist. Namentlich sei hervorgehoben, dass es ganz dasselbe bedeutet, ob man die Bedingung für den Eintritt des *Max* oder *Min* in der Form

$B = 0$, oder in der anderen $x' = x'' = A$

ausspricht — eine Gleichwertigkeit, deren wir uns bei verschiedenen Beispielen, das Resultat kurz zu fassen, bereits bedient haben.

Je nachdem B für wachsende oder für abnehmende y sich der Null näherte, war für $B = 0$ die Funktion y ein *Max* oder ein *Min*. Es ist wohl zu beachten, dass dieser Teil unserer Regel nicht der allgemeinen Regel angehört, vielmehr nur für diejenigen Fälle gilt, in welchen x aus einer Gleichung zweiten Grades zu berechnen ist. Vergegenwärtigen wir uns dagegen die Behandlung des 33. Beispiels, wo x durch eine kubische Gleichung bestimmt war, für seine Teile u und v Beziehungen aufgestellt waren,

$$u^3 = \tfrac{1}{2}\left\{\frac{2r^3}{27} - y \pm \sqrt{y\left(y - \frac{4r^3}{27}\right)}\right\}.$$

Allerdings handelt es sich auch hier bei Bestimmung des *Max* und *Min* von y um diejenigen Werte desselben, welche den Radikanden vernichten: $y = 0$, und $y = \frac{4r^3}{27}$. Aber wollten wir die vorige Schlussweise hierher ohne Weiteres übernehmen, so würden wir schliessen, dass y für den Wert 0 ein *Max*, für den andern $\frac{4r^3}{27}$ ein *Min* wird: und grade das Umgekehrte ist das Richtige — darum nämlich richtig, weil, nach der besonderen Natur der kubischen Gleichung, für die Bestimmung des *Max* und *Min* von y nur solche Werte von u und v in Betracht kommen, bei welchen der obige Radikand gerade negativ wird. Andererseits behält aber der allgemeine Gesichtspunkt, wie bei Behandlung des 33. Beispiels gezeigt wurde, seine volle Gültigkeit; auch hier muss der Wert des x, für welchen y ein *Max* oder *Min* wird, eine doppelte Wurzel der Gleichung

$$x^3 - rx^2 + y = 0$$

sein.

Das **Resultat** der bisherigen algebraischen Betrachtungen kann, in Uebereinstimmung mit dem das geometrische Verfahren bedingenden Grundgedanken, dahin zusammengefasst werden:

> Solange es sich um Funktionen zweiten oder dritten Grades handelt,
>
> $$y = f(x)$$
>
> erreicht die Funktion für einen Wert y_m bez. x_m dann ein *Max* oder *Min*, wenn x_m eine doppelte Wurzel der vorstehenden Gleichung ist. Die Frage, ob y_m ein *Max* oder ein *Min* ist, muss nach der Natur der Funktion besonders erörtert werden. —

Im Folgenden wird zu untersuchen sein, ob dies die allgemeine Regel zur Bestimmung des *Max* oder *Min* von y auch dann ist, wenn $f(x)$ irgend eine Funktion von x bezeichnet und bejahenden Falls, wie man die doppelte Wurzel der Gleichung $y = f(x)$ findet, auch ohne erst diese Gleichung nach x aufzulösen.

Anmerkung: Zur Frage des Parallelismus zwischen dem geometrischen und algebraischen Verfahren sei hier noch Folgendes angeführt.

Unter Funktionen zweiten Grades waren im Vorigen, wie immer, solche verstanden, die sich unter der Form darstellen

$$z = \pm nx^2 + px + q,$$

wo n eine positive Zahl, p und q beliebige positive oder negative Zahlen, die Null nicht ausgeschlossen, bezeichnen. Dividieren wir die Gleichung durch n, setzen $\frac{z}{n} = y$, $\frac{p}{n} = a$, $\frac{q}{n} = b$, so erhalten wir für jede Funktion zweiten Grades eine der beiden Formen

$$y = x^2 + ax + b, \quad \text{oder} \quad y = -x^2 + ax + b,$$

und wenn wir die beiden Gleichungen nach x auflösen

$$x = -\frac{a}{2} \pm \sqrt{\left(\frac{a^2}{4} - b\right) + y} \quad \text{bez.} \quad x = \frac{a}{2} \pm \sqrt{\left(\frac{a^2}{4} + b\right) - y}.$$

Den doppelten Wurzeln der beiden Gleichungen: $x_m = -\frac{a}{2}$, bez. $x_m = +\frac{a}{2}$ entspricht im ersten Falle ein *Min*: $y_m = b - \frac{a^2}{4}$, im andern ein *Max*: $y_m = \frac{a^2}{4} + b$: wie sich auch aus dem Vorzeichen des ersten Gliedes der Funktion ergiebt. Für $x = +\infty$, wie für $x = -\infty$, ist nämlich y im ersten Falle $= +\infty$, im andern $= -\infty$. Es kommt also für wachsende x die erste Funktion aus $+\infty$ und kehrt dahin auch wieder zurück; im andern Falle kommt sie aus $-\infty$ und kehrt dahin zurück. Daraus schliesst man gleichfalls, dass y_m im ersten Falle ein *Min*, im andern ein *Max* ist.

Was nun die Paare x' und x'' betrifft, so ordnen sie sich symmetrisch zu beiden Seiten des Werts der doppelten Wurzel — ganz so, wie in allen zur ersten Untersuchung gehörigen Beispielen und in der Mehrzahl der in der zweiten behandelten Aufgaben, die Paare von Punkten, Graden oder Ebenen sich symmetrisch um das Doppelelement X_m etc. gruppierten. Man darf sich umgekehrt danach auch nicht wundern, dass in so zahlreichen Fällen ein in gewissem Sinne „mittlerer Punkt", eine „mittlere Grade" es war, für welche die Funktion y ein *Max* oder *Min* wurde, da bei der Wahl unserer Beispiele auf relativ einfache Beziehungen unter den zu betrachtenden geometrischen Gebilden Bedacht zu nehmen war, einfachere Beziehungen aber, als — algebraisch zu reden: die einer Funktion zweiten Grades und ihrer Unabhängig-Veränderlichen es, wenn ein *Max* oder *Min* zustande kommen soll, nicht giebt.

Die Ursache dieser symmetrischen Anordnung der Paare x' und x'' um x_m liegt offenbar darin, dass x_m unabhängig von y ist. Dies zeigte sich bei den wenigen Fällen (vgl. 24., 25. und 33. Beispiel) bei denen die Bestimmung des *Max* und *Min* zwar auch die Auflösung einer quadratischen Gleichung erforderte, die Funktion y aber in dem obigen Sinne eine „Funktion zweiten Grades" nicht genannt werden kann.

2. Es ist zu beachten, dass die Betrachtungen der dritten Untersuchung ihre Giltigkeit behalten, solange die Auflösung der Gleichung $y=f(x)$ nach x auf keinen höheren, als den zweiten Grad führt, welches auch sonst die Gestalt der Funktion sei.

Es sei z. B. die „gebrochene Funktion" gegeben

$$y=\frac{x^2+9}{x},$$

die nach x aufgelöst auf die beiden Werte führt

$$x=\frac{y}{2}\pm\sqrt{\frac{y^2}{4}-9}.$$

Die Funktion wird ein *Max* oder *Min*, wenn

$$\frac{y^2}{4}=9,\quad y=\pm 6,\quad x=\pm 3$$

ist; und zwar ist $y=+6$ ein *Min*, ebenso $y=-6$ ein *Max*, insofern die Funktion von $-\infty$ herkommend für $x=-3$, $y=-6$ aus Steigen in Fallen übergeht und nach $-\infty$ zurückkehrt, für $x=0$ gleichzeitig $\mp\infty$ wird, für weiter wachsende x aber, bis $x=+3$, abnimmt, dann bei $y=+6$ wieder aus Fallen in Steigen übergeht und schliesslich für $x=+\infty$ selbst wieder einen Wert $+\infty$ erreicht.

Achten wir hier nun auf die Paare x', x'', so ist deren Mittelwert $=\frac{y}{2}$, eine Grösse also, die mit jedem Paare sich ändert, nicht $+3$ oder -3, wie es nach symmetrischer Anordnung der Paare sein müsste. Aber immer liegen beide Wurzeln eines Paares x_{k+1} zwischen denen des vorhergehenden x_k. Denn aus der die Wurzeln bestimmenden Gleichung

$$x^2 - xy + 9 = 0$$

folgt, dass das Produkt $x'.x'' = +9$ ist, beide Wurzeln also dasselbe Vorzeichen haben und hinsichtlich ihres absoluten Wertes so beschaffen sind, dass wenn $x'_{k+1} \gtrless x'_k$ ist, $x''_{k+1} \lesseqgtr x''_k$ ist.

Wir betrachten endlich die, der voraufgehenden scheinbar ziemlich nahe liegende Funktion

$$y = \frac{x^2 - 9}{x}.$$

deren weitere Behandlung die Auflösung der Gleichung erfordert:

$$x^2 - xy - 9 = 0.$$

Die Wurzeln derselben sind

$$x = \frac{y}{2} \pm \sqrt{\frac{y^2}{4} + 9}.$$

Da der Radikand für reelle Werte von y nicht Null wird, so tritt ein Wechsel zwischen Steigen und Fallen bei dieser Funktion überhaupt nicht ein. Sie nimmt jeden möglichen Wert, und zwar zweimal an. Ihr Verlauf ist der folgende: Für $x = -\infty$ wird sie, wie die vorige, $= -\infty$, und steigt für zunehmende x, indem sie für $x = -3$ die Null erreicht, bei weiter wachsendem x für die Werte $x = -2$, $x = -1$ u.s.f. schnell die Reihe der positiven Zahlen durchläuft, und je mehr x sich der -0 nähert, positive Werte annimmt, die über jede Gränze hinaus wachsen. Ueberschreitet dann x die Null, indem es zunächst den Wert sehr kleiner echter, positiver Brüche annimmt, so treffen wir y wieder im Gebiete der negativen Zahlen von sehr grossem absoluten Werte, von $-\infty$ herkommend, von wo es mit weiter wachsendem x bis $x = 3$ das Gebiet der negativen Zahlen durcheilt, $= 0$ wird und für grössere x positiv wird, bis es, mit x je länger je mehr Schritt haltend, mit $x = \infty$, selbst im Unendlichen, nun zum zweiten Mal, anlangt.

Wie gestalten sich aber jetzt die Paare x', x''? Aus der Gleichung $x^2 - xy - 9 = 0$ folgt, dass das Produkt $x'.x''$ immer $= -9$ ist, die Faktoren entgegengesetzte Vorzeichen, stets aber einen absoluten Wert $= 9$ haben. Nehmen wir an, dass x'_k und $x'_{k+1} > 0$ sind, und $x'_{k+1} > x'_k$ ist, so muss der absolute Wert von $x''_{k+1} <$ der von x''_k sein. Da aber die beiden Wurzeln x'' negativ sind, so folgt, dass auch $x''_{k+1} > x''_k$. Von dem Paar x_{k+1} liegt hiernach die eine Wurzel x''_{k+1} zwischen den beiden Wurzeln des Paares x_k, während die andere x'_{k+} grösser als beide Wurzeln des Paares x_k, also nicht zwischen ihnen enthalten ist, wie es nötig wäre, wenn das Paar x_{k+1} den Uebergang von x_k zu einer doppelten Wurzel bilden sollte. — Genau dieselbe Erscheinung war oben in Nr. 7

an den Punktpaaren X_k und X_{k+1} beobachtet worden, wenn für die Funktion y ein Wechsel zwischen Steigen und Fallen nicht stattfand. Auch auf diesen Fall erstreckt sich hiernach jener Parallelismus der Erscheinungen bei Betrachtung der *Max* und *Min.*

Vierte Untersuchung.

Allgemeines algebraisches Verfahren zur Bestimmung des Max und Min *insbesondere* *ganzer algebraischer Funktionen.*

24. Eine Summe von Gliedern, welche die Unabhängig-Veränderliche enthalten, wie

$$y = a_0 x^n + a_1 x^{n-1} + \cdots + a_{n-1} x + a_n,$$

wo n eine positive ganze Zahl bedeutet, die mit a bezeichneten Coeffizienten irgend welche unveränderliche positive oder negative, ganze oder gebrochne Zahlen angeben, wird bekanntlich eine ganze algebraische Funktion von x genannt — zum Unterschiede von „gebrochnen Funktionen", bei denen x auch im Nenner eines oder mehrer Glieder enthalten ist, oder — von anderweitig zu benennenden Funktionen, bei denen x unter einem andern Rechnungszeichen, es sei eine $\sqrt{}$, ein *log*, ein *sin* ... vorkommt.

Die Vorstellung der Rechnungsresultate thunlichst zu fördern, sie namentlich durch die Anschauung zu unterstützen, sollen, wie es bereits in Nr. 20 geschehen ist, die Werte der Unabhängig-Veränderlichen und die zugehörigen Werte der Funktion durch Abscissen und Ordinaten von Punkten dargestellt werden (Tafel G).

Wir knüpfen hiernach die Untersuchung über *Max* und *Min* einer ganzen algebraischen Funktion

$$y = f(x)$$

an ein bestimmtes Beispiel, indem wir für $f(x)$ die Funktion wählen

$$y = x^3 - 15x^2 + 48x + 5.$$

Soll der Verlauf dieser Funktion versinnlicht werden, so entwirft man sich zunächst ein Coordinatenverzeichnis, indem man für x beliebige Zahlenwerte einsetzt und nach Massgabe der vorliegenden Gleichung den jedem x zugehörigen Wert von y berechnet. Danach sind in irgend einem Coordinatensystem, das der Bequemlichkeit halber im allgemeinen rechtwinklig angenommen wird, die Punkte anzugeben, deren Abscissen jene für x gewählten, deren Ordinaten die für y berechneten Werte sind, wobei der Massstab für die Ordinaten derselbe sein kann, als für die Abscissen — oder nicht; und es können dann schliesslich noch die einzelnen Punkte nach dem Augenmass durch einen Linienzug mit einander verbunden werden, so dass für alle Werte der Unabhängig-Veränderlichen die zugehörigen Werte der Funktion dargestellt sind — die nicht besonders berechneten natürlich mit dem Vorbehalt, dass sie nur annähernd den Wert der Funktion angeben, den man aus der Gleichung für den zugehörigen Wert von x berechnen würde.

Coordinaten-Verzeichnis der Curve I (Taf. G, Fig. 1) $y = x^3 - 15x^2 + 48x + 5$

Wenn $x =$	ist, wird $y =$	Wenn $x =$	ist, wird $y =$
−100	−1 154 795	+ 4	+21
− 10	− 2 975	5	− 4
− 1	− 59	6	−31
0	+ 5	7	−51
+ 0,5	+ 25,4	8	−59
1	39	9	−49
1,5	46,6	10	−15
2	49	11	+49
2,5	46,9	12	149
3	+ 41	+100	+854 805

Wir entnehmen dem Coordinaten-Verzeichnis, dass die Funktion für negative Werte und anfänglich auch für positive Werte von x steigt, an einem zwischen $x = 1,5$ und $x = 2,5$ gelegenen Punkte umkehrt und bis zu einem zwischen $x = 7$ und $x = 9$ liegenden Werte von x fällt, daselbst nochmals einen Wechsel zwischen Fallen und Steigen vollzieht und weiter bis ins Unendliche steigt. Ob noch weitere Wechsel vorhanden sind, welche die von uns für das Coordinaten-Verzeichnis gewählte Reihe von Werten x übergeht, sowie wo die von uns angemerkten liegen, wird jetzt zu untersuchen sein.

Das Kennzeichen eines in sofern ausgezeichneten Curvenpunktes, als für ihn die Ordinate ein *Max* oder *Min* wird, besteht, wie bereits in Nr. 20 bei der Untersuchung über „Tangentenfolge“ bemerkt wurde, übrigens auch ohne weiteres einleuchtet, darin dass für diesen Curvenpunkt die Tangente der Abscissenachse parallel ist. Danach bieten sich uns, diese ausgezeichneten Punkte zu bestimmen, zwei Wege:

entweder so, dass wir aus der Gleichung der Curve, d. i. aus jener Beziehung zwischen der Ordinate und der Abscisse eines Punktes (x, y), ganz allgemein die Richtung der Tangente eines Curvenpunktes zu bestimmen versuchen; dann aber unter allen Punkten der Curve diejenigen ausfindig machen, für welche die Tangente der Abscissenachse parallel ist —

oder so, dass wir die Curve mit graden Linien parallel zur X Achse, dicht neben einander, überzogen denken; dann aber unter dieser Schaar von Graden diejenigen heraussuchen, welche gleichzeitig Tangenten der Curve sind.

Die Wahl unter den beiden Wegen wird uns kaum schwer fallen, wenn wir uns das Ergebnis der dritten Untersuchung gegenwärtig halten. Denn hinsichtlich des ersten Weges ist von unserm jetzigen Standpunkte aus nicht wohl abzusehen, wie die Richtung der Tangente eines beliebigen Curvenpunktes aus der Gleichung der Curve, ohne weitgehende Erörterungen, könnte abgeleitet werden. Was aber den anderen Vorschlag betrifft, so unterscheidet sich dieser nach seinen Grundgedanken in nichts von unserer Betrachtungsweise.

Denn jede zur Abscissenachse parallele Grade z. B. die in der Entfernung y_k von ihr gezogene L_k trifft die Curve eben in solchen Punkten X'_k, X''_k, X'''_k ..., welchen dasselbe y_k zugehört. Gehen wir dann von der Graden L_k zu andern L_{k+1}, L_{k+2} ... in den Entfernungen y_{k+1}, y_{k+2} ... über, so dass irgend zwei von den Punkten X, z. B. X' und X'' immer näher an einander rücken, so wird, wenn X' und X'' in einen Punkt, den Doppelpunkt X_m, zusammenfallen, die Grade L_m des Büschels L die gesuchte Tangente, die Ordinate y_m ein *Max* oder *Min* der Funktion sein.

Oder, dasselbe in der Sprache der Algebra ausgedrückt: stellen wir uns zunächst vor, es wäre die Gleichung

$$y = f(x) \quad \text{in die andere} \quad x = F(y)$$

umgerechnet, so würden die Abscissen x'_k, x''_k, x'''_k ... der Punkte

X'_k, X''_k, X'''_k ... der Gleichnng $x = F(y)$ genügen, wenn man für y den Wert y_k einsetzt. Nähern sich, dem vorhin angegebenen geometrischen Vorgange entsprechend, indem y_k in y_{k+1} ... übergeht, zwei von diesen Wurzeln, etwa x' und x'', einander, so wird für denjenigen Wert y_m die Funktion y ein *Max* oder *Min*, für welchen x eine doppelte Wurzel der Gleichung $x = F(y)$ wird.

Wir entscheiden uns danach für den zweiten der oben angegebenen Wege. Indessen sei doch vorbehalten auf den andern, schon um seiner sebst willen, zurückzukommen. Denn es ist nicht nur selbsverständlich, dass die Endresultate, sie mögen auf dem einen oder andern gewonnen sein, dieselben sein müssen; sondern es ist auch sehr wahrscheinlich, dass die Ergebnisse, welche auf dem Wege zu dem Endresultate sich einstellen, in der Form der Gleichungen, auf die wir geführt werden, übereinstimmen, während sie in ihrer Bedeutung gewiss verschieden sind. In Anbetracht der Wichtigkeit dieser Bedeutung aber dürfen wir, wenn wir auch zunächst uns mit der Erörterung über die doppelten Wurzeln einer Gleichung beschäftigen, den andern Weg doch nicht ganz aus den Augen verlieren. —

Wie findet man die Werte y_m, x_m von solcher Beschaffenheit, dass x_m eine doppelte Wurzel der Gleichung

$$y = f(x)$$

ist? Die Frage bedarf, wie die dritte Untersuchung gelehrt hat, kaum einer Erörterung, wenn man in der Form

$$x = F(y)$$

die Wurzeln x zunächst allgemein, für jeden Wert von y, darstellt, und aus dieser allgemeinen Form diejenige ableitet, welche für den besonderen Fall zweier gleichen Wurzeln gilt. Von diesem Umwege soll hier nicht mehr die Rede sein. Er würde auch nicht zum Ziele führen, wenn $f(x)$ eine Funktion von höherem als dem vierten Grade ist. Der Umstand aber, dass allgemeine Gleichungen von höherem, als dem vierten Grade, nicht aufgelöst werden können, schliesst nicht aus, dass ausgezeichnete Wurzeln, wie es die doppelten Wurzeln sind, nach einem Verfahren, das mit der Auflösung der Gleichung nichts zu thun hat, ermittelt werden können. Hierzu dient die folgende Betrachtung.

1. Ist die Beziehung zwischen x und y gegeben

$$y = f(x),$$

so bestehen zwischen irgend zwei Paaren x, y und x', y' die Beziehungen

$$y = f(x) \text{ und } y' = f(x').$$

Sollen jetzt x und x' Wurzeln derselben Gleichung sein, so darf y' von y nicht verschieden, es muss also $f(x) = f(x')$ oder

$$\text{Gl. 1)} \quad f(x) - f(x') = 0$$

sein. Diese Gleichung bestimmt, wenn sie nach x' aufgelöst würde, während x als gegeben anzusehen ist, alle Werte der Unabhängig-Veränderlichen, für welche y ebenso gross ist, als für x; und zwar erfolgt diese Bestimmung ganz unabhängig von dem Werte des y. Denken wir also an unsere Linienschaar L, parallel zur Abscissenachse und an deren Durchschnittspunkte X mit der Curve $y = f(x)$; so giebt für jede Parallele L die Gl. 1) die Beziehung unter den Abscissen je zweier Durchschnittspunkte X und X', welche derselben Linie L angehören.

Die Gl. 1) nimmt für den Fall, dass $f(x)$ eine ganze algebraische Funktion ist, eine bemerkenswerte Gestalt an, an der die Eigentümlichkeit des weiteren Verfahrens die doppelten Wurzeln unserer Gleichung anzugeben, besonders deutlich hervortritt. Setzen wir also etwa für $f(x)$ jene Funktion dritten Grades, deren Werte die Ordinaten unserer Curve I darstellen,

$$y = x^3 - 15x^2 + 48x + 5;$$

so wird aus Gl. 1)

$$x^3 - 15x^2 + 48x + 5 - (x'^3 - 15x'^2 + 48x' + 5) = 0,$$

oder

$$x^3 - x'^3 - 15(x^2 - x'^2) + 48(x - x') = 0,$$

oder, da jedes der drei Glieder den Faktor $(x - x')$ enthält,

$$(x - x')\{x^2 + xx' + x'^2 - 15(x + x') + 48\} = 0.$$

2. Betrachten wir irgend eine der Linien L, z. B. diejenige, welche durch den Punkt P $(x = 1,\ y = 39)$ unserer Curve I geht, so schneidet diese, entsprechend dem Umstande, dass die gegebene Gleichung vom dritten Grade ist, die Curve in noch zwei anderen Punkten. Die Abscissen x' dieser Punkte werden bestimmt durch die Gleichungen

$$x - x' = 0$$

$$x^2 + xx' + x'^2 - 15(x + x') + 48 = 0.$$

Die vorliegenden Gleichungen bestimmen aber, da die zweite in Bezug auf x' vom zweiten Grade ist, nicht zwei, sondern drei Werte von x'. Dies kommt offenbar daher, dass die Algebra auf die Frage: welche unter allen Werten der Unabhängig-Veränderlichen zwischen $-\infty$ und $+\infty$ haben dasselbe y, als der Wert $x = 1$? uns den Wert $x' = 1$ selbst nochmals anführt, wenn schon diese Antwort selbstverständlich ist. Die Algebra kann gar nicht anders, als so vollständig zu sein, wie sie ist. Nicht Sache der Algebra, sondern unsere Sache ist es, wenn wir hier unter den Angaben eine finden, nach der wir nicht gefragt haben, diese einfach zu übergeben. — Genug! wollen wir „die beiden anderen Werte x'“ ermitteln, welchen dasselbe y zugehört, wie dem Werte x, so werden uns diese durch die zweite der beiden obigen Gleichungen bestimmt:

$$\text{Gl. 2)} \quad x^2 + xx' + x'^2 - 15(x + x') - 48 = 0.$$

Setzen wir z. B. $x = 1$, so ergiebt die vorstehende Gleichung $x' = +3{,}13\ldots$ oder $= +10{,}87\ldots$, als solche Werte für die Unabhängig-Veränderlichen, bei welchen y ebenso gross, als für $x = 1$, nämlich $= 39$, wird; und hiermit übereinstimmend lehrt das Coordinaten-Verzeichnis, dass die Funktion bald nach $x = 3$ und kurz vor $x = 11$ einen Wert $= 39$ annehmen muss. Setzen wir aber in der letzten Gleichung $x = 12$, so liefert die Gleichung für x' zwei imaginäre Werte: $x' = -1{,}5 \pm 3{,}12\ldots i$, während das Coordinaten-Verzeichnis angiebt, dass die Funktion den Wert 149, wie für $x = 12$, anderweitig nicht erreicht. Endlich bedarf es, in Anbetracht der Symmetrie unserer Gleichung in Beziehung auf x und x', nicht einmal des Nachrechnens, um sicher zu sein, dass wenn wir x etwa $= 3{,}13\ldots$ angenommen hätten, die Auflösung der Gleichung nach x' auf den Wert $x' = 1$ geführt hätte, während als die andere Wurzel sich $x' = 10{,}87\ldots$ würde ergeben haben.

3. Nachdem so durch Ausscheiden des Faktors $(x - x')$ aus der Gleichung $f(x) - f(x') = 0$ eine andere Gleichung gewonnen ist, welche von drei zusammengehörigen d. h. solchen Werten des x, denen derselbe Wert von y entspricht, „die beiden andern“ bestimmt, sobald einer von ihnen, und zwar gleich viel welcher, gegeben ist: findet man unmittelbar die doppelten Wurzeln der Gleichung $y = f(x)$. Setzt man nämlich in der Gl. 2)

$$x' = x,$$

so bestimmt die

$$\text{Gl. 3)}\quad 3x^2-30x+48=0,$$

oder

$$x^2-10x+16=0,$$

alle Werte des x, die in sofern ausgezeichnet sind, als bei ihnen zwei von den drei im allgemeinen verschiedenen Werten, für welche y denselben Wert annimmt, in einen zusammenfallen. Geometrisch gesprochen: es bestimmt die Gl. 3) die Abscissen solcher Curvenpunkte, dass wenn man durch sie die Linie L parallel der Abscissenachse zieht, diese die Curve berühren. Dies aber ist notwendig, wenn die Ordinaten y der Punkte *Max* oder *Min* sein sollen.

Die Auflösung der Gl. 3) ergiebt für x die Werte

$$x=+2 \quad \text{und} \quad x=+8,$$

und zwar schliessen wir aus dem dem Coordinaten-Verzeichnis zu entnehmenden Lauf der Funktion, dass

für $x=+2$, $y=49$, ein *Max*,
für $x=+8$, $y=-59$, ein *Min* wird.

Das Verfahren zur Bestimmung des *Max* oder *Min* einer ganzen rationalen Funktion erfordert hiernach drei Rechnungs-Operationen:

1. die Elimination des y — Resultat: $f(x)-f(x')=0$ — im Beispiel:

$$x^3-x'^3-15(x^2-x'^2)+48(x-x')=0;$$

2. das Ausscheiden der Wurzel $x-x'=0$, indem man $f(x)-f(x')$ durch $(x-x')$ dividiert. Bedienen wir uns hierzu des Funktionszeichens Q, so ergiebt sich als Resultat:

$$\frac{f(x)-f(x')}{x-x'}=Q(x,x')=0$$

— im Beispiel:

$$x^2+xx'+x'^2-15(x+x')+48=0;$$

3. das Einsetzen von x für x' — Resultat: $Q(x,x'=x)=0$, im Beispiel: $3x^2-30x+48=0$, und das Auflösen dieser Gleichung — im Beispiel: $x=+2$, $x=+8$.

Dass aber die drei Operationen, namentlich auch das Ausscheiden der Wurzel $x-x'=0$, zunächst an rationalen, ganzen Funktionen immer möglich sind, folgt daraus, dass in diesem Falle $f(x)-f(x')$ sich als eine Summe von Gliedern, wie $a(x^n-x'^n)$ darstellt, $x^n-x'^n$ aber für jede ganze Zahl n durch $(x-x')$ aufgeht. Nach unserer

Entwickelung liegt auch kein Grund vor zu zweifeln, dass das Verfahren auf jede andere Funktion anzuwenden ist, sofern man die Wurzel $x-x'=0$ der Gleichung $f(x)-f(x')=0$ auszuscheiden imstande ist.

Den Gebrauch der Regel — und im weiteren zu zeigen, wie sie sich auf andere, als die zunächst vorausgesetzten Funktionen übertragen lässt, möge jetzt eine Reihe von Aufgaben folgen, von denen mehre der empfehlenswerten Sammlung von Professor Dölp (Giessen, J. Ricker) entnommen sind.

25. 34. Beispiel. Welcher von allen graden Cylindern, deren Oberfläche $=a^2$ ist, besitzt das grösste Volumen?

Ist x der Radius der Grundfläche, z die Höhe des Cylinders, so ist

$$V=\pi x^2 z.$$

Ausserdem haben x und z die Bedingung zu erfüllen:

$$2\pi xz+2\pi x^2=a^2,\quad \pi xz=\frac{a^2}{2}-\pi x^2.$$

Setzen wir diesen Wert in den Ausdruck für V, so ergiebt sich

$$V=\frac{a^2x}{2}-\pi x^3.$$

Wir bilden $f(x)-f(x')$, so finden wir

$$\frac{a^2}{2}(x-x')-\pi(x^3-x'^3)=(x-x')\left\{\frac{a^2}{2}-\pi(x^2+xx'+x'^2)\right\},$$

sonach wird

$$Q(x,x')=\frac{f(x)-f(x')}{x-x'}=\frac{a^2}{2}-\pi(x^2+xx'+x'^2)$$

und

$$Q(x,x'=x)=\frac{a^2}{2}-3\pi x^2.$$

Endlich liefert die Gleichung

$$\frac{a^2}{2}-3\pi x^2=0,$$

das Resultat

$$x_{max}=\frac{a}{\sqrt{6\pi}},$$

und wenn wir dies in die Gleichung für die Oberfläche einsetzen

$$z_{max} = a\sqrt{\frac{2}{3\pi}},$$

daraus aber

$$\frac{x}{z} = \frac{1}{2}.$$

Dass aber dies Volumen für den berechneten Wert von x ein *Max*, nicht ein *Min*, wird, folgt daraus, dass V für $x = 0$ selbst $= 0$ wird.

35. Beispiel. Ein normaler Kreiskegel soll durch eine Ebene parallel zur Grundfläche so geschnitten werden, dass der über der Schnittfläche konstruierte, zwischen ihr und der Grundfläche gelegene Cylinder möglichst gross werde (vgl. 18. und 33. Beispiel).

Es bezeichne r den Radius der Grundfläche, h die Höhe des Kegels, x bez. z dasselbe für den Cylinder, so ist der Inhalt des letzteren

$J = \pi x^2 z$, während gleichzeitig $z:h = r - x:r$, demnach $= \frac{\pi x^2 h(r-x)}{r}$ ist.

Lässt man für die Berechnung des *Max* den unveränderlichen Faktor $\frac{\pi h}{r}$ fort, so ergiebt sich

$$f(x) = x^2(r-x) = rx^2 - x^3;$$

$$f(x) - f(x') = r(x^2 - x'^2) - (x^3 - x'^3)$$

$$= (x - x')\{r(x + x') - (x^2 + xx' + x'^2)\}$$

$$Q(x, x') = r(x + x') - (x^2 + xx' + x'^2);$$

und die Gleichung

$$Q(x, x' = x) = 2rx - 3x^2 = 0$$

führt auf das Resultat

$$\begin{Bmatrix} x_{min} = 0 \\ z = h \end{Bmatrix}, \quad \begin{Bmatrix} x_{max} = \frac{2}{3}r \\ z = \frac{1}{3}h \end{Bmatrix}.$$

Die Auflösung ändert sich wenig, wenn an Stelle des Kreiskegels eine Pyramide gesetzt wird, übrigens aber die zu beantwortende Frage dieselbe bleibt.

Bezeichnet man die Grundfläche der Pyramide mit B, so ergiebt sich die Grundfläche des Prismas

$$= \frac{B(h-z)^2}{h^2},$$

sonach der Inhalt des Prismas

$$J = \frac{B(h-z)^2 z}{h^2},$$

und es wird jetzt z so zu bestimmen sein, dass diese Funktion, oder nach Weglassung des Faktors $\frac{B}{h^2}$

$$f(z) = (h-z)^2 z$$

ein *Max* wird.

$$f(z)-f(z') = h^2(z-z')-2h(z^2-z'^2)+z^3-z'^3,$$
$$Q(z, z') = h^2-2h(z+z')+(z^2+zz'+z'^2)$$

und zur Bestimmung des gesuchten Wertes von z nach der Gleichung

$$Q(z, z'=z) = 0,$$
$$h^2-4hz+3z^2 = 0,$$

woraus folgt

$$z_{min} = h; \quad z_{max} = \frac{h}{3}.$$

36. Beispiel. Welcher unter allen graden Kegeln von der Seitenlänge s hat den grössten Inhalt?

Bezeichnet x den Radius des Grundkreises, z die Höhe des Kegels, so ist

$$J = \frac{\pi x^2 z}{3},$$

oder da $x^2+z^2 = s^2$ sein soll,

$$= \frac{\pi(s^2-z^2)z}{3},$$

sonach mit Weglassnng des Faktors $\frac{\pi}{3}$

$$f = s^2 z - z^3.$$

Die Gleichung $Q = 0$, führt zur Bestimmung für z

$$z_{max} = \frac{s}{\sqrt{3}}, \quad x_{max} = s\sqrt{\frac{2}{3}}.$$

Wollte man z. B. aus einem Kreise vom Radius s einen Sektor so schneiden, dass der Rest, zu einem Kegelmantel aufgewickelt, einen

Kegel von möglichst grossem Inhalt giebt, so müsste der zu dem ausgeschnittenen Sektor gehörige Mittelpunktswinkel

$$\varphi = 360^0(1-\sqrt{\tfrac{2}{3}}) = 66{,}10^0$$

sein.

37. Beispiel. Ein Parabelsegment wird durch eine zur Achse senkrechte Sehne BC begränzt, deren Abstand vom Scheitel $A = a$ ist. Innerhalb des Segmentes soll eine zweite Sehne MN parallel zu BC so gezogen werden, dass ein Rechteck, dessen eine Seite MN ist, während die gegenüberstehende auf BC liegt, ein *Max* wird.

Der Punkt M habe die Coordinaten x, y, so ist der Inhalt des Rechtecks

$$J = 2y(a-x), \quad \text{oder da} \quad y^2 = 2px \quad \text{ist,}$$
$$= 2y\left(a - \frac{y^2}{2p}\right).$$

Wir setzen $f = ya - \frac{y^3}{2p}$. Danach führt, indem sich die bekannte Entwickelung wiederholt, die Gleichung $Q = 0$ auf die Beziehung:

$$a - \frac{3y^2}{2p} = 0,$$

oder wenn man x einführt:

$$a - 3x = 0, \quad x_{max} = \frac{a}{3}.$$

Sollte aber nicht der Inhalt, sondern der Umfang des bez. Rechtecks ein *Max* werden, so würde, da

$$\frac{U}{2} = 2y + a - x, \quad \frac{U}{2} - a = 2y - x$$

ist,

$$f = 2y - \frac{y^2}{2p}$$

sein. Danach folgt aus der Gleichung $Q = 0$

$$2 - \frac{y}{p} = 0, \quad y = 2p \quad \text{oder} \quad x_{max} = y.$$

Hieraus lässt sich der Punkt M leicht konstruieren.

26. Wir wollen noch die allgemeine Form der ganzen, algebraischen Funktion nach der voraufgehenden Regel behandeln.

a) Setzen wir zunächst $f(x) = ax^n$, so wird

$$f(x) - f(x') = a(x^n - x'^n),$$
$$\frac{f(x)-f(x')}{x-x'} = Q(x, x')$$
$$= a(x^{n-1} + x^{n-2}x' + x^{n-3}x'^2 + \cdots + xx'^{n-2} + x'^{n-1}),$$

sonach endlich

$$Q(x, x' = x) = anx^{n-1}.$$

b) Ist ferner $f(x) = ax^n \pm bx^p$, so wird,

$$f(x) - f(x') = a(x^n - x'^n) \pm b(x^p - x'^p)$$
$$\frac{f(x)-f(x')}{x-x'} = Q(x, x')$$
$$= a(x^{n-1} + \cdots + x'^{n-1}) \pm b(x^{p-1} + x^{p-2}x' + \cdots + x'^{p-1}),$$

somit

$$Q(x, x' = x) = anx^{n-1} \pm bpx^{p-1}.$$

Das Gesetz, nach welchem $Q(x, x' = x)$ aus $f(x)$ unmittelbar abgeleitet werden kann, ergiebt sich ohne weiteres aus den beiden Formeln a) und b). Wir wollen, da wir uns im Folgenden dieser Beziehungen bedienen werden,

> in dem Falle, dass $f(x)$ eine ganze rationale Funktion ist, die Funktion $Q(x, x' = x)$ schlechthin „die abgeleitete Funktion von $f(x)$“ oder kurz „die Ableitung“ von $f(x)$ nennen, und mit $f'(x)$ bezeichnen.

Die voraufgehende Formel lehrt, dass, wenn

$$f(x) = a_0x^n + a_1x^{n-1} + a_2x^{n-2} + \cdots + a_{n-2}x^2 + a_{n-1}x + a_n$$

ist, wo die a beliebige positive oder negative Zahlen, auch 0, sein können,

$$f'(x) = a_0nx^{n-1} + a_1 . \overline{n-1} . x^{n-2} + a_2 . \overline{n-2} . x^{n-3} + \cdots$$
$$\cdots + a_{n-2} . 2x + a_{n-1}$$

wird.

Man beachte, dass das von x unabhängige Glied a_n der Funktion in der Ableitung nicht wieder vorkommt, da es bei Aufstellung der Differenz $f(x) - f(x')$ zu Null wird.

Danach kann die Regel zur Bestimmung des *Max* oder *Min* einer ganzen, rationalen Funktion angegeben werden:

Der Wert von x, für welchen eine ganze, ratinale Funktion

$$y = f(x)$$

sein *Max* oder *Min* erreicht, wird durch die Gleichung bestimmt:

$$f'(x) = 0.$$

Uebrigens sei ausdrücklich bemerkt, dass die ausführlichere, in Nr. 24 angegebene Rechnung dann beizubehalten sein wird, wenn $f(x)$ eine Funktion von irgend anderer Art ist, von uns auch in der Schlussgleichung die Bezeichnung $Q(x, x' = x) = 0$ beibehalten werden soll. Gleichwohl sei dem Leser empfohlen, sich an den Gebrauch der vorstehend angegebenen Abkürzung — da, wohin sie gehört — zu gewöhnen. —

Gehen wir jetzt zur Behandlung anderer, als ganzer, algebraischer Funktionen über, so kommen zunächst solche in Betracht, bei welchen durch eine leichte Umformung die Aufgabe auf die Bestimmung des *Max* oder *Min* einer ganzen algebraischen Funktion zurückgeführt werden kann.

Ist z. B. gegeben $y = \sqrt{f(x)}$, so wird man sich darauf beziehen, dass y zugleich mit y^2 ein *Max* bez. *Min* wird. Man wird also durch Potenzieren von y das Wurzelzeichen wegschaffen und das *Max* oder *Min* dieser Potenz bestimmen.

38. Beispiel. Welches einem gegebenen Kreise eingeschriebene gleichschenklige Dreieck hat den grössten Inhalt?

Die halbe Grundlinie des Dreiecks sei z, die Höhe x, so ist

$$J = xz; \quad \text{oder da} \quad z^2 = x(2r - x) \text{ ist,}$$

$$y = x\sqrt{x(2r - x)},$$

und

$$f(x) = y^2 = x^3(2r - x) = 2ra^3 - x^4.$$

Daraus bildet man

$$f'(x) = 6rx^2 - 4x^3 = 0,$$

$$2x^2(3r - 2x) = 0.$$

Der Wert von x, für welchen $3r - 2x = 0$ ist,

$$x = \frac{3}{2} r$$

macht den Inhalt des Dreiecks zu einem *Max*. Soll aber $x = r + \frac{r}{2}$ werden, so muss das zugehörige Dreieck gleichseitig sein.

39. Beispiel. In eine Ellipse mit den Achsen $2a$ und $2b$ soll das grösste Rechteck gezeichnet werden.

Sind x, y die Coordinaten einer Ecke des Rechtecks, bezogen auf die Hauptachsen, als Coordinatenachsen, beide Coordinaten > 0, so ist

$$J = 4xy, \quad \text{oder da} \quad y = \frac{b}{a}\sqrt{a^2 - x^2} \text{ ist,}$$
$$= \frac{4b}{a}x\sqrt{a^2 - x^2}.$$

Mit dieser Substitution ist die Aufgabe eigentlich schon erledigt, da sie auf die Bestimmung des grössten Rechtecks in einem Kreise vom Radius a zurückgeführt ist. Sehen wir aber ab von dieser Lösung, so haben wir zu bilden

$$f(x) = x^2(a^2 - x^2) = a^2x^2 - x^4$$

daraus

$$f'(x) = 2a^2x - 4x^3 = 4x\left(\frac{a^2}{2} - x^2\right) = 0.$$

Daraus folgt:

$$x_{max} = a\sqrt{\tfrac{1}{2}},$$
$$y_{max} = b\sqrt{\tfrac{1}{2}}.$$

Für die Ecken des gesuchten Rechtecks ergiebt sich also die Beziehung

$$\frac{y}{x} = \frac{b}{a},$$

und somit die Regel, dass sie auf den Diagonalen des der Ellipse umschriebenen Rechtecks — oder in den Endpunkten der beiden gleich langen konjugierten Durchmesser der Ellipse liegen.

40. Beispiel. Ein grader Kegel (Fig. 16) soll durch eine zu einer Tangentialebene parallele Ebene so geschnitten werden, dass das im Kegel enthaltene Parabelsegment ein *Max* wird. Ist A der Scheitel des Kegels, C irgend ein Punkt des Grundkreises, CB ein

Fig.16.

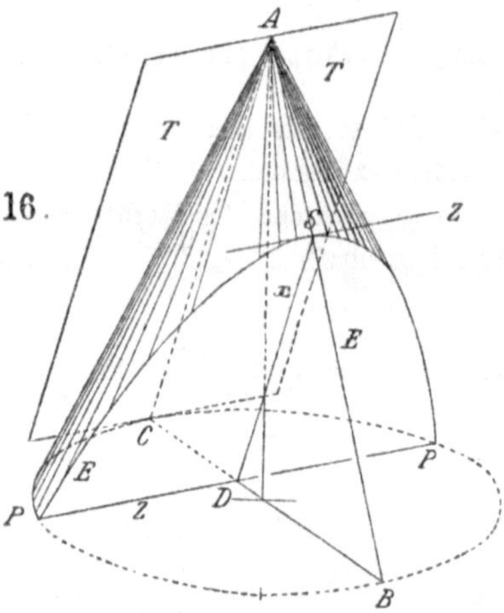

Durchmesser des letzteren, so steht bekanntlich die Tangentialebene T für die Kegelseite AC auf der Symmetralebene ACB senkrecht. Irgend eine den Kegel schneidende Ebene E, parallel zur Tangentialebene, also gleichfalls senkrecht zur Ebene ACB, schneide die Seite AB im Punkte S, den Durchmesser CB im Punkte D, $(SD \ddagger AC)$, die Peripherie des Grundkreises in den Punkten P, so dass also $DP \perp BC$ steht: so ist S der Scheitel der Parabel, SD ihre Achse, P ein Punkt der Parabel, dessen Coordinaten, bezogen auf Parabelachse und Scheiteltangente, PD und DS mit z und x bezeichnet werden mögen.

Die Hälfte (SPD) des im Kegel enthaltenen Parabelsegmentes

$$\frac{J}{2} = \frac{2}{3} xz, \quad \text{wobei } z^2 = BD.DC \text{ ist.}$$

Bezeichnet man ferner die Länge des Durchmessers CB mit d, die der Kegelseite mit s, so ist

$$BD = \frac{dx}{s}, \; DC = d - \frac{dx}{s}; \; BC.DC = \frac{d^2}{s^2} x(s-x),$$

$$= \frac{2d}{3s} x\sqrt{x(s-x}.$$

Sonach ist die Funktion, die ein *Max* werden soll,

$f(x) = x^3(s-x) = sx^3 - x^4$. Daraus ergiebt sich weiter

$f'(x) = 3sx^2 - 4x^3 = x^2(3s-4x) = 0.$

$x = SD = SB = \frac{3}{4}s, \quad AS = \frac{1}{4}s.$

27. Es liegt, wie früher schon bemerkt wurde, kein Grund vor, die oben angestellten Betrachtungen und somit auch das in Nr. 24 entwickelte Verfahren nicht auch auf andere, als ganze, algebraische Funktionen anzuwenden. Dabei könnten Schwierigkeiten nur bei der zweiten der oben angeführten drei Operationen, bei der Beseitigung der Wurzel $x - x' = 0$ aus der Gl. $f(x) - f(x') = 0$, eintreten.

Dass ein solches Ablösen der Wurzel $x - x' = 0$ zuvörderst immer nötig ist, ergiebt unmittelbar die Form der Gleichung $f(x) - f(x') = 0$, da sie, welches auch die Funktion $f(x)$ sei, stets identisch erfüllt wird, wenn man $x - x' = 0$ setzt. Während aber hierzu in dem bisher betrachteten Falle die Ausführung der Division $\frac{f(x) - f(x')}{x - x'}$ genügte, wird man bei anderen Funktionen gelegentlich andere Faktoren als $(x - x')$ auszuscheiden haben. Statt uns darüber auf allgemeine, theoretische Untersuchungen einzulassen, sei bemerkt, dass es in allen Fällen darauf ankommt

1. $f(x) = f(x')$ so in zwei Faktoren zu zerlegen, dass der eine, nicht aber der andere, durch die Substitution $x' = x$ identisch, also für jeden Wert von x, zu Null wird; dass aber auch
2. der erstgenannte ein sogenannter Primfaktor ist, d. h. dass an ihm nicht nochmals dieselbe Zerlegung, wie nach 1. an $f(x) - f(x')$, vorgenommen werden kann.

Dividiert man dann $f(x) - f(x')$ durch den Faktor, welcher für $x' = x$ identisch zu 0 wird, so wird mit dem Quotienten, der wieder durch $Q(x, x')$ bezeichnet werden möge, nach unserer Regel in Nr. 24 zu verfahren sein.

Wir wählen zuvörderst eine **gebrochne Funktion** d. h. eine solche, bei welcher die Unabhängig-Veränderliche auch im Nenner derselben vorkommt.

Eine solche Funktion bedarf, wie wir vorab erinnern, eines besondern Verfahrens nicht, wenn sie von der Gestalt

$$y = \frac{a}{f(x)}$$

ist, nur aus einem Gliede besteht, und x ausschliesslich im Nenner vorkommt. Denn bestimmt man die Werte von x, für welche $f(x)$ ein *Max* oder *Min* wird, so erreicht y für die nämlichen Werte ein *Min* oder *Max*. Vielmehr handelt es sich bei der gegenwärtigen Betrachtung um solche Fälle, wo in der vorstehenden Funktion auch an die Stelle von a eine Funktion von x tritt, oder wo mehre Glieder mit veränderlichem Nenner vorkommen.

41. Beispiel. Zwischen den Schenkeln eines Winkels $BAC = \alpha$ (Fig. 17) liegt ein Punkt M; es soll durch M eine Grade, welche die Schenkel bez. in B und C trifft, so gezogen werden, dass das Dreieck BAC ein *Min* wird.

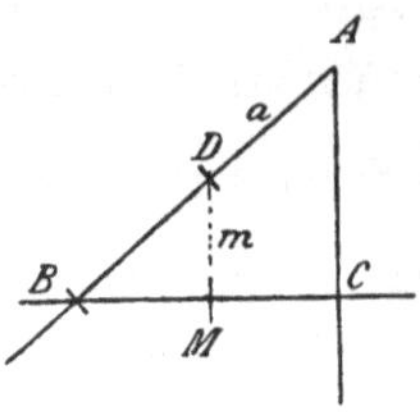

Fig. 17.

Den Punkt M zu bestimmen, sei durch ihn $MD \# AC$ bis zum Schenkel AB gezogen: $AD = a$, $MD = m$ gesetzt; überdies bezeichnen wir AB mit x, AC mit z. Alsdann ist der Inhalt des Dreiecks BAC

$$J = \frac{xz \sin\alpha}{2};$$

dass aber BC durch M geht, drückt sich aus durch die Beziehung:

$$z = \frac{mx}{x-a},$$

so dass

$$J = \frac{mx^2 \sin\alpha}{x-a}$$

ist; und wenn man wieder den unveränderlichen Faktor weglässt, wird

$$f(x) = \frac{x^2}{x-a}.$$

Behandelt man diese Funktion nach den Vorschriften unserer Regel, so ergiebt sich zunächst als

$$\text{Gl. 1)} \quad f(x) - f(x') = \frac{x^2}{x-a} - \frac{x'^2}{x'-a} = 0.$$

Bei dieser Gleichung soll die in ihr enthaltene Wurzel $x - x' = 0$ ausgeschieden werden. Macht man die Brüche gleichnamig, so ergiebt sich

$$\frac{x^2x' - xx'^2 - a(x^2 - x'^2)}{(x-a)(x'-a)} = 0,$$

$$\frac{xx'(x-x') - a(x+x')(x-x')}{(x-a)(x'-a)} = 0$$

und somit endlich

$$\frac{(x-x')[xx' - a(x+x')]}{(x-a)(x'-a)} = 0.$$

Der Faktor, der für $x' = x$ identisch $= 0$ wird, ist wieder $(x - x')$.

Sonach setzen wir

$$\text{Gl. 2)}\quad \frac{f(x)-f(x')}{x-x'} = Q(x, x') = \frac{xx'-a(x+x')}{(x-a)(x'-a)}.$$

Damit ist also die Ausscheidung der Wurzel $x' = x$ vollzogen, und es bestimmt, wie wieder einmal erinnert werden möge, die

$$\text{Gl.}\quad Q(x, x') = 0$$

diejenigen Werte x', für welche y grade so gross wird, als für x — jetzt aber unter Ausschluss des Wertes $x' = x$. — Ein *Max* und *Min* von y, so schloss unsere Regel, tritt nun für denjenigen Wert des x ein, mit welchem gleichzeitig ein Wert x' zusammenfällt. Die

$$\text{Gl. 3)}\quad Q(x, x' = x) = 0$$

lautet in unserem Beispiel

$$\frac{x^2-2ax}{(x-a)^2} = 0.$$

Setzt man aber hierin den Zähler gleich Null,

$$x(x-2a) = 0,$$

so bestimmt der Wert

$$x = 2a \quad \text{und daraus} \quad z = 2m$$

das gesuchte *Min*-Dreieck.

Ein weiteres Beispiel zur Bestimmung des *Max* oder *Min* einer gebrochnen Funktion, in der auch trigonometrische Funktionen in Betracht kommen, wird später in dem 49. Beispiel erörtert werden.

28. Ist die Unabhängig-Veränderliche x ein Winkel, von dem trigonometrische Funktionen und zwar verschiedene trigonometrische Funktionen in Ansatz kommen, so ist nicht mehr darauf zu rechnen, dass ein Faktor $(x-x')$ oder eine Differenz aus gleichen Funktionen, wie z. B. $(\sin x - \sin x')$, sich ausscheiden liesse. Die Algebra hat vielleicht andere Mittel, als grade dieses, den Gedanken auszusprechen, es könne der Gleichung $f(x)-f(x') = 0$ für jeden Wert des x, wenn man $x' = x$ setzt, genügt werden.

Es war oben in dem 21. Beispiel die Frage beantwortet worden:

42. Beispiel. Welches unter allen Dreiecken (a, α) hat den grössten Inhalt?

Die Entwickelung würde sich nach dem vorliegenden Verfahren, wie folgt, gestalten:

$$2J = \frac{a^2 . \sin x . \sin z}{\sin \alpha},$$

wenn x und z, die Winkel an der Seite a, die Bedingung erfüllen $\sin z = \sin(\alpha + x)$. Danach wird

$$f(x) = \sin x . \sin(\alpha + x)$$

und

Gl. 1) $f(x) - f(x') = \sin x . \sin(\alpha + x) - \sin x' . \sin(\alpha + x') = 0.$

Hiervon die Wurzel $x - x' = 0$ abzuscheiden, sollen x und x' von α getrennt, dann aber die Glieder nach $\sin \alpha$ und $\cos \alpha$ geordnet werden. Die Gleichung erfährt dabei folgende Umwandlung:

$$\sin \alpha (\sin x \cos x - \sin x' . \cos x') + \cos \alpha (\sin^2 x - \sin^2 x') = 0,$$

$$\tfrac{1}{2} \sin \alpha (\sin 2x - \sin 2x') + \cos \alpha \sin(x + x') . \sin(x - x') = 0,$$

$$\sin \alpha . \cos(x + x') \sin(x - x') + \cos \alpha . \sin(x + x') . \sin(x - x') = 0,$$

$$\sin(x - x') [\sin \alpha . \cos(x + x') + \cos \alpha . \sin(x + x')] = 0.$$

Mit dieser Form, die kürzer noch geschrieben werden kann,

$$\sin(x - x') . \sin(\alpha + x + x') = 0,$$

ist die Ausscheidung der Wurzel $x - x' = 0$, die Zerteilung von $f(x) - f(x')$ in zwei Faktoren, von denen nur einer, der erste für jedes x zu Null wird, wenn man $x' = x$ setzt, vollzogen.

Setzt man

$$\sin(\alpha + x + x') = Q(x, x')$$

und

Gl. 2) $Q(x, x') = \sin(\alpha + x + x') = 0,$

so bestimmt

Gl. 3) $Q(x, x' = x) = \sin(\alpha + 2x) = 0,$

den Wert von x, für welchen $f(x)$, also auch J ein *Max* wird.

Die Bestimmung $\alpha + 2x = 180^0$, danach $x = z$, sagt, dass das gleichschenklige Dreieck ($b = c$) das gesuchte *Max* ist.

43. Beispiel. Es ist ein System zweier zu einander senkrechten graden Linien A', A'' und in deren Ebene ein Punkt P gegeben: es soll durch P die kürzeste Sehne des Systems d. h. eine Grade gezogen werden, so dass das zwischen ihren Durchschnittspunkten mit den beiden Linien A' und A'' enthaltene Stück derselben ein *Min* wird. Tafel C, Fig. 5.

Ziehen wir durch P irgend eine Grade, nennen die Stücke, welche sie auf den Graden A' und A'' vom Scheitel C aus abschneidet, bez. u und v, bezeichnen deren Winkel gegen A'' mit φ, so ist die zwischen den Schenkeln A' und A'' enthaltene Strecke der Graden

$$y = \sqrt{u^2 + v^2}.$$

Wir wollen den Punkt P uns durch den Fahrstrahl r und dessen Winkel α mit A'' gegeben denken. Danach ist

$$u = r\frac{\sin(\alpha+\varphi)}{\cos\varphi}; \quad v = r\frac{\sin(\alpha+\varphi)}{\sin\varphi},$$

und es ergiebt sich hieraus

$$y = \frac{r\sin(\alpha+\varphi)}{\sin\varphi.\cos\varphi}, \quad \text{sonach} \quad f(\varphi)\frac{\sin(\alpha+\varphi)}{\sin\varphi.\cos\varphi}.$$

Der Regel zufolge haben wir die Gleichung zu bilden

$$1) \quad \frac{\sin(\alpha+\varphi)}{\sin\varphi.\cos\varphi} - \frac{\sin(\alpha+\varphi')}{\sin\varphi'.\cos\varphi'} = 0,$$

aus dieser aber zunächst die Wurzel $\varphi' = \varphi$ auszuscheiden und zu beseitigen. Wir machen gleichnamig, trennen α von φ bez. φ' und erhalten, wenn wir den Zähler $= 0$ setzen:

$$0 = \sin\alpha.\cos\varphi.\cos\varphi'(\sin\varphi' - \sin\varphi) + \cos\alpha.\sin\varphi.\sin\varphi'(\cos\varphi' - \cos\varphi),$$

oder wenn wir durch $2\sin\frac{\varphi'-\varphi}{2}$ d. i. den Faktor, welcher durch die Substitution $\varphi' = \varphi$ identisch $= 0$ wird, dividieren,

$$2) \quad 0 = \sin\alpha.\cos\varphi.\cos\varphi'.\cos\frac{\varphi+\varphi'}{2}$$

$$-\cos\alpha.\sin\varphi.\sin\varphi'.\sin\frac{\varphi+\varphi'}{2} = Q(\varphi, \varphi').$$

Es erübrigt hierin, $\varphi' = \varphi$ zu setzen: alsdann wird für denjenigen Wert von φ, welcher die Gleichung erfüllt,

$$0 = \sin\alpha.\cos^3\varphi - \cos\alpha.\sin^3\varphi,$$

$$\tan^3\varphi = \tan\alpha,$$

die Funktion $f(\varphi)$, somit auch die Sehne y ein *Max* oder *Min* — und zwar nicht *Max*, sondern *Min*, da y beliebig gross werden kann.

Die Antwort genügt allen Anforderungen, wenn wir uns vorstellen, es handle sich etwa bei einer Landes-Vermessung, bei Anlage eines Weges, bei der Absteckung neuer Gränzen etc. etc. kurzum bei einer Gelegenheit um die Beantwortung unserer Frage, wo die Grössen r und α wirklich gemessen sind, oder aus gemessenen Grössen, wie z. B. den Coordinaten u' und v' des Punktes P, berechnet werden, während andererseits für den angegebenen Zweck, nach Bestimmung von φ_m, die Strecken u_m und v_m, welche durch die kürzeste Sehne auf den Schenkeln A' und A'' abgeschnitten werden, nach den oben angeführten Formeln leicht ausgewertet werden können.

Dagegen kann auch der Fall gedacht werden, dass in einem Entwurf für irgend einen Zweck der Punkt P und die Graden A' und A'' gezeichnet vorliegen, wie es Fig. 5 anzeigt, und durch eine geometrische Konstruktion die kürzeste Sehne, wenn möglich ohne Messung, zu ermitteln ist. Soll auch für diesen Fall das voraufgehende Resultat nutzbar gemacht werden, so handelt es sich also um eine Konstruktion, welche für die Beziehung

$$\operatorname{tang}^3\varphi = \operatorname{tang}\alpha, \quad \operatorname{tang}\varphi = \sqrt[3]{\operatorname{tang}\alpha},$$

dieselben Dienste leistet, als die Konstruktion der mittleren Proportionale für die andere:

$$\operatorname{tang}^2\varphi = \operatorname{tang}\alpha, \quad \operatorname{tang}\varphi = \sqrt[2]{\operatorname{tang}\alpha}.$$

Eine solche Konstruktion giebt es aber nicht — mit andern Worten: es ist ein direktes Verfahren noch nicht gefunden, nach welchem ein allseitig normales Parallelepipedon in einen Würfel verwandelt werden könnte. In Tafel C, Fig. 5 ist ein Weg gezeigt, auf welchem dies Ziel, in der Form der uns vorliegenden Aufgabe $\operatorname{tang}^3\varphi = \operatorname{tang}\alpha$, durch Näherung erreicht wird.

Ist B ein beliebiger Punkt auf der Graden CP, $u' = CM$, $v' = CD$ seine Coordinaten in Bezug auf das Coordinaten-System U, V; so ist $\frac{u'}{v'} = \operatorname{tang}\alpha$. Drücken wir $\operatorname{tang}\varphi$ mittels eines Bruches aus, dessen Nenner auch $= v'$ ist, während der unbekannte Zähler mit u bezeichnet werden möge, so wird u, der Beziehung zwischen φ und α gemäss, bestimmt durch

$$\frac{u^3}{v'^3} = \frac{u'}{v'},$$

oder durch

$$\text{Gl. 1)} \quad \frac{u^2}{v'^2} = \frac{u'}{u}.$$

Dies ist, der Form nach, die Beziehung zwischen den Coordinaten zweier Parabelpunkte, wenn man die Punkte so wählt, dass die Ordinate zu der Abscisse u' gleich der Abscisse u des zweiten Punktes ist — oder dasselbe anders ausgedrückt: machen wir $v = u$, und nehmen einerseits v und u', andrerseits v' und u als zusammengehörige Coordinaten zweier Punkte, J und G', so müssen diese auf einer Parabel mit dem Scheitel C und der Achse U liegen, wenn der Wert von u die Gl. 1) erfüllen soll. Nach diesem Gesichtspunkte ist in der Figur das Näherungsverfahren zur Bestimmung von u ausgeführt.

Erinnern wir zuvor, dass es zur Bestimmung einer Parabel (C, U) nur noch eines Parabel-Punktes (J) bedarf; so wie dass alsdann die zur Abscisse CH eines weiteren Parabelpunktes (G') gehörige Ordinate konstruiert wird, indem man zu CM und CH die mittlere Proportionale (CF) sucht, in F auf U eine Senkrechte errichtet, auf sie den Punkt J von C aus projiciert, endlich FG auf HG' abträgt.

Hieraus ergiebt sich unmittelbar das Näherungsverfahren, indem man eine nach Gutdünken gewählte Strecke gleichzeitig als MJ_3 auf MB und als CH_3 von C aus auf U abträgt und den zur Abscisse CH_3 gehörigen Punkt G'_3 der Parabel (C, U, J_3) konstruiert; dann aber jene Strecke so lange ändert, bis HG' — oder, was dasselbe sagt: $FG = v'$ wird, der Punkt G auf DB fällt. In der Figur ist die Konstruktion noch für einen zweiten Punkt J_5 ausgeführt, wobei sich G_5 ergab. Verbindet man dann G_3 mit G_5 zunächst gradlinig, so erhält man auf DB einen Punkt, der den endgiltigen Punkt F, somit auch H und J, wenn nicht ganz, so doch sehr nahe richtig bestimmen wird. — Die Figur ergab bei dem dritten Versuch einen Punkt G_6, der noch nicht auf DB liegt. Dies zu erreichen wird man G_3 nochmals mit G_5 durch eine Curve verbinden, die überdies den Punkt G_6 aufnimmt, und an dem Durchschnitt mit DB die letzte Konstruktion wiederholen. — Der Deutlichkeit wegen ist in der Figur die Konstruktion nicht über den dritten Versuch fortgesetzt, vielmehr angenommen, es läge G_6 der Graden DB nahe genug, um hiernach das gesuchte φ_m zu bestimmen. Es war $\tang \varphi_m = \frac{u}{v'}$, $u = v = MJ_6 = CH_6$. Verbindet man also D mit H_6, so erhält man $\angle \varphi_m$, und zieht man hierzu durch P eine Parallele, so liegt auf dieser die kürzeste Sehne.

44. Beispiel. In einem Kreise mit dem Radius r ist eine Sehne AB gezogen. Es soll in dem kleineren der beiden Kreis-

abschnitte, parallel zu AB, eine zweite Sehne CD gezogen werden, so dass das Trapez $ABDC$ ein *Max* wird.

Bezeichnen wir die Hälften der zu den Sehnen AB und CD gehörigen Centriewinkel mit α bez. x, so ist

$$\text{Trapez} = r^2(\sin x + \sin\alpha)(\cos x - \cos\alpha).$$

Beseitigen wir den Teil dieses Ausdrucks, der auf den Eintritt des *Max* keinen Einfluss hat, so wird

$$f(x) = \frac{\text{Trapez}}{r^2} + \sin\alpha\cos\alpha = \sin x\cos x + \sin\alpha\cos x - \cos\alpha\sin x$$

$$= \tfrac{1}{2}\sin 2x + \sin(\alpha - x).$$

Dem Verfahren gemäss bilden wir

Gl. 1) $f(x) - f(x') = \frac{1}{2}(\sin 2x - \sin 2x') + \sin(\alpha - x) - \sin(\alpha - x') = 0;$

diese Gleichung aber ist behufs Ausscheidens der Wurzel $x = x'$, wie folgt, umzugestalten:

$$\cos(x + x')\sin(x - x') - 2\cos\left(\alpha - \frac{x + x'}{2}\right)\sin\frac{x - x'}{2} = 0,$$

$$2\sin\frac{x - x'}{2}\left\{\cos(x + x')\cos\frac{x - x'}{2} - \cos\left(\alpha - \frac{x + x'}{2}\right)\right\} = 0,$$

wo der zweite Faktor die Eigenschaft hat, für $x = x'$ nicht zu Null zu werden, die Wurzel $x' = x$ also nicht mehr enthält. Dieser zweite Faktor ist hiernach die immer mit $Q(x, x')$ bezeichnete Funktion, und weiter die

Gl. 2) $Q(x, x') = \cos(x + x')\cos\frac{x - x'}{2} - \cos\left(\alpha - \frac{x + x'}{2}\right) = 0$

diejenige, welche man zur Bestimmung der von x verschiedenen Werte des x' aufzulösen haben würde. Endlich ergiebt die

Gl. 3) $Q(x, x' = x) = \cos 2x - \cos(\alpha - x) = 0$

die Werte von x, für welche $f(x)$ und somit auch das Trapez ein *Max* wird.

Schreibt man die Gl. 3) $\sin\frac{\alpha + x}{2}\sin\frac{\alpha - 3x}{2} = 0$, so genügt nach den Voraussetzungen, welche im vorliegenden Falle über die Grösse von α und x zu machen sind, nur die Lösung

$$\alpha - 3x = 0, \quad x = \frac{\alpha}{3}.$$

Bemerkung. Würde die von uns behandelte Aufgabe dahin

abgeändert, dass ein in den Kreisabschnitt gezeichnetes Rechteck (vgl. 15. Beispiel) möglichst gross werden soll, so würde man finden

$$\cos x = \frac{\cos\alpha}{4} + \sqrt{\frac{1}{2} + \frac{\cos^2\alpha}{16}};$$

oder, wenn man den Radius mit r, die Abstände der Sehnen AB und CD vom Kreis-Mittelpunkte mit a bez. v bezeichnet,

$$v = \frac{a}{4} + \sqrt{\frac{r^2}{2} + \frac{a^2}{16}}.$$

(Tafel C, Fig. 4, vgl. Nr. 13.)

29. In den bisherigen Beispielen ist es mehrfach vorgekommen, dass die Grösse y zunächst als eine Funktion zweier Veränderlichen x und z erschien, von denen aber nur eine unabhängig veränderlich war. Die Abhängigkeit der andern wurde, den besonderen Bestimmungen der Aufgabe gemäss, durch eine Gleichung zwischen den beiden Veränderlichen (x, z) algebraisch festgelegt. Berechnete man dann, wie in den bisherigen Aufgaben geschehen ist, aus dieser Gleichung die eine Veränderliche, etwa z, und setzte den Wert für sie in den Ausdruck für y ein, so erhielt man eine Funktion von nur einer Veränderlichen (x), wie unsere Regel voraussetzt.

Dieses Verfahren hat unter Umständen den Uebelstand, dass durch die Substitution $f(x)$ eine Gestalt annimmt, die der Anwendung unserer Regel Schwierigkeiten bereitet. Es liegt auch kein Grund für irgend ein Unbehagen vor, wenn man sich vornimmt, die Substitution zu unterlassen und die Rechnung an der Funktion $f(x, z)$ durchzuführen. Man wird sich nur zu vergegenwärtigen haben, dass die Bedingungsgleichung zwischen den beiden Veränderlichen sowohl für die Werte x und z, als für x' und z' giltig und heranzuziehen ist; dass andererseits bei der Absonderung des Faktors in der Differenz $f(x, z) - f(x', z')$, eine von den beiden: $x - x'$ und $z - z'$ durch die andere ausgedrückt werden muss, um durch diesen Faktor dividieren, die mit Q bezeichnete Funktion bilden zu können.

Behandeln wir zunächst irgend eins der voraufgehenden Beispiele nach diesem Verfahren, etwa die Aufgabe Nr. 40.

45. Beispiel. Aus einem graden Kegel ein Parabelsegment von grösstem Inhalt zu schneiden.

Es ist $f(x, z) = xz$, und ausserdem besteht die Bedingungsgleichung

$$z^2 = \lambda^2 x(s - x), \quad \text{wo} \quad \frac{d}{s} = \lambda$$

gesetzt ist.

$$f(x, z) - f(x', z') = xz - x'z'.$$

Um die Differenz der Produkte durch die einfachen Differenzen der Veränderlichen auszudrücken, addieren wir $\pm x'z$, so wird

Gl. 1) $f(x, z) - f(x', z') = z(x - x') + x'(z - z') = 0.$

Aus den Bedingungen

$$\begin{aligned} z^2 &= \lambda^2 (xs - x^2) \\ z'^2 &= \lambda^2 (x's - x'^2) \end{aligned}$$

folgt

$$(z + z')(z - z') = \lambda^2 [s(x - x') - (x - x')(x + x')]$$

$$z - z' = (x - x') \frac{\lambda^2 [s - (x + x')]}{z + z'};$$

und wenn man dies in Gl. 1) einsetzt, ergiebt sich

$$(x - x') \left\{ z + \frac{x' \lambda^2 [s - (x + x')]}{z + z'} \right\} = 0,$$

als diejenige Beziehung, in welcher die Wurzel $x' = x$, $z' = z$ von den andern getrennt ist, wenn man für die letztere die Gleichung aufstellt

Gl. 2) $Q(x, z, x', z') = z + \dfrac{x' \lambda^2 [s - (x + x')]}{z + z'} = 0.$

Hieraus leitet man endlich die Gleichung zur Bestimmung der Werte von x und z ab, für welche $f(x)$ ein *Max* wird, wenn man gleichzeitig $x' = x$, $z' = z$ setzt.

Gl. 3) $Q(x, z, x' = x, z' = z) = z + \dfrac{x\lambda^2}{2z}(s - 2x) = 0,$

oder

$$2z^2 + \lambda^2 x(s - 2x) = 0.$$

Nimmt man hierzu die Beziehung zwischen x und z:

$$\begin{aligned} -2z^2 + \lambda^2 x(2s - 2x) &= 0, \quad \text{so ergiebt sich} \\ \hline x(3s - 4x) &= 0, \quad x = \tfrac{3}{4}s, \end{aligned}$$

als Scheitelabscisse für das grösste Parabelsegment — wie bei Lösung des 40. Beispiels.

Ein weiteres Beispiel würde die Umkehrung des 40. Beispiel bieten. Der Gang der Entwicklung wird sich dem des nächsten

Beispiels anschliessen können, das eine unwesentliche Abänderung in der Bestimmung der *Min*-Ellipse enthält.

46. **Beispiel. Um ein gleichschenkliges Dreieck $UV'V''$ die an Inhalt kleinste Ellipse zu zeichnen.**

Der Mittelpunkt O der Ellipse wird auf der Höhe des gleichschenkligen Dreiecks liegen, diese selbst eine ihrer Achsenrichtungen sein. Nehmen wir den Mittelpunkt in der Entfernung u von U und bezeichnen die andere Halbachse mit v, so ist die letztere und somit die Ellipse bestimmt durch die gegebenen Punkte V. Wir nennen die Höhe des gleichschenkligen Dreiecks h, die Grundlinie $2n$; alsdann ist einerseits der Inhalt der Ellipse

$$J = \pi uv, \quad f(u, v) = \frac{J}{\pi} = uv,$$

andererseits besteht die Beziehung zwischen u und v:

$$\frac{n^2}{v^2} + \frac{(h-u)^2}{u^2} = 1$$

oder

$$2) \quad \frac{n^2}{v^2} + \frac{h^2}{u^2} - \frac{2h}{u} = 0.$$

Nach unserer Regel bilden wir

$$\text{Gl. } 2) \quad \frac{f(u)-f(u')}{u-u'} \quad \text{d. i.} \quad \frac{uv-u'v'}{u-u'} = \frac{uv-u'v+u'v-u'v'}{u-u'}$$

$$= v + u'\frac{v-v'}{u-u'} = Q(u, u').$$

Das Verhältnis aus den Differenzen der v und der u muss aus der voraufgehenden Ellipsengleichung berechnet werden. Gleichwie zur Aufstellung von $f(u')$, müssen wir uns hierzu eine zweite Ellipse vorstellen, die durch die Punkte U, V', V'' geht, indem wir den Punkt O nach O' verschieben. Sind deren Halbachsen u' und v', so wird sich zwischen diesen eine ähnliche Bedingungsgleichung, wie vorhin zwischen u und v, aufstellen lassen, und wenn wir diese von der vorigen subtrahieren, so werden ganz von selbst die Differenzen der Halbachsen sich einstellen. Man erhält zunächst

$$n^2\left(\frac{1}{v^2} - \frac{1}{v'^2}\right) + h^2\left(\frac{1}{u^2} - \frac{1}{u'^2}\right) - 2h\left(\frac{1}{u} - \frac{1}{u'}\right) = 0;$$

$$\frac{n^2}{v^2v'^2}(v'^2 - v^2) + \frac{h^2}{u^2u'^2}(u'^2 - u^2) - \frac{2h}{uu'}(u' - u) = 0,$$

$$\frac{v'-v}{u'-u}=\frac{v^2v'^2}{u^2u'^2}\cdot\frac{-h^2(u+u')+2huu'}{n^2(v+v')}.$$

Setzt man dieses Verhältniss in die Gleichung $Q(u, u')=0$ ein, und bildet danach, indem man $u'=u$ setzt, wobei dann natürlich gleichzeitig auch $v'=v$ wird, die Gleichung $Q(u, u'=u)=0$, so erhält man in unserm Falle zur Bestimmung des u, welches $f(u)$ zu einem *Max* oder *Min* macht, die Beziehung

$$\text{Gl. 3)}\quad v-\frac{hv^3(h-u)}{n^2u^2}=0;\quad \frac{n^2}{v^2}-\frac{h(h-u)}{u^2}=0.$$

Da ausserdem

$$\frac{n^2}{v^2}+\frac{h^2}{u^2}-\frac{2hu}{u^2}=0$$

ist, so ergiebt sich durch Wegschaffen von $\frac{n^2}{v^2}$ endlich

$$h-2u+h-u=0;\quad 2h=3u;\quad u=\tfrac{2}{3}h.$$

Dass aber eine Ellipse mit der Achse $2u=h$ ein *Min*, nicht ein *Max*, ist, folgt daraus, dass die Ellipse jede obere Gränze übersteigen, durch unsere drei Punkte U, V sogar eine Ellipse mit unendlich grosser Achse, eine Parabel, gelegt werden könnte. Der Mittelpunkt der *Min*-Ellipse ist also der Schwerpunkt des Dreiecks. —

Wir werden hier noch eine naheliegende Aufgabe behandeln, die wir aber auf bekannte Eigenschaften der Ellipse, nicht grade auf ihre Gleichung, zurückführen wollen.

47. Beispiel. In ein gleichschenkliges Dreieck $UV'V''$ (Fig. 18) die an Inhalt grösste Ellipse zu zeichnen.

In der Figur ist nur die Hälfte der Konstruktion, die auf einer Seite der Symmetrale des Dreiecks liegende, ausgeführt. Wir nehmen, wie im vorigen Beispiel, den Mittelpunkt O der Ellipse auf der Symmetrale beliebig an, so dass jetzt $OM=u$, der einen Halbachse gleich wird, und konstruieren die Ellipse, welche UV' berührt. Dazu zeichnen wir über der Ellipsenachse $M'M$ einen Halbkreis, ziehen von U die Tangente UK an ihn, lassen von dem

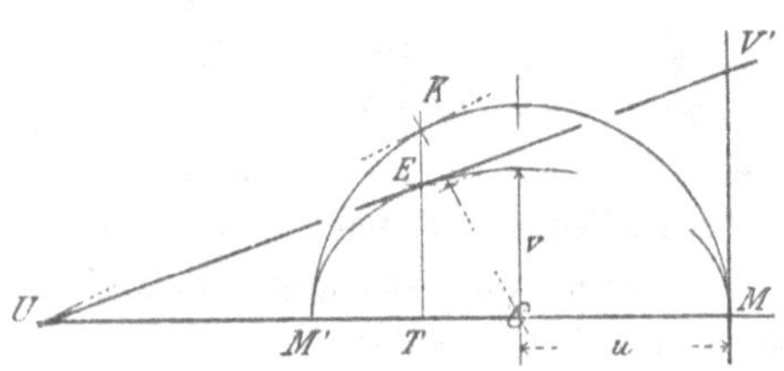

Berührungspunkte K ein Lot KT auf die Achse herab, so bestimmt dessen Durchschnitt mit UV' den Berührungspunkt E auf der Ellipsentangente UV'. Die andere Halbachse sei wieder v.

Die Lösung der Aufgabe beginnt, wie die vorige. Wir entnehmen ihr unmittelbar den Wert

$$Q(u, u') = \frac{f(u) - f(u')}{u - u'} = v + u' \frac{v - v'}{u - u'}.$$

Was aber die Beziehung zwischen u und v betrifft, so verhalten sich zunächst die beiden Ordinaten zum Punkte T, wie die ihr parallelen Achsen:

$$TE : TK = v : u,$$

sowie ferner aus der Konstruktion der Kreistangente

$$TK : TU = u : UK,$$

$$TU : TE = h : n,$$

und wenn man diese drei Proportionen multipliziert, ergiebt sich

$$v . h = UK . n.$$

Nun ist

$$UK^2 = UM . UM' = h(h - 2u).$$

Sonach findet man

$$v^2 . h^2 = h(h - 2u) n^2,$$

und es wird

$$v^2 + \frac{2n^2}{h} u - n^2 = 0.$$

Für eine zweite Berührungs-Ellipse (u', v') würde ebenso

$$v'^2 + \frac{2n^2}{h} u' - n^2 = 0$$

sein; und wenn wir zur Bestimmung des Verhältnisses $\frac{v - v'}{u - u'}$ beide Gleichungen subtrahieren:

$$v^2 - v'^2 + \frac{2n^2}{h}(u - u') = 0,$$

$$\frac{v - v'}{u - u'} = - \frac{2n^2}{h(v + v')}.$$

Sonach wird die Gleichung $Q(u, u') = 0$

Gl. 2) $\quad v - \frac{2n^2 u'}{h(v + v')} = 0,\quad$ und für $u' = u,\quad v' = v,$

Gl. 3) $\quad v^2 = \frac{n^2 u}{h}.$

Setzt man dies, um v wegzuschaffen in die vorhin für v^2 abgeleitete Gleichung, so wird u bestimmt durch die Gleichung:

$$\frac{3n^2}{h}u - n^2 = 0, \quad 3u = h.$$

Hieraus ergiebt sich für die Ellipse, deren Inhalt ein *Max* wird,

$$u = \frac{h}{3}, \quad v = n\sqrt{\frac{1}{3}}, \quad J = \frac{\pi h n\sqrt{3}}{9}.$$

48. Beispiel. Zwei Kugeln liegen ganz ausserhalb einander. Von welchem Punkte der Centrale kann man das *Max* der Kugelhauben übersehen?

Sind (Fig. 19) die Kugelradien a und b, die Entfernung der Kugelmittelpunkte c, die Entfernungen des Punktes P von den beiden Kugelmittelpunkten bez. x (von A) und z (von B), die Höhen der beiden Kugelhauben endlich h' und h'': so ist

$$h' = a - \frac{a^2}{x}; \quad h'' = b - \frac{b^2}{z},$$

und die Summe der Kugelhauben

$$= 2\pi a\left(a - \frac{a^2}{x}\right) + 2\pi b\left(b - \frac{b^2}{z}\right),$$

sonach endlich, wenn man die beiden konstanten Glieder und bei den beiden übrigbleibenden den Faktor (-2π) weglässt:

$$f(x, z) = \frac{a^3}{x} + \frac{b^3}{z},$$

wobei x und z durch die Beziehung verbunden sind

$$x + z = c.$$

Danach erhält man, wenn man sich den Punkt P auf der Centrale verschoben denkt, wobei x und z bez. in x' und z' übergehen:

$$\text{Gl. 1)} \quad f(x) - f(x') = \frac{a^3}{x} - \frac{a^3}{x'} + \frac{b^3}{z} - \frac{b^3}{z'} = 0,$$

$$-\frac{a^3(x-x')}{xx'} - \frac{b^3(z-z')}{zz'} = 0,$$

oder da

$$\begin{aligned} \text{sowohl} \quad & x + z = c, \\ \text{als auch} \quad & x' + z' = c \\ \hline \text{mithin} \quad & z - z' = -(x - x') \quad \text{ist:} \end{aligned}$$

$$(x - x')\left[-\frac{a^3}{xx'} + \frac{b^3}{zz'}\right] = 0.$$

Danach bildet man in herkömmlicher Weise die

$$\text{Gl. 2)} \quad Q = -\frac{a^3}{xx'} + \frac{b^3}{zz'} = 0,$$

und hieraus endlich

$$\text{Gl. 3)} \quad \frac{a^3}{x^2} = \frac{b^3}{z^2}; \quad \frac{x}{z} = \frac{a\sqrt{a}}{b\sqrt{b}},$$

oder da $x + z = c$ ist,

$$x = c\frac{a\sqrt{a}}{a\sqrt{a}+b\sqrt{b}}; \quad z = c\frac{b\sqrt{b}}{a\sqrt{a}+b\sqrt{b}},$$

die Entfernungen desjenigen Punktes P, von dem aus das *Max* der Kugelhauben zu übersehen ist.

Die in der Figur ausgeführte Konstruktion beruht darauf, dass wenn

$$x^2 : z^2 = a^3 : b^3$$

Fig. 19.

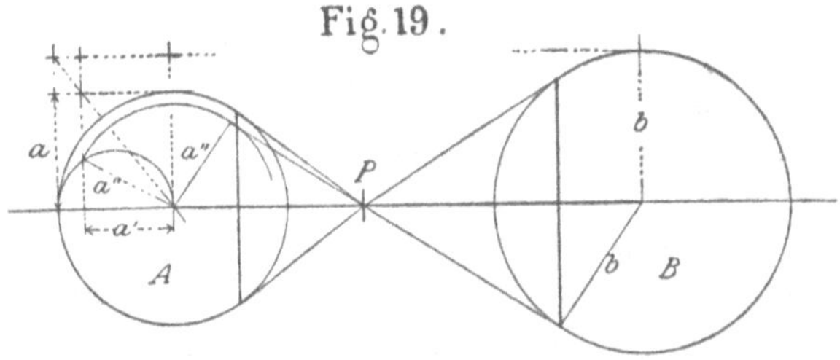

sein soll, und man a'' so bestimmt, dass $a''^2 b = a^3$ wird, die Proportion

$$x : z = a'' : b$$

zu erfüllen ist.

Zur Verwandlung von a^3 in $a''^2 b$ ist zunächst a' so konstruiert, dass

$$a^2 = a'.b,$$

dann aber a'' so, dass

$$\underline{aa' = a''^2}$$

wird. Aus Beidem folgt dann, indem a' herausfällt,

$$a^3 = a''^2 b.$$

Um endlich den Punkt P zu bestimmen, sind in dem um den Mittelpunkt von A mit dem Radius a'' beschriebenen Kreise und in dem Kreise B ein Paar paralleler Radien gezogen und deren Endpunkte verbunden.

Die drei Grundgesetzte über die Fortpflanzung des Lichts in isotropen Mitteln stimmen, wie u. A. Professor Dove in seinen „Optischen Studien" erinnert, darin überein, dass ein Lichtstrahl, auf den jene Gesetze Anwendung finden, den Weg von einem Punkte seiner Bahn zu irgend einem andern in kürzester Zeit zurücklegt. Dies gilt nämlich zunächst von dem Licht, solange es sich in demselben Mittel, also gradlinig, fortpflanzt, auch von demjenigen, welches an der Gränze zweier Mittel regelmässig zurückgeworfen wird. In beiden Fällen ist der Weg des Lichtes der kürzeste. Da übrigens hierbei nur ein Wert für die Geschwindigkeit in Betracht kommt, so muss auch die Zeit, in welcher das Licht von einem Punkte seiner Bahn zu einem andern gelangt, ein *Min* sein. Anders als bei der Spiegelung, ist die Sachlage, wenn ein Lichtstrahl in schiefer Richtung die ebene Gränze zweier durchsichtigen Mittel trifft und in das neue Mittel — nehmen wir an: in ein optisch dichteres eintritt.

Wenn ein Landwirt von einem Punkte A einer breiten Trift zu einem Punkte B auf einem frisch gepflügten Acker möglichst schnell kommen will, während die Grade AB schief zu dem Rande der Trift gerichtet ist, so geht er nicht nach der graden Linie AB, obwohl es die kürzeste Linie ist. Je nach dem Masse des Hindernisses, welches seine Schritte auf dem Acker verlangsamt, sucht er am Rande der Trift einen Punkt zu gewinnen, der den Weg über den Acker verkürzt, wenn auch dadurch der über die Trift ungleich länger wird. Es ist das Gesetz des Snellius über die Brechung des Lichtes, nach welchem er seinen Weg wählen müsste, wenn er möglichst schnell von A nach B kommen wollte. Dies soll im folgenden Beispiel erörtert werden.

49. Beispiel. Eine Horizontalebene H (Fig. 20) sei die Gränze zweier Mittel, etwa Luft und Wasser; im ersten liege ein Punkt A, im andern ein Punkt B, und es seien A' bez. B' die Projektionen von A und B auf die Horizontalebene H. Ein Punkt bewege sich von A nach B in der Vertikalebene $AA'B'B$, und zwar in der Luft mit der Geschwindigkeit c', im Wasser mit der Geschwindigkeit c'': in welchem Punkte P muss er die Grade $A'B'$ und somit die

Ebene H durchsetzen, damit die Zeit, in der er von A nach B gelangt, möglichst klein werde?

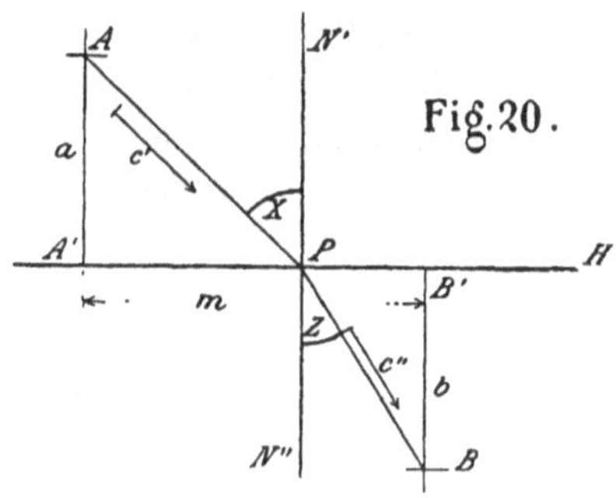

Fig. 20.

Wir bezeichnen die Entfernungen der Punkte A und B von der Horizontalebne, also die Strecken AA' und BB' bez. mit a und b, ihren Horizontalabstand $A'B'$ mit m, nehmen auf $A'B'$ irgendwo den Punkt P an, errichten das Lot $N'PN''$ auf der Ebene H, verbinden P mit A und B und nehmen endlich die spitzen $\angle APN'$ und BPN'', bez. $= x$ und z, als Veränderliche. Alsdann ist die Zeit, um den Weg APB zurückzulegen,

$$f(x) = T = \frac{AP}{c'} + \frac{BP}{c''} = \frac{a}{c'.\cos x} + \frac{b}{c''.\cos z},$$

während für einen anderen Punkt P', wenn die Winkel von AP' und BP' mit den Einfallsloten jetzt mit x' und z' bezeichnet werden,

$$f(x') = T' = \frac{a}{c'.\cos x'} + \frac{b}{c''.\cos z'}$$

ist. Daraus folgt,

Gl. 1) $$f(x) - f(x') = \frac{a}{c'}\,\frac{\cos x' - \cos x}{\cos x'.\cos x} + \frac{b}{c''}\,\frac{\cos z' - \cos z}{\cos z'.\cos z} = 0,$$

und hieraus ergiebt sich unmittelbar eine Formel für die Differenz der Winkel:

$$\frac{a}{c'}\,\frac{\sin\frac{x-x'}{2}\cdot\sin\frac{x+x'}{2}}{\cos x'.\cos x} + \frac{b}{c''}\,\frac{\sin\frac{z-z'}{2}\cdot\sin\frac{z+z'}{2}}{\cos z'.\cos z} = 0,$$

Gl. 2) $$Q = \frac{f(x)-f(x')}{\sin\frac{x-x'}{2}}$$

$$= \frac{a}{c'}\,\frac{\sin\frac{x+x'}{2}}{\cos x'.\cos x} + \frac{b}{c''}\,\frac{\sin\frac{z+z'}{2}}{\cos z'.\cos z}\cdot\frac{\sin\frac{z-z'}{2}}{\sin\frac{x-x'}{2}} = 0.$$

Von den beiden Winkel x und z ist thatsächlich nur einer unabhängig veränderlich, da wenn der Punkt P beliebig gewählt, resp. durch den Winkel x bestimmt ist, sich hieraus der Winkel z ergiebt. Die Beziehung zwischen x und z ist, wie folgt, auszusprechen:

$$a \operatorname{tang} x + b \operatorname{tang} z = m$$

für den Punkt P, und ebenso

$$a \operatorname{tang} x' + b \operatorname{tang} z' = m$$

für den Punkt P'. Daraus leiten wir, um, wie in Gl. 1) die Winkel-Differenzen zu erhalten, die Beziehung ab:

$$a(\operatorname{tang} x - \operatorname{tang} x') + b(\operatorname{tang} z - \operatorname{tang} z') = 0,$$

oder

$$\frac{a \sin(x - x')}{\cos x . \cos x'} + \frac{b \sin(z - z')}{\cos z . \cos z'} = 0,$$

und wenn man, immer nach dem Vorbilde von Gl. 2), die halben Differenzen einführt, $\sin(x - x') = 2 \sin \frac{x - x'}{2} \cdot \cos \frac{x - x'}{2}$ u. s. w. setzt, so ergiebt sich aus dieser Gleichung endlich

$$\frac{\sin \frac{z - z'}{2}}{\sin \frac{x - x'}{2}} = -\frac{a}{b} \cdot \frac{\cos z . \cos z'}{\cos x . \cos x'} \cdot \frac{\cos \frac{x - x'}{2}}{\cos \frac{z - z'}{2}}.$$

Führt man jetzt dies Verhältnis aus den sin der halben Winkel-Differenzen in die Gleichung 2), so geht diese über in

$$\frac{a}{c'} \frac{\sin \frac{x + x'}{2}}{\cos x' . \cos x} - \frac{a}{c''} \frac{\sin \frac{z + z'}{2}}{\cos x . \cos x'} \cdot \frac{\cos \frac{x - x'}{2}}{\cos \frac{z - z'}{2}} = 0,$$

oder in

$$\frac{1}{c'} \sin \frac{x + x'}{2} - \frac{1}{c''} \sin \frac{z + z'}{2} \cdot \frac{\cos \frac{x - x'}{2}}{\cos \frac{z - z'}{2}} = 0.$$

Diese Gleichung bestimmt — wie immer, so auch hier — zu einem Punkte P d. i. (x, z) einen andern Punkt P' d. i. (x', z') von solcher Beschaffenheit, dass die beiden Wege APB und $AP'B$ in derselben Zeit zurückgelegt werden. Diese beiden Punkte P und P' müssen wir uns, den einen links, den anderen rechts von demjenigen Punkt

P_m vorstellen, für welchen jene Zeit ein *Min* ist; und diesem um so näher liegend, je kürzer die für den Weg APB bez. $AP'B$ erforderliche Zeit ist. Den Punkt P_m aber zu bestimmen setzen wir $x' = x$, $z' = z$, so dass aus der vorigen Gleichung wird:

$$\text{Gl. 3)} \quad \frac{\sin x}{c'} = \frac{\sin z}{c''}$$

oder

$$\frac{\sin x}{\sin z} = \frac{c'}{c''}.$$

So lautet aber das Gesetz des Snellius über die Brechung des Lichtes. Hiermit ist also jenes für die Fortpflanzung des Lichtes in isotropen Mitteln von Dove ausgesprochne allgemeine Gesetz, wonach das Licht seinen Weg in kürzester Zeit zurücklegt, auch für Brechung des Lichtes nachgewiesen.

Endlich sei ein Beispiel ausgeführt, dessen wir uns nachher zur Begründung eines wissenschaftlich und praktisch gleich wichtigen Lehrsatzes bedienen werden.

50. Beispiel. Unter allen Vierecken mit den Seiten a, b, c, d dasjenige zu finden, welches den grössten Inhalt hat.

Nennen wir den Viereckswinkel $(a, b) = x$, den gegenüberstehenden $(c, d) = z$ und verbinden die beiden andern gegenüberstehenden Ecken (a, d) und (b, c) mit einander, so ist

$$f(x, z) = 2J = ab \sin x + cd \sin z,$$

während x und z an die Bedingungsgleichung gebunden sind

$$a^2 + b^2 - 2ab \cos x = c^2 + d^2 - 2cd \cos z.$$

$$\text{Gl. 1)} \quad f(x, z) - f(x', z') = ab(\sin x - \sin x') + cd(\sin z - \sin z') = 0$$

$$2ab \cos \frac{x+x'}{2} \sin \frac{x-x'}{2} + 2cd \cos \frac{z+z'}{2} \cdot \sin \frac{z-z'}{2} = 0;$$

während gleichzeitig, wenn man eine zweite Bedingungsgleichung für x', z' aufstellt und diese von der obigen subtrahiert, die Gleichung entsteht

$$ab(\cos x' - \cos x) = cd(\cos z' - \cos z)$$

oder

$$2ab \sin \frac{x+x'}{2} \sin \frac{x-x'}{2} = 2cd \sin \frac{z+z'}{2} \cdot \sin \frac{z-z'}{2},$$

und wenn man hieraus den Wert von $2cd \sin \frac{z-z}{2}$ in die Gl. 1) einführt,

$$2ab\sin\frac{x-x'}{2}\left\{\cos\frac{x+x'}{2}+\sin\frac{x+x'}{2}\cdot\frac{\cos\frac{1}{2}(z+z')}{\sin\frac{1}{2}(z+z')}\right\}=0$$

sich ergiebt.

Lässt man, ganz wie in den voraufgehenden Beispielen, den Faktor vor der Klammer fort, setzt in dem Ausdrucke $\{\ \}=Q$ gleichzeitig $x'=x$, $z'=z$, und danach $Q=0$, so erhält man die Werte von x und z, für welche J ein *Max* wird, aus der Gleichung

$$\cos x+\sin x\cdot\frac{\cos z}{\sin z}=0,\quad \frac{\sin(x+z)}{\sin z}=0,\quad x+z=180^{\circ}.$$

Unter allen Vierecken mit den Seiten a, b, c, d hat das in einem Kreise liegende den grössten Inhalt.

Aus diesem und einem schon früher entwickelten Resultate lässt sich dann ableiten der vielberufene

Lehrsatz: Unter allen geschlossnen Figuren von gleichem Umfange hat die Kreislinie den grössten Inhalt.

Gehen wir von irgend einem Vieleck aus, dessen Umfang wir als gegeben ansehen, so sei

1. daran erinnert, dass nach dem Resultat des 28. Beispiels unter allen Dreiecken ($b+c=s$, a) das gleichschenklige den grössten Inhalt hat. Hieraus folgt unmittelbar, dass der Inhalt unseres n-Ecks, soweit es sich lediglich um die Verteilung des Umfangs auf die n Seiten handelt, nur dann sich nicht mehr vergrössern lässt, wenn alle Seiten gleich gross sind. Denn so lange es (Fig. 21) zwei anstossende Seiten giebt x und z, welche nicht gleich lang sind, kann man, indem man die sie abschneidende Diagonale a zieht, statt des Dreiecks axz ein gleichschenkliges über a von gleichem Umfange konstruieren, das einen grösseren Inhalt, als jenes, hat. Daraus folgt, dass das grösste unter allen n-Ecken von bestimmtem Umfange jedenfalls ein gleichseitiges sein muss.

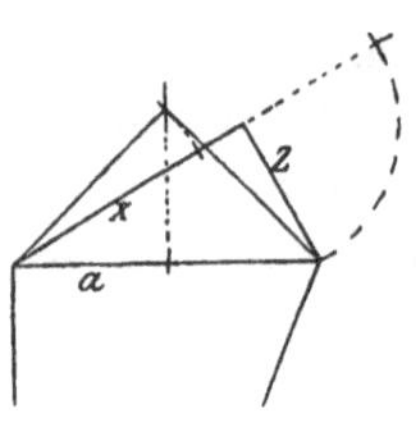

Fig. 21.

2. Sehen wir jetzt zu, wie die Seiten eines gleichseitigen n-Ecks an einander gesetzt werden müssen, um ein n-Eck von möglichst grossem Inhalte zu erhalten, so werden wir dem Resultate des 50. Beispiels entnehmen, dass je vier aufeinander folgende Ecken

in einem Kreise liegen müssen. Denn liegen in einem gleichseitigen n-Eck (Fig. 22) vier Ecken A, B, C, D so, dass ein Kreis, der durch drei Ecken A, D, C geht, die vierte Ecke B nicht enthält, so lässt sich über der Diagonale AD leicht ein anderes Viereck $AB'C'D$ aus den gegebenen Seiten konstruieren, das in einem Kreise liegt und darum grösser, als $ABCD$, ist. Das Viereck $AB'C'D$ braucht dazu nur in die Gestalt eines gleichschenkligen Trapezes gebracht zu werden, in welchem die Diagonale AD eine der parallelen Seiten wird. Ein gleichseitiges n-Eck lässt sich hiernach erst dann nicht mehr in der angezeigten Weise vergrössern, wenn ein durch irgend drei auf einander folgende Ecken gezeichneter Kreis auch die nächstfolgende Ecke noch aufnimmt. Dies setzt aber voraus, dass alle Ecken in demselben Kreise liegen, wenn der Inhalt des gleichseitigen n-Ecks möglichst gross werden soll. Es ist also bewiesen, dass unter allen n-Ecken von demselben Umfange das regelmässige den grössten Inhalt hat.

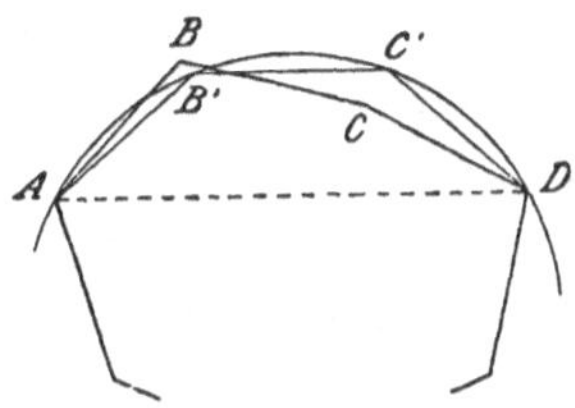

Fig. 22.

3. Sollen jetzt Vielecke von demselben Umfange und verschiedener Seitenzahl mit einander verglichen werden, so dürfen wir uns nach dem Voraufgehenden auf die regelmässigen beschränken. Es wird genügen, wenn wir dem Inhalt eines n-Ecks denjenigen eines $(2n)$-Ecks von gleichem Umfange gegenüberstellen.

Ist s die Seite eines regelmässigen n-Ecks vom Umfange u, s also $= \frac{u}{n}$, so ist der Inhalt eines

$$\text{Centridreiecks des } n\text{-Ecks} = \frac{s^2}{4} \operatorname{ctg} \frac{2}{n} R,$$

$$\text{Inhalt des } n\text{-Ecks} = \frac{n \cdot s^2}{4} \operatorname{cotg} \frac{2}{n} R = \frac{u^2}{4n} \operatorname{ctg} \frac{2}{n} R,$$

$$\text{Inhalt des } (2n)\text{-Ecks} = \frac{u^2}{8n} \operatorname{ctg} \frac{1}{n} R.$$

Es ist also zu vergleichen $\operatorname{ctg} 2\alpha$ mit $\frac{1}{2} \operatorname{ctg} \alpha$. Dazu bilden wir

$$\operatorname{ctg} 2\alpha = \frac{\cos^2\alpha - \sin^2\alpha}{2 \cos\alpha . \sin\alpha} = \tfrac{1}{2} \operatorname{ctg}\alpha - \tfrac{1}{2} \operatorname{tang}\alpha.$$

$\frac{1}{2}\text{tang}\,\alpha = \frac{1}{2}\text{tang}\,\frac{R}{n}$ ist aber immer positiv. Daraus folgt, dass der Inhalt des $(2n)$-Ecks grösser, als der des n-Ecks von gleichem Umfange, ist.

Da nun jedes regelmässige Vieleck in einem Kreise liegt, und sich der Kreisfigur um so mehr nähert, je grösser die Seitenzahl ist; da andererseits durch Verdoppelung der Seitenzahl — immer denselben Umfang vorausgesetzt! — der Inhalt sich stets vergrössert: so muss, gleichviel von welchem Vieleck man ausgeht, dasjenige der umfangsgleichen Vielecke das grösste sein, welches dem Kreis am nächsten kommt — muss der Kreis selbst unter diesen Vielecken von gleichem Umfange den grössten Inhalt haben.

30. Schlussbetrachtungen.

1. Schon die dritte Untersuchung hatte zu dem Ergebnis geführt, dass das charakteristische Kennzeichen der Werte der Unabhängig-Veränderlichen, für welche eine Function

$$y = f(x)$$

ein *Max* oder *Min* wird, darin zu suchen ist, dass diese Werte x doppelte Wurzeln der vorstehenden Gleichung sind. Hierin, kaum aber in etwas Anderem, stimmte die Behandlung der Function dritten Grades im 33. Beispiel mit der Art und Weise, wie wir in allen übrigen Beispielen die *Max* oder *Min* von Funktionen des zweiten Grades bestimmt haben, überein.

Der Fortschritt bei dem Uebergange zu dem in der vierten Untersuchung befolgten Verfahren besteht lediglich darin, dass

> die doppelten Wurzeln x angegeben worden sind, ohne die gegebene Gleichung nach x auflösen, ohne die Wurzeln x der gegebenen Gleichung sich überhaupt erst darzustellen,

wie es in der voraufgehenden Untersuchung geschehen war.

„Lediglich"! — man könnte sagen; der Gesichtspunkt, dass es die doppelten Wurzeln der Gleichung sind, für welche y *Max* oder *Min* wird, erhält erst von dem Augenblicke an seinen Wert, wo man die Möglichkeit erkennt, sie anzugeben, auch ohne zuvor die Gleichung $y = f(x)$ aufzulösen. Vergegenwärtigen wir uns die Verschiedenheit der Betrachtungen und Schlussweisen, die bei der Lösung der 33. Aufgabe heranzuziehen waren, denjenigen gegenüber, mit denen wir bei den Funktionen zweiten Grades ausgereicht hatten; nehmen wir an, wir hätten bei der dritten Untersuchung Beispiele von der Mannigfaltigkeit in Hinsicht der Art der Funktionen zu behandeln versucht, wie es jetzt in der letzten Untersuchung geschehen ist: kann man anders, als vermuten, dass es ebenso vieler Regeln für die Behandlung der Funktionen bedurft hätte, als es Functionen verschiedenen Charakters giebt, und wäre die Verschiedenheit auch nicht grösser, als die der Funktionen zweiten und dritten Grades? Sehr vorteilhaft stellt sich diesem unabsehbaren Wechseln gegenüber die Gleichartigkeit des Verfahrens in unserer letzten Untersuchung, namentlich die Regelmässigkeit dar, mit welcher immer dieselben drei Gleichungen wiederkehrten, wie mannigfaltig auch die Erscheinungen sein mochten, welche wir in eine algebraische Form zu bringen hatten.

Soll aber bei der Vergleichung der Ergebnisse beider Untersuchungen auch noch die Frage ihrer Anwendbarkeit berücksichtigt werden, so würde, wenn wir diese auf die Fälle ganzer algebraischer Funktionen beschränken, wie bereits in der Schlussbetrachtung (No. 23) angeführt ist, für Functionen von höherem, als dem vierten Grade das frühere Verfahren von vornherein den Dienst versagen, da die allgemeine Gleichung dieser höheren Grade überhaupt nicht aufgelöst werden kann. Aber vielleicht macht dieser Umstand die Bestimmung des *Max* oder *Min* solcher Funktionen überhaupt unmöglich, da doch schliesslich immer noch die Auflösung der Gleichung $f'(x) = 0$ erfordert wird, und diese nur von einem um Eins niedrigeren Grade, als die andere: $y = f(x)$ ist?

Dabei ist zu beachten, dass es nur die allgemeinen Gleichungen von höherem, als dem vierten Grade sind, deren Auflösung nicht gelingt; dass aber, wenn an Stelle der allgemeinen Zahlzeichen bestimmte Zahlen treten, wenn die Coefficienten der einzelnen Glieder nicht Buchstaben $a_0, a_1, \ldots, a_n$, sondern bestimmte Zahlen $+4$, -5, $-\frac{1}{3}$, $0, \ldots$ sind, die reellen Wurzeln sich sehr wohl näherungsweise berechnen lassen. Betrachten wir aber eine solche Funktion, etwa die Function

$$y = x^6 - 2x^4 + 5x + 8,$$

so bedurfte es, wenn das frühere Verfahren zur Anwendung kommen sollte, doch immer einer eigentlichen „Auflösung“ dieser Gleichung, einer Darstellung der Wurzeln x aus den Zahlen $+1$, -2, $+5$, $+8$, namentlich aber aus y, um aus diesen dann die Werte von y herzuleiten, für welche *zwei* Wurzeln x in *eine* zusammenfallen. Es wäre sonach durch die Einführung *bestimmter* Zahlen für das Verfahren der 3. Untersuchung gar nichts gewonnen.

Ist dagegen eine solche Darstellung nicht erforderlich; bestimmt vielmehr, wie die letzte Untersuchung (No. 26) gelehrt hat, unmittelbar die Ableitung $f'(x)$ der gegebenen Funktion, indem man diese gleich Null setzt, also hier die Gleichung

$$6x^5 - 8x^3 + 5 = 0$$

die doppelten Wurzeln der gegebenen Gleichung; so sind diese durch die oben erwähnten Näherungsverfahren recht wohl zu gewinnen, wenn man auch die Wurzeln der Gleichung

$$ax^5 - bx^3 + c = 0$$

nicht anzugeben vermag.

2. Wenden wir uns jetzt zur *Kritik* der in unserer letzten Untersuchung gezogenen Schlüsse, so ist es *ein* Punkt, der noch einer Erörterung bedarf.

Wir können uns das *Max* oder *Min* der Ordinaten einer Curve, einen Wechsel zwischen Steigen und Fallen, nicht anders als an solchen Curvenpunkten denken, deren Tangenten der Abscissenachse parallel sind — in der Sprache der Algebra: der Wert von x, für welchen eine Function $f(x)$ desselben ein *Max* oder *Min* ist, muss immer eine doppelte Wurzel der Gleichung

$$y = f(x)$$

sein. Aber ist diese Bedingung auch *ausreichend*, um die Ordinate des betreffenden Punktes, bezw. den der doppelten Wurzel x entsprechenden Wert der Funktion in *allen* Fällen als *Max* oder *Min* anzusprechen? Kann eine Curve, die im Punkte P eine horizontale Tangente hat, wenn sie vorher stieg, dies Steigen hinter P weiter fortsetzen; wenn sie vorher fiel, auch gleich hinter P noch weiter fallen? Die Figuren (Fig. 23) belehren uns, dass dies keineswegs ausgeschlossen ist. Sie weisen uns aber auch gleichzeitig darauf hin, wie wir

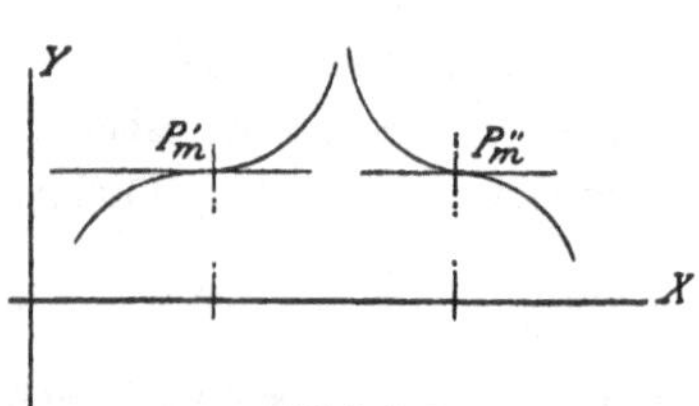

Fig 23.

die in den Punkten P vorliegende Erscheinung von der andern, wenn ein gewöhnliches *Max* oder *Min* eintritt, zu unterscheiden vermögen.

Wenn auch, so belehrt uns zunächst die Figur, in den Punkten P_m die Funktion ein eigentliches *Max* oder *Min* nicht wird, so bleiben doch die Punkte P_m, darum nicht weniger, ausgezeichnete Punkte in dem Sinne, wie wir Punkte, in denen ein *Max* oder *Min* eintritt, „ausgezeichnete Punkte" nennen. Denn der Punkt P'_m hat für die ihm voraufgehenden Curvenpunkte alle Eigenschaften, als ob y für ihn ein *Max*, für die ihm folgenden alle Eigenschaften, als ob y für ihn ein *Min* wäre; und umgekehrt sind die Beziehungen des Punktes P''_m zu den beiderseits liegenden Curvenpunkten. Die richtige Vorstellung von den Eigenschaften der Punkte P_m werden wir in ihrer Bezeichnung wohl so auszudrücken haben, dass wir sagen, es sei

> die Funktion, welche durch eine derartige Curve dargestellt wird, in den Punkten P_m gleichzeitig ein *Max* **und** ein *Min*.

Erinnern wir uns unserer Betrachtungen über „Tangentenfolge" aus No. 20, so war dort bemerkt, dass zwischen *Max* und *Min* immer ein Wendepunkt liegt. Soll dies auch hier zutreffen, so muss P selbst ein Wendepunkt, seine Tangente die Wendetangente sein. Die Figur 23 zeigt, wie von P aus die Tangentenfolge rückläufig wird, oder anders ausgedrückt: wie der Teil der Curve, der seine Höhlung, und der andere Teil, welcher seine Wölbung der XAchse zukehrt, in einander übergehen, während die Curve an dieser Stelle selbst, mehr als anderswo, gradlinig erscheint.

Auch zu einem algebraischen Ausdruck für die Erscheinung am Punkte P führt uns der Gesichtspunkt, dass hier *Max* und *Min* zusammenfallen, wenn wir ein solches Zusammenfallen von anfänglich Getrenntem sich vor unseren Augen vollziehen lassen. Denken wir uns unsere Curve (Tafel G, Fig. 1) in den Punkten $x = 2$ und $x = 8$ durchschnitten, und den letzten Teil, welcher die Punkte $x > 8$ enthält, an dem Mittelstück entlang geschoben, bis er die Fortsetzung des ersten Teils ($x < 2$) bildet, wobei nicht ausgeschlossen zu sein braucht, dass die Krümmung der ganzen Curve sich etwas ändert, u. A. namentlich das Mittelstück immer mit einer der Abscissenachse parallelen Tangente in den sich ansetzenden dritten Teil übergehen möge*): so erhalten wir schliesslich im Punkte $x=2$ dieselbe Erscheinung als bei der Fig. 23 im Punkte P'_m. Unmittelbar ergiebt sich hieraus für den algebraischen Ausdruck folgendes.

Die Punkte $x=2$ und $x=8$, für welche die eine Ordinate ($x=2$) ein *Max*, die andere ($x=8$) ein *Min* wurde, sind bestimmt durch die Gleichung

$$f'(x) = 3x^2 - 30x + 48 = 0,$$

oder

$$3(x-2)(x-8) = 0.$$

Wollte man nun mit dieser Gleichung jenem Aufwärts-Schieben des dritten Teils unserer Curve folgen, d. h. wollte man sich Gleichungen $f'(x)=0$ bilden, nach denen das *Min* immer an derjenigen Stelle bestimmt wird, wo es beim Verschieben wirklich liegt, so würde man den Faktor $(x-8)$ verändern müssen, indem man für die Zahl 8 die Abscisse der Ansatzstelle einführte. Wenn dann endlich der dritte Curventeil die Fortsetzung des ersten Teils bildete, das Mittelstück ganz ausgeschaltet ist, müsste für 8 die Zahl 2 eingestellt werden, die vorige Gleichung zur Darstellung der Erscheinung in Figur 23 übergehen in

$$f'(x) = \text{const}(x-2)^2 = 0.$$

Wir ziehen hieraus den Schluss, dass

> eine Funktion $f(x)$ für den Wert $x=a$ nicht ein *Max* oder *Min*, sondern gleichzeitig *Max* und *Min* wird, wenn $x=a$ eine doppelte Wurzel der Gleichung
>
> $$Q(x, x'=x) = 0,$$

bez. für ganze rationale Funktionen

$$f'(x) = 0$$

ist.

Beiläufig sei hierzu noch ohne weitere Auseinandersetzung erwähnt, dass $x=2$, das eine doppelte Wurzel der Gleichung $f'(x)=0$ war, sich als eine dreifache Wurzel der Gleichung $y=f(x)$ erweist. Schieben wir nämlich den Teil unserer Curve I $x>8$ neben den ersten, $x<2$, so dass in dem gemeinschaftlichen Punkte $x=2$, $y=49$ ein Wendepunkt liegt, zwei einander folgende Curvenelemente eine grade Linie — und zwar eine der Abscissenachse parallele Grade

---

*) Derselbe Vorgang wird nachher an einem anderen Beispiele noch deutlicher zur Anschauung gebracht werden.

bilden: so sagt dies ja nichts Anderes, als dass drei aufeinander folgende Punkte dasselbe y haben, während die Abscissen dieser drei Punkte, da die Elemente „unendlich" klein sind, nicht anders als durch: $x = 2$ bezeichnet werden können. —

Zur Vervollständigung bez. Verbesserung der Anschauungen, auf welche die soeben angestellte Betrachtung sich gründete, sind auf Tafel G, Fig. 2 zwei Curven II und III, derselben Art wie die Curven I, entworfen, und in dasselbe Coordinaten gezeichnet, von denen die Curve III das Resultat der Veränderung zeigt, wenn die Curve II so behandelt wird, wie es vorher an der Curve I beschrieben ist. Die Gleichungen der Curven sind

$$\text{II.} \quad y = 1{,}5x^3 - 15{,}75x^2 + 45x + 5,$$

daraus folgt:

$$f'(x) = 4{,}5(x-2)(x-5).$$

$$\text{III.} \quad y = \frac{39}{8}(x-2)^3 + 44,$$

daraus folgt:

$$f'(x) = \frac{117}{8}(x-2)^2.$$

Beide Curven gehen durch die Punkte $x = 0$, $y = 5$; $x = 2$, $y = 44$; beide haben im Punkte $x = 2$ eine zur XAchse parallele Tangente. Während aber die Curve II vom Punkte $x = 2$ bis $x = 5$ fällt, hier ein *Min* erreicht, zwischen beiden einen Wendepunkt hat, fallen bei der Curve III das *Min* und somit auch der zwischen *Max* und *Min* liegende Wendepunkt gleich in den Punkt $x = 2$, beginnt das Steigen der Curve einerseits, das Linksdrehen der Tangenten andererseits sogleich am Punkte $x = 2$, welche bei der Curve II — jenes am Punkte $x = 5$, dieses am Wendepunkt, ihren Anfang nehmen.

Uebrigens lehrt auch die Figur, wenn wir vorhin bei der Verschiebung des letzten Teils der Curve an dem Mittelstück entlang, dies letztere als unverändert angenommen haben, während doch bei dem Fortrücken ein die ganze Gestalt der Curve beeinflussender Uebergang, wie hier aus der Curve II in III, sich vollzieht: dass die hierbei eintretende Veränderung nicht erheblich genug ist, um Zweifel an unseren Schlüssen zu begründen.

So gut der Wert $x = a$, welcher die Gleichung

$$f'(x) = 0, \quad \text{bezw. die allgemeinere:} \quad Q(x, x' = x) = 0$$

erfüllt, eine doppelte Wurzel derselben ist, kann er in anderen Fällen eine drei- oder mehrfache Wurzel der Gleichung sein. Zeigt diese Erscheinung immer an, dass y für $x = a$ gleichzeitig *Max* und *Min* ist?

Betrachten wir hier den Fall einer dreifachen Wurzel der Gleichung $f'(x) = 0$! Tafel G Figur 3 zeigt noch eine zweite Curvengruppe IV, V, VI, die wieder durch dieselben beiden Punkte: $x = 0$, $y = 5$ und $x = 2$, $y = 36$ gehen, überdies in dem Punkte $x = 2$ eine der Abscissenachse parallele Tangente haben. Während aber IV ein *Max* für $x = 2$, ein *Min* für $x = 3$ erreicht, vereinigt sich Beides, *Max* und *Min*, bei der Curve V im Punkte $x = 2$; und nachher steigen beide Curven so weiter, dass für $x = 5$ ein *Max* der Ordinaten eintritt. Der Uebergang der Curve IV in die andere V vollzieht sich ganz so, wie in der vorigen Betrachtung, dadurch dass — kurz gesprochen: das Mittelstück von IV $x = 2$ bis $x = 3$ wegfällt, mit dem *Min* auch der zwischen $x = 2$ und $x = 3$ liegende Wendepunkt sich nach $x = 2$ verlegt, die Tangentenfolge gleich hinter $x = 2$ eine linksdrehende wird.

Es hindert aber nichts, indem wir von der Curve V jetzt zu VI übergehen wollen, hier dasselbe Verfahren auf das Mittelstück $x = 2$ bis $x = 5$ von Curve V anzuwenden, wie vorher bei Curve IV auf das Mittelstück $x = 2$ bis $x = 3$. Die Curve VI kann danach als die Gränze der Curvenfolge angesehen werden, welche entsteht, wenn man sich das *Max* immer näher an den Punkt $x = 2$, $y = 36$ gebracht denkt, den steigenden Arm von V, der hinter dem Punkte $x = 2$ liegt, fortgesetzt verkürzt, bis er schliesslich $= 0$ wird. Das Ergebnis des Vorgangs ist dann — vor allem dies, dass die Ordinate der Curve VII für $x = 2$ ein *Max* wird; aber nicht ein einfaches *Max*, wie bei der Curve IV. Wollte man dieses einen Gipfel nennen, so müsste man das *Max* der Curve VI als einen Rücken bezeichnen. Dies kommt daher, dass auch der zwischen $x = 2$ und $x = 5$ liegende Wendepunkt der Curve V in den Punkt $x = 2$ fällt, in diesem zwei Wendepunkte sich vereinigen. Allerdings folgt hieraus zunächst, dass der eine von ihnen, was den Drehungssinn der Tangenten betrifft, die Wirkung des andern aufhebt, wie ja auch das Curvenstück hinter $x = 2$ der Curve V mit links drehenden Tangenten wegfällt; aber ausserdem bringt es der Doppel-Wendepunkt auch mit sich, dass drei auf einander folgende Elemente der Curve VI in grader Linie liegen, in einer zur Abcissenachse parallelen Graden. Und wenn auch nicht bloss ein Element, sondern eben so gut drei Elemente unendlich klein sind, so liegt doch hierin für die ganze Curvenstrecke ein ganz besonderer Antrieb sich gradlinig zu gestalten die Ursache einer Erscheinung, als würde es ihr ausserordentlich schwer sich von dieser Graden zu entfernen, wie es uns die Glockengestalt unserer Curve anzeigt.

Dass die am Punkte $x = 2$ der Curve zu beobachtende Erscheinung aber algebraisch dadurch zur Darstellung gebracht wird, dass $x = 2$ eine dreifache Wurzel der Gleichung $f'(x) = 0$ wird, bedarf keiner weiteren Erläuterung, wenn man beachtet, dass in dem Punkte $x = 2$ eigentlich drei Punkte, deren Abcissen der Gleichung $f'(x) = 0$ genügen, in einen zusammenfallen. Damit stimmen denn auch die Gleichungen $f'(x) = 0$ überein, welche man aus den Gleichungen der drei Curven IV, V, VI ableitet. Es sind nämlich die Gleichungen für

Curve IV: $y = -\frac{3}{8}x^4 + 5x^3 - 23\frac{1}{4}x^2 + 45x + 5$. Daraus folgt:

$$f'(x) = -1{,}5(x-2)(x-3)(x-5);$$

Curve V: $y = -\frac{31}{48}x^4 + 7\frac{3}{4}x^3 - 31x^2 + 51\frac{2}{3}x + 5$, woraus folgt:

$$f'(x) = -\frac{31}{12}(x-2)^2(x-5)$$

Curve VI: $y = -\frac{31}{16}(x-2)^4 + 36$

$$f'(x) = -\frac{31}{4}(x-2)^3. \text{ —}$$

Es wird für den Leser keiner weiteren Anweisung bedürfen, die voraufgehenden Betrachtungen auf solche Fälle zu übertragen, wo $x = a$ eine vierfache, eine fünffache ... Wurzel der Gleichung $f'(x) = 0$, bez. $Q(x, x' = x) = 0$ ist. Nehmen wir, übereinstimmend mit den bisherigen Beispielen, an, der erste Wechsel der Funktion $y = f(x)$ zwischen Steigen und Fallen, der für $x = a$ eintrete, sei ein *Max*; so wird, wenn $x = a$ eine vierfache Wurzel der Gleichung $f'(x) = 0$ ist, der letzte der Wechsel ein *Min* — bei einer fünffachen Wurzel ein *Max*, bei einer sechsfachen wieder ein *Min* u. s. w. sein.

Danach ist die Regel für den Eintritt eines *Max* oder *Min* so auszusprechen:

> Ist der Wert $x = a$, welcher die Gleichung erfüllt
>
> $$Q(x, x' = x) = 0, \quad \text{bez.} \quad f'(x) = 0,$$
>
> eine einfache Wurzel derselben, so ist $f(a)$ stets ein *Max* oder *Min*; in dem Falle aber, dass $x = a$ eine $n$fache Wurzel ist, nur dann, wenn n eine ungrade Zahl, gleichzeitig *Max* und *Min*, wenn n eine grade Zahl ist.

Anmerkung. Es sei mit einigen Worten noch auf den Zusammenhang hingewiesen, in welchem die vorstehenden geometrischen Betrachtungen zu denen der Nr. 20 über Tangentenfolge und Krümmung der Curven stehen. Es war dazu auf Tafel F eine Curvenreihe entworfen worden, welche die Entfernungen aller Punkte einer Viertelellipse von einzelnen Punkten der grossen Achse als Ordinaten angeben, während als Abscissen die Längen der Bögen vom Scheitel an der kleinen Achse bis an den betr. Ellipsenpunkt dienten. Denken wir uns jede der dort gezeichneten sechs Curven, wie auch gegen den Schluss der Betrachtung in Nr. 20 angenommen wurde, noch ein zweites Mal, symmetrisch zu der Ordinate 9, wiederholt, wie die Entfernungen der Punkte einer zweiten Viertelellipse — im Ganzen die einer Halbellipse von denselben Punkten der grossen Achse sich darstellen würden: so zeigen die auf einander folgenden fünf Curven U_0, U_2, U_4, U_6, U'_n, auch den Uebergang, wenn drei Wurzeln der Gleichung $Q(x, x' = x) = 0$ in eine zusammenfallen — und zwar hier in ein *Min*, weil zweien der drei Wurzeln ein *Min* der Entfernung entspricht, die Zahl der *Min* also überwiegt. Während in der vorhin abgeschlossnen Untersuchung die drei Funktionen IV, V, VI mehr oder weniger willkürlich gewählt erscheinen mochten, haben wir in der Folge der sechs Curven U ein Beispiel vor uns, in welchem sich der Uebergang des Falles drei verschiedener Wurzeln in den der gleichen ohne unser Zuthun darstellt, wenn wir nur den Punkt U vom Ellipsenmittelpunkte nach dem Punkte U'_n — und falls es von Interesse ist, auch noch darüber hinaus — verschieben. Auch werden, was bei der Gruppe IV, V, VI unserer Vorstellung überlassen blieb, hier einzelne Zwischenstufen des Ueberganges veranschaulicht, wenn etwa die Curve U_0 als diejenige angenommen wird, von welcher, entsprechend der Curve IV, die Betrachtung der Annäherung der Wurzeln ausgeht.

Was aber den Vorgang bei Annäherung der Wurzeln betrifft, so treten Abweichungen insofern ein, als einerseits die mittlere Wurzel es ist, der die beiden anderen zustreben, anderseits die beiden äussern gleichzeitig mit der dritten zusammenfallen. Aus beiden Eigentümlichkeiten der hier vorliegenden Funktion, den voraufgehenden IV, V, VI gegenüber, ergiebt sich weiteres Eigenartige: zunächst aus der letztangeführten dies, dass die Entfernungen der Ellipsenpunkte uns die Erscheinung, wie die Ordinate für $x = 2$ in der Curve V, die Erscheinung, dass ein Wert gleichzeitig *Max* und *Min*, und doch keins von Beiden ganz ist, nicht bietet. Andererseits bedingt die Erscheinung, dass die beiden *Min* dem zwischen ihnen liegenden *Max* sich nähern, die andere, dass im Augenblicke des Zusammenfallens das *Max* sich in ein *Min* verwandelt; während in den Curven IV, V und VI, so oft für $x = 2$ ein Wechsel zwischen Steigen und Fallen vorlag, dies immer ein *Max* war. Ein solches Schwanken der Funktion zwischen *Max* und *Min* wurde auch früher schon einmal (vgl. 3. Beispiel der ersten Untersuchung) beobachtet bei Betrachtung der kürzesten und längsten Sehnen, welche durch die

Punkte auf der kleinen Achse einer Ellipse gelegt werden können. Diese Beispiele weisen besonders deutlich auf die innere Verwandtschaft hin, die zwischen der Natur eines *Max* und der eines *Min* besteht. —

Endlich sei hier nochmals an unsere früheren Betrachtungen (Nr. 20) über die muldenartige Gestalt der Curve U'_n erinnert, die dadurch zustande kommt, dass drei auf einander folgende Curvenelemente in einer zur Abscissenachse parallelen graden Linie liegen, und uns, eigentlich ohne weiteres, berechtigte den Punkt U'_n als Krümmungs-Mittelpunkt der Ellipse im Scheitel V anzusprechen.

3. Im ersten Abschnitte dieser Schlussbetrachtungen war von der Mannigfaltigkeit der Funktionen die Rede, die in den voraufgehenden Beispielen auftreten, somit einen Schluss auf den Umfang des Gebietes gestatten, auf welches die Ergebnisse der letzten Untersuchung anwendbar sind. Wenn nun auch dem Verfahren die Anerkennung zuteil werden muss, dass es zur Beantwortung praktisch vorkommender Fragen über *Max* und *Min* nicht leicht als unzureichend sich erweisen möchte: so bleibt damit immer noch die Frage offen,

> ob für den wissenschaftlichen Standpunkt die Aufgabe, das *Max* oder *Min* einer gegebenen Funktion zu bestimmen, allgemein gelöst ist.

Die Frage wäre zu bejahen, wenn es sich nur um ganze, algebraische Funktionen handelte. Was bei Ausführung unserer Regel gelegentlich Anstoss erregt, ist das Ausscheiden der Wurzel $x = x'$ aus der Gleichung $f(x) - f(x') = 0$. „Gelegentlich" — dann nämlich nie, wenn $f(x)$ eine ganze algebraische Funktion von x ist, weil das Ausscheiden auf dem algebraischen Lehrsatze beruht, dass $a(x^n - x'^n)$ und demnach eine Summe solcher Glieder für jede ganze Zahl n durch $(x - x')$ aufgeht. Wenn dagegen $f(x)$ eine solche Funktion nicht ist, so fehlt mit einem entsprechenden Lehrsatze auch ein regelrechtes Verfahren, durch dessen Anwendung wir der Erreichung des Zieles sicher sein können.

> Sollte aber nicht, werden wir fragen, für jede Funktion eine Trennung der Wurzel $x - x' = 0$ von den übrigen Wurzeln unserer Gl. 1) ebenso gut, namentlich ebenso sicher und obenein auf demselben Wege möglich sein, als bei unserem Muster, der ganzen algebraischen Funktion?

Wenn auch die Erledigung dieser Frage über die Gränzen des Gebietes hinausreicht, auf welches sich unsere Untersuchungen beschränken müssen, so fordert doch der von uns gewonnene Standpunkt dazu auf, einmal das Thor nach dem andern Feld zu öffnen, auf welchem die Antwort auf diese Frage sich finden wird.

Will man die zur Abscissenachse parallelen Tangenten einer Curve

$$y = f(x)$$

bestimmen, so bieten sich, wie im Eingange zur vierten Untersuchung schon bemerkt wurde, zwei Wege: entweder denkt man die Curve mit einer Schaar zur Abscissenachse paralleler Graden bedeckt und sucht unter ihnen diejenigen heraus, welche die Curve gleichzeitig berühren; oder man stellt sich alle Tangenten der Curve vor und geht auf Bestimmung derjenigen unter ihnen aus, welche der Abscissenachse parallel sind. Wir hatten uns ohne Bedenken für den ersteren entschieden, indessen auch gleichzeitig bemerkt, dass der andere nicht nur auf dieselbe Gleichung, durch welche die gesuchten Werte von x bestimmt werden, also auf die Gleichung

$$Q(x, x' = x) = 0$$

führen müsse; sondern dass auch die Herleitung dieser Schlussgleichung voraussichtlich in beiden Entwickelungen algebraisch ähnliche Formen durchlaufen werde, die nur in der Bedeutung von einander abweichen. Folgen wir dieser Anschauung, wobei zunächst vorausgesetzt werden möge, dass $f(x)$ eine ganze, algebraische Funktion ist, so ergiebt sich unmittelbar folgendes.

Unsere Entwickelung enthielt drei Gleichungen. Es wurden gleich Null gesetzt

$$1)\quad f(x) - f(x'), \qquad 2)\quad \frac{f(x) - f(x')}{x - x'} = Q(x, x'),$$

$$3)\quad Q(x, x' = x) \text{ oder } f'(x), \text{ und die letztere:}$$

$$Q(x, x' = x) = 0 \text{ oder auch } f'(x) = 0$$

bildete die Schlussgleichung. Alle drei Gleichungen „bestimmten“ x' nach x, und zwar so, dass die zu x und x' gehörigen Werte von y gleich gross wurden. Dies führt aber auf die zur Abscissenachse parallelen Graden. Von solcher „Bestimmung“, also von der Aufstellung einer Gleichung, muss jetzt sonach abgesehen werden. Wir müssen fragen: was bedeuten jene mit 1), 2), 3) bezeichneten Grössen, wenn x und x' die Abscissen, $f(x)$ und $f(x')$ d. i. y und y' die zugehörigen Ordinaten zweier beliebigen Curvenpunkte P und P'

Fig. 24 sind? Es ist aber

$$1)\quad f(x)-f(x') = -(y'-y),$$

das Entgegengesetzte vom Zuwachs der Ordinate, welchen diese beim Uebergange vom Punkte P zu irgend einem andern Punkte P' der Curve erfährt;

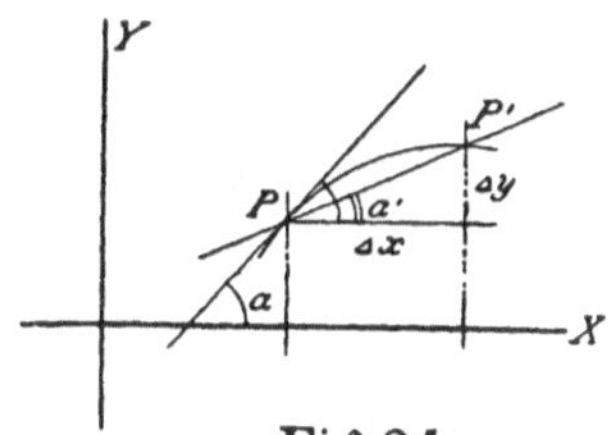

Fig. 24.

$$2)\quad Q(x, x') = \frac{f(x)-f(x')}{x-x'},$$

wofür im Folgenden immer gesetzt werden wird,

$$= \frac{f(x')-f(x)}{x'-x} = \frac{y'-y}{x'-x}$$

die trigonometrische Tangente des Winkels α', welchen die Sekante PP' mit dem positiven Teile der XAchse einschliesst.

3. Soll in dem Werte von $Q(x, x')$ endlich $x' = x$ gesetzt werden, so werden wir uns vorzustellen haben, dass der Punkt P' dem Punkte P auf der Curve sich nähert und schliesslich mit ihm zusammenfällt. Folgen wir mit der Sekante PP' dieser Bewegung des Punktes P', damit uns auch das Bild des Quotienten $Q(x, x')$ für die verschiedenen Lagen vor Augen bleibt, so wird, wenn P' auf P fällt, die Sekante PP' in die Tangente für den Punkt P übergehen,

$$Q(x, x' = x) = \operatorname{tang}\alpha$$

sein, wenn α den Winkel der Tangente im Punkte P d. i. x, y mit dem positiven Teile der XAchse bezeichnet.

4. Die Gleichung aber, durch welche derjenige Punkt P_m bestimmt wird, für welchen y ein *Max* oder *Min* wird, soll nach dem Obigen sein

$$Q(x, x' = x) = 0.$$

Dies würde nach der Bedeutung des Q sagen: $\operatorname{tang}\alpha_m = 0$, es müsse die Tangente im Punkte P_m der Abscissenachse parallel sein.

In der That führt uns also jene Reihe von Grössen, wenn $f(x)$ eine ganze rationale Funktion von x ist, zunächst dazu die Tangente für irgend einen Punkt P, (x, y), der Curve festzulegen, da

$$Q(x, x' = x) \quad \text{oder} \quad f'(x)$$

die Richtung der Tangente gegen die XAchse, und zwar, wenn α den Winkel zwischen Beiden bezeichnet, tang α angiebt. Endlich aber bestimmt die Schlussgleichung

$$f'(x) = 0$$

die Abscisse x des Curvenpunktes, für welchen wieder die Tangente der Curve der Abscissenachse parallel ist, die Funktion y ein *Max* oder *Min* ist.

Anmerkung. Bei dem grossen Werte, der darauf zu legen ist, dass das Gemeinschaftliche der Form in beiden Entwickelungen deutlich hervortrete, das Verschiedene in der Bedeutung klar aufgefasst, auch die Schlussfolgerungen jeder der beiden Reihen leicht übersehen werden, stellen wir die beiden Hauptpunkte I und II, auf die es in den Entwickelungen ankommt, noch einmal einander gegenüber.

Bezeichnet $f(x)$ eine ganze, algebraische Funktion von x, und ist P ein Punkt der Curve $y = f(x)$, sind y und x seine Coordinaten, so

I. bestimmt die Gleichung $\frac{f(x') - f(x)}{x' - x} = 0$, nach x' aufgelöst, ganz allgemein alle übrigen Punkte P' für welche die Ordinate y' ebenso gross ist, als y.	I. ist für einen beliebig gewählten zweiten Curvenpunkt P' mit den Coordinaten x', y' $(x' > x)$ $\frac{f(x') - f(x)}{x' - x}$ der Wert der trigonom. tang des Winkels (α'), welchen die Sekante PP' mit der XAchse bildet.
II. Stellt man sich vor, dass der Wert x' nach und nach in x übergeht, P' und P, indem man die zur XAchse parallele Grade PP' parallel zu sich verschiebt, in ihren neuen Lagen einander immer näher kommen und schliesslich in einen Punkt P zusammenfallen;	II. Stellt man sich vor, dass der Wert x' nach und nach in x, P' in P, die Sekante PP', indem sie sich um P dreht, in die Tangente für P übergeht, so ist $\left\{\frac{f(x') - f(x)}{x' - x}\right\}_{x' = x}$ der Wert der trigonom. tang des Winkels (α), welchen die Tangente PP mit der XAchse bildet.
so geht die obige Gleichung über in $\left\{\frac{f(x') - f(x)}{x' - x}\right\}_{x' = x} = 0$, und bestimmt, nach x aufgelöst, denjenigen Punkt P, für welchen die Parallele zur XAchse gleichzeitig Tangente an die Curve ist.	Wenn man jetzt die Gleichung aufstellt: $\left\{\frac{f(x') - f(x)}{x' - x}\right\}_{x' = x} = 0$, so bestimmt diese, nach x aufgelöst, denjenigen Punkt P, in welchem die Tangente einen Winkel arc }tang = 0{ mit der XAchse bildet, zu ihr also parallel ist.

Welches also auch die Herleitung der letzten Gleichung, die früher $Q(x, x' = x) = 0$, oder für den Fall einer ganzen, rationalen Funktion $f(x)$ noch kürzer $f'(x) = 0$ geschrieben wurde, sein möge: immer bestimmt sie den Wert von x, für welchen $y = f(x)$ ein *Max* oder *Min* wird.

Welches ist nun aber die algebraische Aufgabe dieses anderen Verfahrens, da es sich nicht mehr darum handelt, die doppelten Wurzeln x der Gleichung $y = f(x)$ anzugeben?

Vergegenwärtigen wir uns den Zusammenhang! Wir hatten den jetzt vor uns liegenden, anderen Weg zur Bestimmunng eines *Max* oder *Min* eingeschlagen, weil wir die Wurzel $x' - x = 0$ aus der Gemeinschaft mit den übrigen Wurzeln der Gleichung $f(x') - f(x) = 0$ nach einem allgemeinen Verfahren, und zwar nach demjenigen Verfahren auszuscheiden gedachten, welches sich für ganze rationale Funktionen ganz von selbst ergeben hatte, indem wir den Quotienten $\frac{f(x') - f(x)}{x' - x}$ nachrechneten.

So bilden wir uns diesen Quotienten auch dann, wenn $f(x)$ eine beliebige Funktion von x ist!

Was stellt aber der Quotient vor?

Uebertragen wir, was soeben in der Sprache der Geometrie hinsichtlich der Punkte P und P' der Curve $y = f(x)$ von ihren Ordinaten und Abscissen (y, x und y', x') gesagt war, in die Sprache der Algebra, so werden wir sagen:

$$\frac{f(x') - f(x)}{x' - x} \quad \text{oder} \quad \frac{y' - y}{x' - x}$$

ist das Verhältnis aus dem Zuwachs der Funktion und dem Zuwachs der Unabhängig-Veränderlichen, wenn x in x', gleichzeitig y in y' übergeht.

Diese Zuwachse, die auch in den Betrachtungen der vierten Untersuchung — um ein naheliegendes Bild aus der Wärmelehre zu gebrauchen: schon latent enthalten waren, werden hiernach im Folgenden den Mittelpunkt unserer Betrachtung bilden, und das „Freiwerden“ dieser Vorstellung bezeichnet sonach die Stelle, an welcher wir aus dem Vorigen in ein Gebiet neuer Betrachtungen eintreten.

Man bezeichnet den Zuwachs, den eine veränderliche Grösse von einem gewissen Werte an erfährt so, dass man vor diesen Wert ein Δ (delta) setzt — ganz so, wie wir uns der Zeichen f, F u. a.

bedienen. Danach ist

$x'-x=\Delta x$, $y'-y=\Delta y$; oder $x'=x+\Delta x$, $y'=y+\Delta y$; und weiter möge, einer früheren Verabredung entsprechend, in betreff des Zuwachses der Unabhängig-Veränderlichen als selbstverständlich gelten, dass Δx immer positiv ist; wogegen wir unter Δy je nachdem die Funktion steigt oder fällt, bald eine positive, bald eine negative Zahl uns zu denken haben.

Genau dem Gange bei Behandlung der ganzen, rationalen Funktionen folgend, ist jetzt erforderlich, wie dort den Quotienten Q, so hier den Quotienten

$$\frac{y'-y}{x'-x} \quad \text{oder kürzer} \quad \frac{\Delta y}{\Delta x}$$

nach Massgabe der Natur der gegebenen Funktion $y=f(x)$ darzustellen. Die Beziehung, die als Ausgangspunkt hierzu allein in Frage kommt, weil sie allein Δy und Δx enthält, ist:

$$y+\Delta y=f(x+\Delta x),$$

wobei erforderlichen Falls auch die andere als Hilfsgleichung für etwaige Eliminationen etc. herangezogen werden könnte:

$$y=f(x).$$

Zur Darstellung des Quotienten $\frac{\Delta y}{\Delta x}$ aber wenden wir uns mit der Frage an die Algebra, wie es möglich ist, das Δx, welches in $f(x+\Delta x)$ mit dem x einstweilen unzertrennlich verbunden ist, unter dem allgemeinen Rechnungszeichen $f(\ )$ hervorzuziehen. Die Algebra erteilt uns auf die Frage den Bescheid, dass das Zeichen $f(\ )$ gar zu vieldeutig, die Funktionen gar zu verschiedenartig sind, als dass dieses Hervorziehen so kurzer Hand sich bewerkstelligen liesse, etwa wie man aus einer Summe einen allen Gliedern gemeinschaftlichen Faktor absondert. Indessen, so fährt die Algebra in ihrem Bescheide fort, wenn grade aus der Verschiedenartigkeit der Funktionen unserem Fortschreiten Schwierigkeiten erwachsen, da wir ein für alle geltendes Verfahren suchen: so wäre wohl zu bedenken, dass es eine Form giebt, unter welche alle Funktionen gebracht werden können, die Form einer Reihe.

In dem Abschnitte der Algebra, der von den Reihen handelt, wird von allen einfachen Funktionen $f(x+\delta)$, und zwar von jeder besonders, gezeigt, dass und wie sie in eine nach aufsteigenden

Potenzen von δ fortschreitende Reihe kann entwickelt werden. Es wird dies nachgewiesen zunächst an $\frac{a}{x+\delta}$ und anderen gebrochnen Funktionen, aus welchen die gewöhnliche geometrische und die sogenannten „wiederkehrenden" Reihen hervorgehen; ferner an der Funktion $(x+\delta)^n$, es möge n eine ganze oder gebrochne, positive oder negative Zahl sein.

Dasselbe wird, wie hier erinnert, oder kurz als Thatsache möge verzeichnet werden, für alle anderen einfachen Funktionen erwiesen. Namentlich seien unter ihnen die Reihen-Entwicklungen für $\sin\delta$ und $\cos\delta$ noch besonders erwähnt, aus denen sich dann die Reihen für $\sin(x+\delta)$ und $\cos(x+\delta)$ nach der bekannten goniometrischen Beziehung unmittelbar ergeben.

Und wenn wir nun das Resultat dieser Reihen-Entwickelungen vergleichen, so zeigt sich deren Anlage als eine solche, die zwar der unabsehbaren Mannigfaltigkeit der Funktionen Raum gewährt, die Eigenart jeder einzelnen gehörig zum Ausdruck zu bringen, aber durch die den Reihen gemeinschaftliche Form alle Verschiedenheit in den einzelnen Reihen wieder unter einem höheren Gesichtspunkte sammelt, wie es notwendig ist, um ein Gesetz für alle Funktionen anzugeben, nach welchem sich der Quotient $\frac{\Delta y}{\Delta x}$ berechnen lässt.

Bleiben wir z. B. bei den vorhin angeführten Funktionen: $\frac{a}{x}$, x^n, $\sin x$ stehen, so ergiebt sich der Wert von $y+\Delta y$, je nachdem man unter y die eine oder andere von ihnen versteht, indem man $x+\Delta x$ für x einsetzt:

$$y+\Delta y = f(x+\Delta x) =$$

$$\text{bez.}\quad \frac{a}{x+\Delta x} = \frac{a}{x} - \frac{a}{x^2}\Delta x + \frac{a}{x^3}(\Delta x)^2 - \frac{a}{x^4}(\Delta x)^3 + \cdots,$$

$$\text{oder}\quad (x+\Delta x)^n = x^n + nx^{n-1}\Delta x + \frac{n.\overline{n-1}}{1.2}x^{n-2}(\Delta x)^2 + \frac{n.\overline{n-1}.\overline{n-2}}{1.2.3}x^{n-3}(\Delta x)^3 + \cdots,$$

$$\text{oder}\quad \sin(x+\Delta x) = \sin x + \cos x\Delta x - \frac{\sin x}{1.2}(\Delta x)^2 - \frac{\cos x}{1.2.3}(\Delta x)^3 + \cdots$$

Das Gemeinschaftliche in der Form dieser Werte für $y+\Delta y$ ist dies, dass

1) der Zuwachs Δx von dem Werte x der Unabhängig-Veränderlichen, bei dem jener anfängt, nicht nur völlig getrennt ist, sondern auch Beide in ganz verschiedener Weise Anteil daran nehmen, wie jedes Glied entsteht;

2) dass nämlich jedes Glied aus zwei Faktoren besteht, von denen der erste charakteristisch für die Funktion ist, übrigens von dem Werte x abhängt, bei dem der jedesmalige Zuwachs beginnt; während es für den andern Faktor wieder lediglich auf die Grösse dieses Zuwachses ankommt, der für irgend ein bestimmtes Glied bei allen Funktion immer in der Form einer Potenz mit ganzem, positivem Exponenten und zwar in derselben Potenz wiederkehrt.

Es wäre zu der Reihenentwickung noch zu bemerken, dass die Reihen, sofern es unendliche sind, den Wert von $y+\Delta y$ nur dann darstellen, wenn sie konvergieren, Δx eine gewisse obere Gränze nicht überschreitet, z. B. in den beiden ersten Beispielen $\frac{\Delta x}{x} < 1$, $\Delta x < x$ ist. Für unsern Zweck kommt indessen ein solcher Vorbehalt nicht in Betracht, da unbeschadet der Allgemeinheit unserer Schlüsse das Δx beliebig klein, nie „zu klein“ gedacht werden kann, und der einzige bestimmte Wert, den wir dem Δx beilegen werden, der Wert $\Delta x = 0$, $(x' = x)$ sein wird.

Ueberdies bedarf es für unsern Zweck auch nur der ersten zwei oder drei Glieder in jeder Reihe, so dass es anderweitiger Ueberlegung vorbehalten bleiben mag, ob man nicht in gewissen Fällen, wie z. B. wenn $f(x) = \sin x$ oder $= \cos x$ ist, auch kürzer, als durch eine eigentliche Reihen-Entwickelung die erforderliche Zahl von Gliedern erhalten kann.

Aus der Darstellung von $y+\Delta y$ durch eine nach aufsteigenden Potenzen von Δx fortschreitende Reihe ergiebt sich der Wert von $\frac{\Delta y}{\Delta x}$ so leicht, dass man ihn unmittelbar aus der Reihe ablesen kann.

Nach einem in der Lehre von den Reihen oft gebrauchten Satze ist zunächst das erste, das von Δx unabhängige Glied der Wert von $y+\Delta y$, wenn man $\Delta x = 0$ setzt. Somit stellt, da für $\Delta x = 0$ auch $\Delta y = 0$ wird, jenes erste Glied x stets den mit y bez. $f(x)$ bezeichneten Wert der Funktion vor. Unsere Beispiele bestätigen die Regel. Daraus folgt, dass Δy die Summe aller übrigen Glieder ist, deren jedes eine Potenz von Δx mit positivem ganzen Exponenten enthält. Dividieren wir sonach diese Summe durch Δx, so ergiebt sich für unsere Beispiele:

$$\text{wenn } y=\frac{a}{x} \text{ ist, wird } \frac{\Delta y}{\Delta x}=-\frac{a}{x^2}+\frac{a}{x^3}\Delta x-\frac{a}{x^4}(\Delta x)^2+\cdots,$$

$$\text{wenn } y=x^n \text{ ist, wird } \frac{\Delta y}{\Delta x}=nx^{n-1}+\frac{n.\overline{n-1}}{1.2}x^{n-2}\Delta x$$
$$+\frac{n.\overline{n-1}.\overline{n-2}}{1.2.3}x^{n-3}(\Delta x)^2+\cdots,$$

$$\text{wenn } y=\sin x \text{ ist, wird } \frac{\Delta y}{\Delta x}=\cos x-\frac{\sin x}{1.2}\Delta x$$
$$-\frac{\cos x}{1.2.3}(\Delta x)^2+\cdots$$

und der Verlauf der voraufgehenden Rechnung ist ein so regelmässiger dass in allen Fällen auf ähnlich gestaltete Werte von $\frac{\Delta y}{\Delta x}$, in Ansehung dessen, was vorhin als die charakteristische Gestalt dieser Reihen angeführt wurde, zu rechnen ist. Namentlich sei hervorgehoben, dass das zweite Glied der Reihe für $y+\Delta y$, welches den Faktor $(\Delta x)^1$ enthielt, in dem Verhältnis $\frac{\Delta y}{\Delta x}$ als ein von Δx unabhängiges Glied erscheint. —

Die Regel für die Bestimmung des *Max* oder *Min* einer Funktion $y=f(x)$ erfordert nach dem jetzt vorliegenden Verfahren zunächst die Angabe des Verhältnisses $\frac{\Delta y}{\Delta x}=\frac{f(x_1)-f(x)}{x'-x}$, und sagt dann weiter:

> das *Max* oder *Min* tritt für denjenigen Wert von x ein, welcher einer Gleichung genügt, die man erhält, wenn man $x'=x$ — mit andern Worten: wenn man $\Delta x=0$ setzt.

Die Einführung des Wertes $\Delta x=0$ in die Reihe für $\frac{\Delta y}{\Delta x}$ hat aber die Folge, dass alle Glieder, bis auf das erste, welches Δx nicht enthält, zu Null werden. Sonach ist zur Bestimmung des *Max* oder *Min* einer Funktion $y=f(x)$ erforderlich, dass man

$y+\Delta y$ in eine Reihe nach aufsteigenden Potenzen von Δx

entwickelt denkt, den Coefficienten von $(\Delta x)^1$ vollständig darstellt, und diesen $= 0$ setzt. Die *Max* und *Min* sind solche Werte der Funktion, welche den Wurzeln x dieser Gleichung entsprechen. —

Wollen wir diese Regel auf die einfachen Funktionen in unseren drei Beispielen anwenden, so zeigt sich, dass bei den beiden ersten ein Wechsel zwischen Steigen und Fallen nicht eintritt. Setzt man, die dritte: $y = \sin x$ anlangend, $\cos x = 0$, so ergeben sich für x die Wurzeln: $x = \frac{\pi}{2}, \frac{3\pi}{2}, \frac{5\pi}{2} \cdots$; und in der That wird $\sin\frac{\pi}{2}$ ein *Max*, $\sin\frac{3\pi}{2}$ ein *Min*, $\sin\frac{5\pi}{2}$ wieder ein *Max* u. s. f.

Wir können unserer Regel noch einen kürzeren Ausdruck geben. Bei Bestimmung des *Max* oder *Min* ganzer, rationaler Funktionen war in der vierten Untersuchung der Quotient $Q(x, x' = x)$ oder — wenn wir lieber, da das Zeichen Q nachher auch bei anderen Divisoren, als $(x' - x)$, gebraucht wurde, die ursprüngliche Form des Quotienten schreiben — $\frac{f(x') - f(x)}{x' - x}(x' = x)$ kurz „Ableitung der Funktion $f(x)$" oder „abgeleitete Funktion" genannt und mit $f'(x)$ bezeichnet worden. Name und Bezeichnung waren entlehnt dem uns jetzt vorliegenden Kreise der Betrachtungen, wo beides für den Wert von $\frac{\Delta y}{\Delta x}$, wenn $x' = x$, Δx also $= 0$ ist, welcherlei Art auch die Funktion sei, längst im Gebrauch ist; da jener Quotient, obschon in anderer Herleitung entstanden, doch denselben Wert darstellt, als $\frac{\Delta y}{\Delta x}$. Wir werden also, ohne damit der in No. 26 gegebenen Erklärung zu widersprechen, sagen:

> man versteht unter „Ableitung einer Funktion" $f(x)$ den Coefficienten des Gliedes in der Entwickelung von $f(x + \Delta x)$, welches $(\Delta x)^1$ enthält, und bezeichnet ihn, insofern er wieder als Funktion von x anzusehen ist, mit $f'(x)$.

Die Werte von x aber, für welche $f(x)$ ein *Max* oder *Min* ist, haben die Gleichung zu erfüllen,

$$f'(x) = 0.$$

Natürlich gilt auch hier der Vorbehalt, dass wenn $x = a$ eine $n$fache Wurzel der Gleichung $f'(x) = 0$ ist, ein *Max* oder *Min* der Funktion für $x = a$ nur in dem Falle eintritt, dass n eine ungrade Zahl ist. —

Anmerkung.

Um alle Bedenken gegen die Zuverlässigkeit unserer Schlüsse zu beseitigen, wollen wir noch die Frage nach der Identität der beiden Schlussgleichungen für den Fall, dass $y = f(x)$ eine beliebige Funktion von x bedeutet, erörtern, je nachdem sie nach der für die vierte Untersuchung (Nr. 24) aufgestellten Regel, oder, wie soeben geschehen, aus der Reihen-Entwickelung abgeleitet ist.

Es kamen immer drei Werte in Betracht, bei Anwendung der Regel:

1) $f(x') - f(x)$, 2) $Q(x, x')$, 3) $Q(x, x' = x)$;

bei der Reihen-Entwickelung

1) $f(x + \Delta x) - f(x) = \Delta y$, 2) $\frac{\Delta y}{\Delta x}$, 3) $\frac{\Delta y}{\Delta x} (\Delta x = 0) = f'(x)$.

Davon, dass für ganze, rationale Funktionen nicht bloss die Schlussgleichungen, also die dritten Werte, sondern auch die zweiten übereinstimmten, ist früher ausführlich die Rede gewesen. Für diesen Fall bedeutet $Q(x, x')$ gar nichts Anderes, als $\frac{\Delta y}{\Delta x}$. Es sei hier nur in betreff der drei Werte nachträglich noch das Resultat unserer Berechnungen in Erinnerung gebracht.

In Nr. 26 ist gezeigt, dass wenn $f(x)$ ein Glied $\pm ax^n$ enthält, dafür in $Q(x, x' = x)$ das Glied $\pm anx^{n-1}$ vorkommt. Andererseits würde die Reihen-Entwickelung, nach der oben angeführten binomischen Reihe, ergeben haben:

$$a(x + \Delta x)^n = ax^n + anx^{n-1} \Delta x + \cdots,$$

demnach $\frac{\Delta y}{\Delta x} (\Delta x = 0)$ ebenfalls $= anx^{n-1}$. — Dies nebenbei!

Ein Zweifel an der Identität der beiden Schlussgleichungen könnte nur dann Platz greifen, wenn $Q(x, x')$ dadurch gewonnen wird, dass man aus $f'(x) - f(x)$ einen anderen Faktor abscheidet, als grade $x' - x = \Delta x$, wie z. B. im 42. Beispiele $\sin(x' - x)$, im 43. Beispiel $\sin \frac{\varphi' - \varphi}{2}$, im 44. Beispiel $2 \sin \frac{x - x'}{2}$ u. s. f. abgesondert wurde. Ganz gewiss sind, da bei der Reihenentwickelung $f(x') - f(x)$ stets durch $(x' - x) = \Delta x$ dividiert wird, diese Beispiele anlangend, $Q(x, x')$ und $\frac{\Delta y}{\Delta x}$ nicht dasselbe. Wenn gleichwohl die Werte 3., welche die eine Seite der auf Null gebrachten

Schlussgleichung bilden, dasselbe darstellen, höchstens durch einen Faktor sich unterscheiden sollen, der weder x noch $\varDelta x$ enthält, so wird es lohnen, dass wir diese Erscheinung des Auseinander-Gehens und wieder Zusammen-Kommens wenigstens an einem Beispiele verfolgen, um uns eine Vorstellung von der Möglichkeit der Uebereinstimmung zu bilden. Hierzu sei das 42. Beispiel gewählt, wo

$y = f(x) = \sin x . \sin(\alpha + x)$ sich ergeben hatte und weiter in Nr. 28 $f(x') - f(x) = \sin(x' - x) \sin(\alpha + x + x')$,

oder wenn wir $x' = x + \varDelta x$ setzen,

$\varDelta y = \sin \varDelta x . \sin(\alpha + 2x + \varDelta x)$ berechnet war.

Dividiert man hierin $\varDelta y$ durch $\sin \varDelta x$, so erhält man

$$Q(x, x') = \sin(\alpha + 2x + \varDelta x).$$

Entwickelt man andererseits sowohl $\sin \varDelta x$, als $\sin(\alpha + 2x + \varDelta x)$ in eine nach aufsteigenden Potenzen fortschreitende Reihe, in der übrigens Glieder mit höheren Potenzen, als $(\varDelta x)^3$ nicht brauchen dargestellt zu werden, und ordnet das Produkt in eine Summe, die wieder nach aufsteigenden Potenzen von $\varDelta x$ fortschreitet; so erhält man, da

$$\sin \varDelta x = \varDelta x - \frac{(\varDelta x)^3}{6} + \cdots$$

ist, alle Glieder der Summe sonach den Faktor $\varDelta x$ enthalten, den Wert für $\frac{\varDelta y}{\varDelta x}$.

Beide Werte: $Q(x, x')$ und $\frac{\varDelta y}{\varDelta x}$ könnten nun verglichen werden, wenn man statt des geschlossnen Wertes für $Q = \sin(\alpha + 2x + \varDelta x)$ die dafür entwickelte Reihe in Betracht nimmt. Indessen gewinnen wir einen in Hinsicht der uns beschäftigenden Frage ungleich allgemeineren Standpunkt, wenn wir unmittelbar $\frac{\varDelta y}{\sin \varDelta x}$ und $\frac{\varDelta y}{\varDelta x}$ in Beziehung setzen, von dem in unserm Beispiele zufällig vorliegenden Werte $Q = \sin(\alpha + 2x + \varDelta x)$ ganz absehen.

Es ist aber

$$Q = \frac{\varDelta y}{\sin \varDelta x} = \frac{\varDelta y}{\varDelta x} \cdot \frac{\varDelta x}{\sin \varDelta x},$$

oder wenn wir das Verhältnis $\frac{\varDelta x}{\sin \varDelta x}$, dessen Wert wir näher zu untersuchen haben, mit X bezeichnen,

$$Q(x, x') = \frac{\varDelta y}{\varDelta x} . X.$$

Der Wert X kann, wenn $\sin \varDelta x$ statt $\varDelta x$ aus $\varDelta y$ abgesondert wird, wie folgt dargestellt werden, indem man $\sin \varDelta x$ in eine Reihe entwickelt denkt:

$$X = \frac{\Delta x}{\Delta x - \frac{(\Delta x)^3}{6} + \cdots}$$

$$= \frac{\Delta x}{\Delta x\left(1 - \frac{(\Delta x)^2}{6} + \cdots\right)} = \frac{1}{1 - \frac{(\Delta x)^2}{6} + \cdots},$$

oder wenn man die Division ausgeführt denkt,

$$= 1 + \frac{(\Delta x)^2}{6} + \cdots.$$

Multipliziert man aber diesen Wert, um $Q(x, x')$ zu erhalten, mit $\frac{\Delta y}{\Delta x}$, das wir als eine nach aufsteigenden Potenzen von Δx fortschreitende Summe uns vorzustellen haben,

so gelangt man zu einer anderen, ebenso gebildeten Summe, die sich von $\frac{\Delta y}{\Delta x}$ nur in den Gliedern unterscheidet, welche Potenzen von Δx enthalten.

Daraus folgt dann, dass wenn man das 3.) Wertenpaar: einerseits $Q(x, x' = x)$, andererseits $\frac{\Delta y}{\Delta x}$ $(\Delta x = 0)$ oder $f'(x)$ bildet, in beiden Summen also $\Delta x = 0$ setzt, das die beiden Summen Unterscheidende wegfällt, die Schlussgleichungen: $Q(x, x' = x) = 0$ und $f'(x) = 0$ dieselben sind.

Und ähnlich, so können wir schliessen, wird der Faktor X sich immer — wir meinen: auch dann entwickeln, wenn nicht der Faktor $\sin \Delta x$, sondern irgend ein anderer einfacher Faktor, der für $x' = x$ zu Null wird, aus $f(x') - f(x)$ abgesondert wird. Denn der Zähler des Bruches X bleibt immer Δx, und wenn der Nenner durch eine nach aufsteigenden Potenzen von Δx fortschreitende Summe dargestellt wird, so müssen, weil für $\Delta x = 0$ auch jener aus $f'(x) - f(x)$ abgesonderte Faktor, d. i. aber unser Nenner, gleich Null werden soll, alle Glieder, namentlich auch das erste, den Faktor Δx enthalten, so dass man den Bruch X in seiner ursprünglichen Gestalt immer durch Δx heben kann. Die Form, die sich für X hiernach ergiebt, wird der Hauptsache nach in anderen Fällen mit der unseres Beispiels übereinstimmen, mag auch das erste Glied des Nenners nicht 1 sondern eine andere Zahl sein, wenn sie nur von x unabhängig ist, oder mag auch das Glied mit der ersten Potenz von Δx anderweitig nicht ausfallen. Unter dieser Voraussetzung würde dann auch die Multiplikation von $\frac{\Delta y}{\Delta x}$ mit solchem Faktor X an der Schlussgleichung nichts ändern.

Nur dadurch könnte der Faktor X auch die Schlussgleichung beeinflussen, dass an der Stelle der 1 im ersten Gliede des Nenners eine Funktion von x stände. Dies würde, wie hier kurz bemerkt sei, dann, aber auch nur dann eintreten, wenn beim Ausscheiden des Faktors, welcher für $x' = x$ zu Null wird, gleichzeitig ein zweiter Faktor, der auch x' enthält, dem Q entzogen würde. Wäre z. B. $f(x)$ eine ganze rationale Funktion, die nur grade Potenzen von x enthält, so würde $f(x') - f(x)$ durch $(x'^2 - x^2)$ teilbar sein. Wollte man nun

$$Q(x, x') = \frac{f(x') - f(x)}{x'^2 - x^2}$$

nehmen, so würde

$$X = \frac{\Delta x}{x'^2 - x^2} = \frac{\Delta x}{\Delta x(2x + \Delta x)} = \frac{1}{2x + \Delta x} = \frac{1}{2x} - \frac{\Delta x}{4x^2} + \cdots,$$

mithin ein Wert sein, der bei der Multiplikation mit $\frac{\Delta y}{\Delta x}$ auch dasjenige Glied änderte, welches Δx nicht enthält. In diesem Falle würde danach die Schlussgleichung $Q(x, x' = x) = 0$ eine andere sein, als die Gleichung $f'(x)$, und zwar offenbar darum eine andere, weil der Gleichung $Q(x, x') = 0$ die Wurzel $x' + x = 0$ entzogen worden ist. —

Uebersicht.

I. Die Lehrgänge der ebenen und räumlichen Geometrie bieten hinlänglich Beispiele für *Max* und *Min* von Strecken, Winkeln, Flächen, die gewissen Elementen X_m eines gegebenen Orts entsprechen; als dass die Frage nicht lohnen sollte, was der Lage solcher ausgezeichneten Elemente X_m gemeinsam wäre. Alle Figuren, so lautete die Antwort, an denen jene *Max* oder *Min* früher beobachtet wurden, hatten eine Achse oder Ebene (M) der Symmetrie, und zwar so, dass auch die Strecken, Winkel, Flächen — sagen wir kurz: die Funktion denselben Wert annahm, wenn zwei Elemente X' und X'' symmetrisch zu M lagen. Durchläuft man nämlich den Ort der Elemente X in einem bestimmten Sinne und denkt sich fortgesetzt dazu die zugehörigen Werte der Funktion; so muss für das Element, welches der Achse oder Ebene der Symmetrie M angehört, ein Wechsel der Funktion zwischen Steigen und Fallen eintreten, da sie sofort hinter X_m dieselben Werte, aber in umgekehrter Reihenfolge annimmt, als vor X_m.

II. Diese Erscheinung des Wechsels, also eines *Max* oder *Min* der Funktion wird aber in keiner Weise dadurch bedingt, dass die Elemente X' und X'', für welche y denselben Wert annimmt, symmetrisch zu M liegen, dass auch nur für die Elemente X des Ortes eine Achse· oder Ebene der Symmetrie M vorhanden ist. Gleichviel nach welchem Gesetze die Elemente X' und X'' sich gegenseitig in den auf einander folgenden Paaren nähern: immer tritt für dasjenige Element X_m der Wechsel der Funktion ein, wenn die Gränze der Annäherung für X' und X'' damit erreicht ist, dass beide in ein Doppelelement zusammenfallen. Nimmt man also ein Curvenbüschel L (erforderlichen Falls ein Flächenbüschel) zu Hilfe, so dass allen Elementen irgend einer Curve L_k derselbe Wert y_k der Funktion entspricht; so wird durch diese Curve das Paar X_k', X_k'' der Elemente des gegebenen Ortes bestimmt, das Doppelelement X_m aber durch diejenige Curve L_m, welche den gegebenen Ort berührt. Oder sieht man sich durch die Bedingungen der Aufgabe in Betreff der Elemente X veranlasst zwei Curvenbüschel in Betracht zu nehmen, so dass dem einen Teil der Bedingungen und einem gegebenen Wert y_n der Funktion die Elemente der Curve L_n des einen Büschels, dem andern Teil der Bedingungen aber und demselben Wert y_n der Funktion die Elemente der Curve K_n des andern Büschels entsprechen, als Paare X_n' und X_n'' sich also die Durchschnitte zugehöriger Curven L_n und K_n ergeben: so wird als Element X_m, für welchen in der Reihe der Elemente X ein Wechsel der Funktion zwischen Steigen und Fallen eintritt, dasjenige anzusehen sein, in welchem zwei zugehörige Curven L_m und K_m sich berühren.

III. In den Lehrgängen der Algebra werden *Max* und *Min* einer Funktion $y = f(x)$ erwähnt, wenn dieselbe Beziehung, in der Gestalt $x = F(y)$ ausgedrückt, eine algebraische Form zeigt, die ebenso wohl Wirkliches als Unmögliches darzustellen imstande ist. Nicht allein, aber namentlich ist bei diesen Formen an die Form einer Quadratwurzel zu denken, deren Radikand bei zu- oder abnehmendem y die Fähigkeit hat negativ zu werden, so dass der Augenblick des Zeichenwechsels des Radikanden denjenigen angiebt, in welchem die Funktion ihr *Max* oder *Min* y_m erreicht. Gleichzeitig beobachtet man, dem Gange der geometrischen Untersuchung folgend, an x die Erscheinung, dass zwei Wurzeln x der Gleichung $y = f(x)$ in eine zusammenfallen.

IV. Die Bestimmung des Wertes von x, für welchen eine Funktion $y = f(x)$ ein *Max* oder *Min* erreicht — oder jetzt anders ausgedrückt: die Bestimmung der doppelten Wurzeln der Gleichung ist aber in keiner Weise dadurch bedingt, dass man diese Gleichung zunächst nach x aufzulösen imstande oder willens ist. Gelingt es, aus der Gleichung $f(x') - f(x) = 0$, auf irgend einem Wege, die Wurzel $x' - x = 0$ — aber diese allein! — abzuscheiden, so bestimmt die hieraus sich ergebende Gleichung $Q(x, x' = x) = 0$ die doppelten Wurzeln x der Gleichung $y = f(x)$, ohne die Wurzeln x zuvor allgemein durch y darzustellen. Wir haben das Abscheiden durch elementare, algebraische bez. trigonometrische Entwickelungen auszuführen versucht. —

Dies in wenig Worten der Inhalt der voraufgehenden Blätter! oder wenigstens der Teil des Inhalts, dem die übrigen Betrachtungen, teils die Ausführung der Regeln, teils die in den Beispielen aufgeworfenen Fragen über diese oder jene Erscheinung in dem Gebiete der Raum- und Zahlengrössen anlangend, ihren Mittelpunkt haben — eine Studie über Berührung von Curven auf der einen Seite, über doppelte bez. mehrfache Wurzeln der Gleichungen auf der andern. Gleichzeitig ist gezeigt, dass wenn die Aufgabe, das *Max* oder *Min* einer Funktion zu bestimmen, von einem allgemeineren Gesichtspunkte aufgefasst, wenn eine Lösung verlangt wird, der a priori jede Funktion sich unterwirft, diese einem andern Gebiete der Mathematik, der Entwickelung des Zuwachses einer Funktion in Reihen, welche nach aufsteigenden Potenzen des Zuwachses der Unabhängig-Veränderlichen fortschreiten, angehört. Unsere Sache war es dabei, den Uebergang von den Ergebnissen unserer Untersuchungen zu diesem allgemeineren Verfahren zu vermitteln, indem wir den für die ganzen algebraischen Funktionen gewonnenen Resultaten das Muster entnahmen, nach welchem für jede Funktion der Eintritt eines *Max* oder *Min* zu bestimmen ist.

MIN. DER ABLENKUNG EINE

Fig. 1.

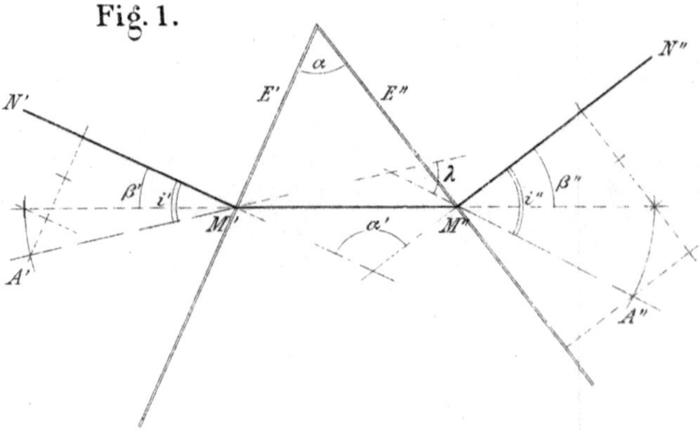

Fig. 3.

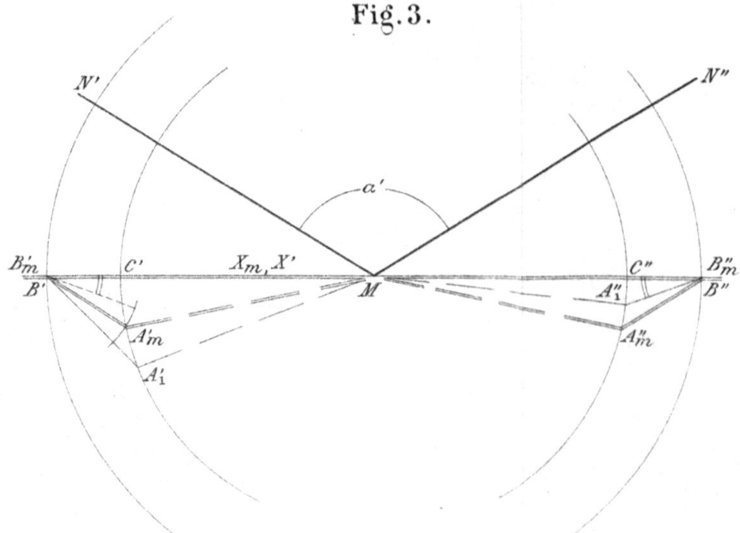

Fig. 2.

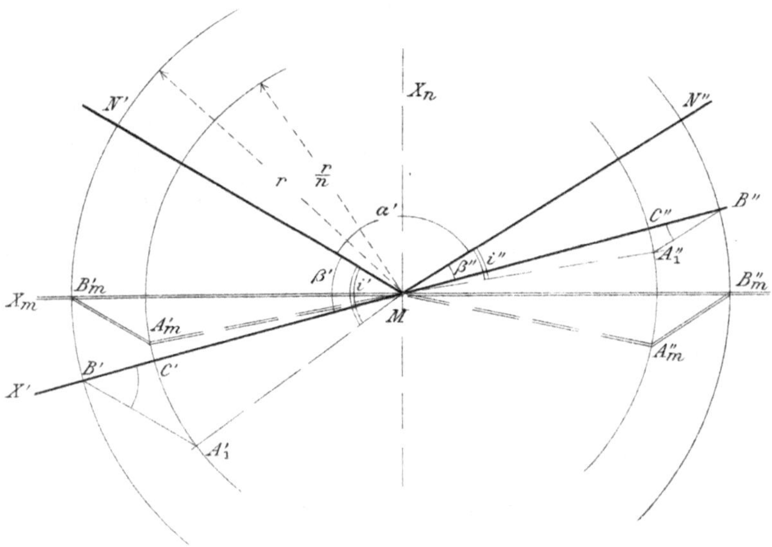

Fig. 4.

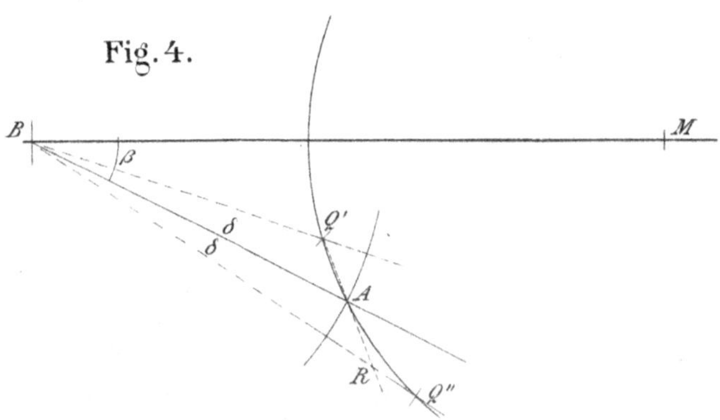

Lith. Anst. v L. Kraatz Berlin

Fig.1.

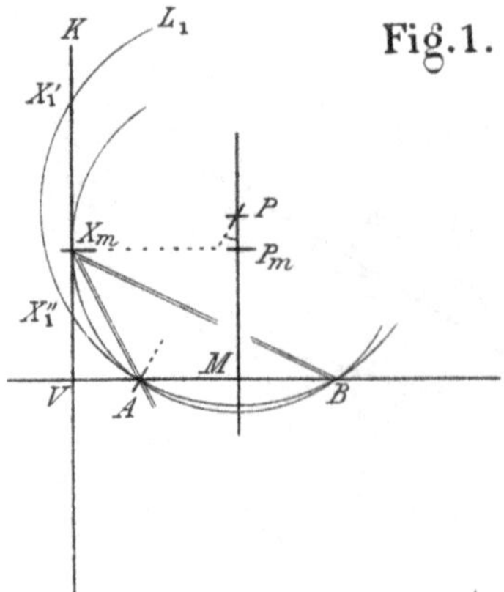
K
L_1
X_1'
X_m
P
P_m
X_1''
M
V
A
B

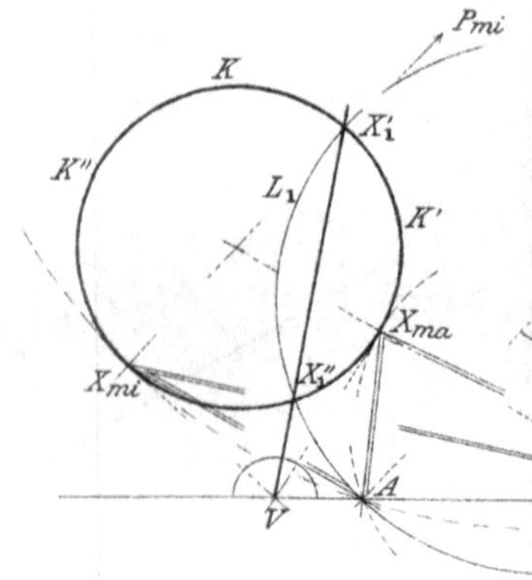
P_{mi}
K
X_1'
K''
L_1
K'
X_{ma}
X_{mi}
X_1''
V
A

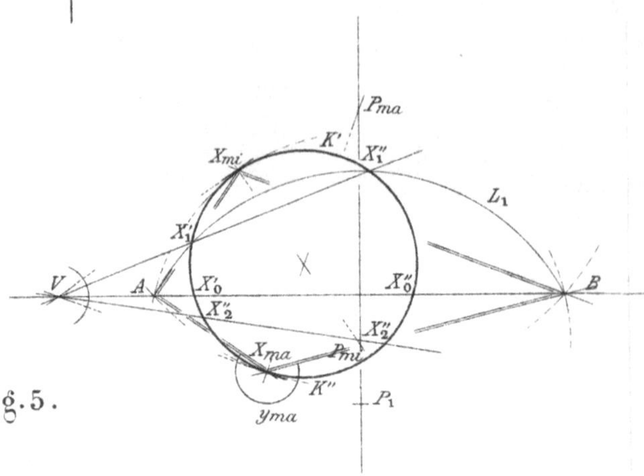
P_{ma}
K'
X_{mi}
X_1''
L_1
X_1'
V
A
X_0'
X_0''
B
X_2''
X_{ma}
P_{mi}
K''
P_1
y_{ma}

Fig.5.

O
A

WINKELS AXB.

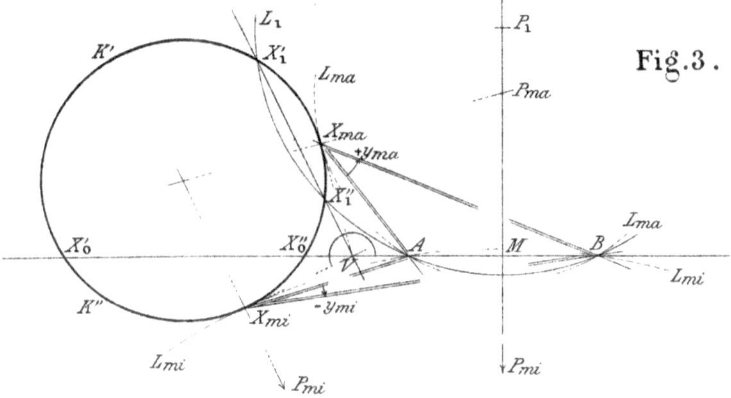

Fig. 3.

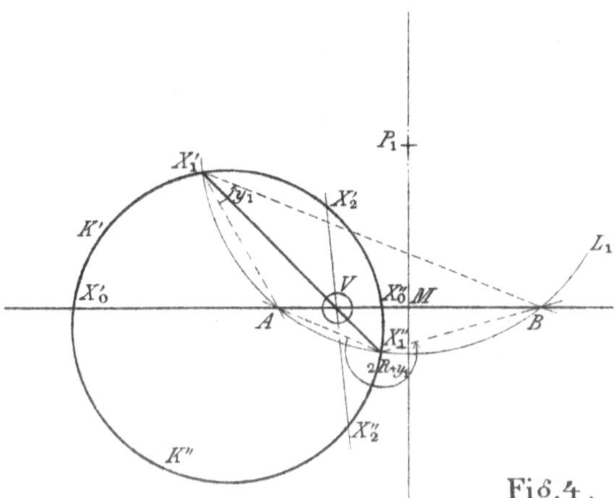

Fig. 4.

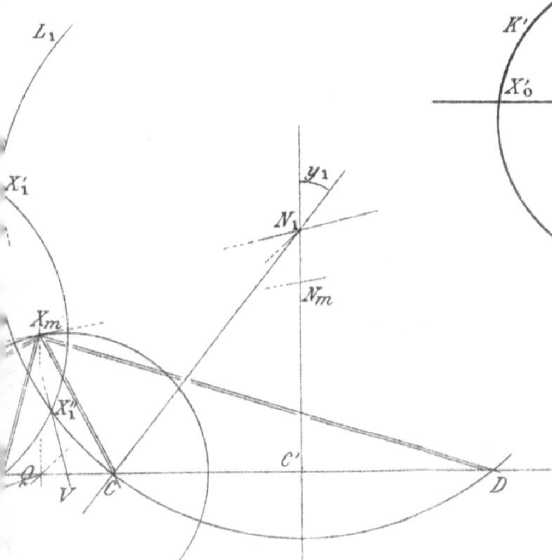

Lith. Anst. v. L. Kraatz. Berlin.

NAHERUN

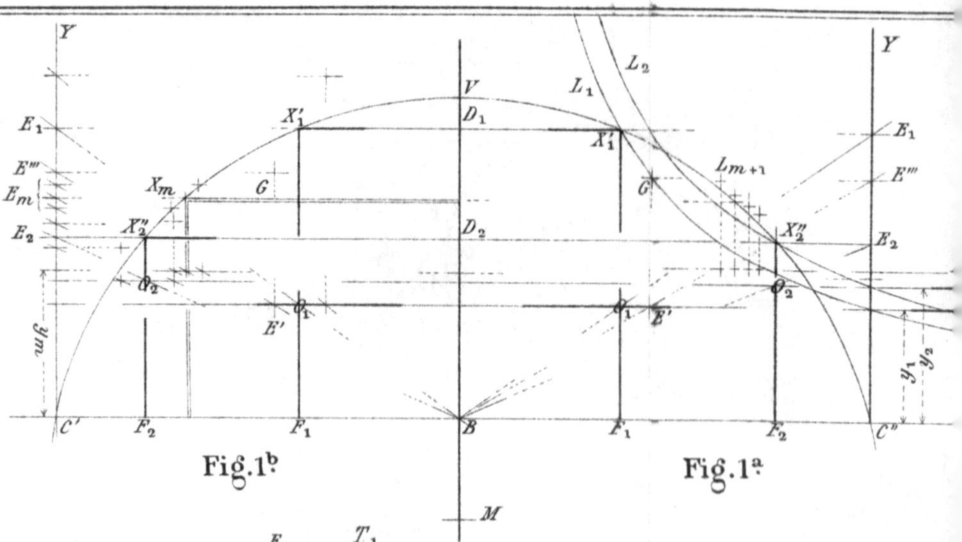

Fig.1b.

Fig.1a.

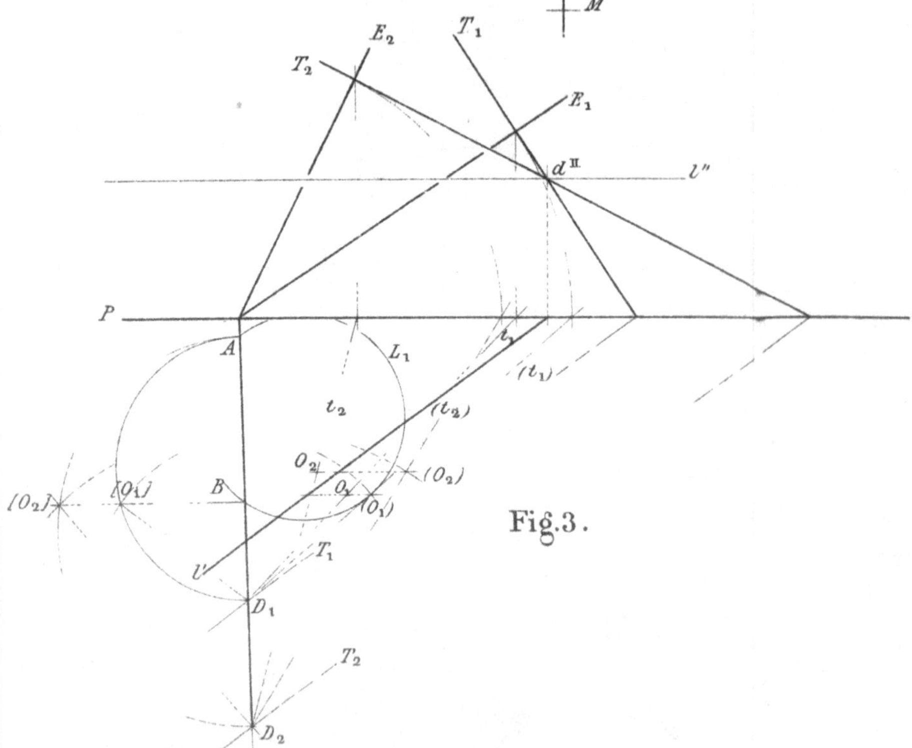

Fig.3.

Fig

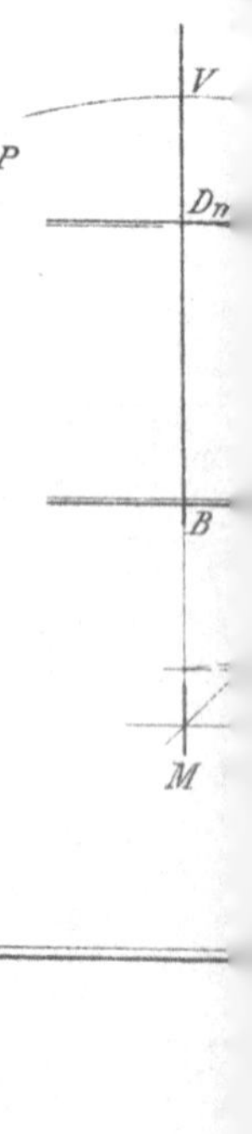

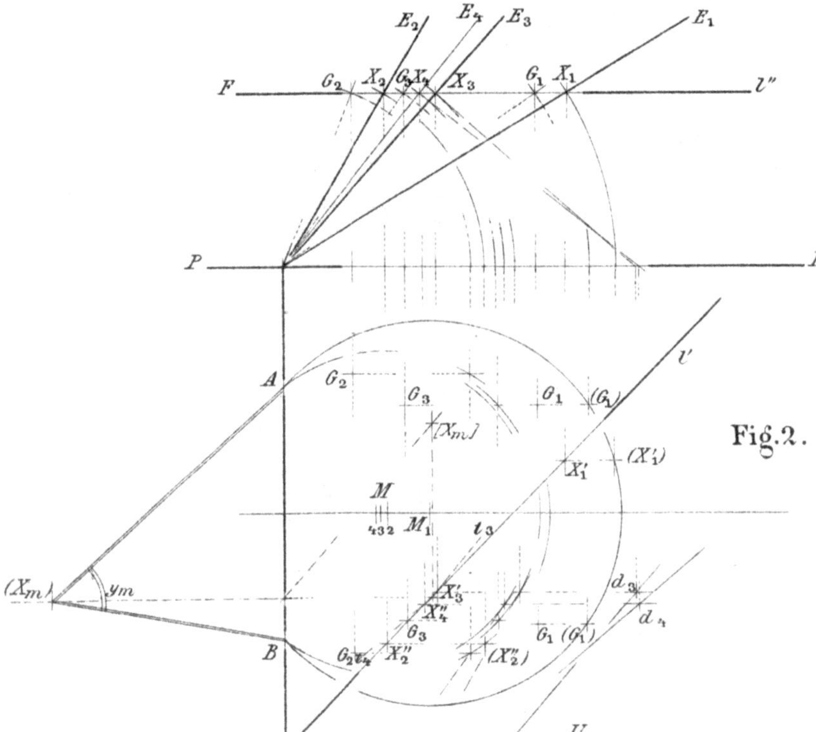

Fig. 2.

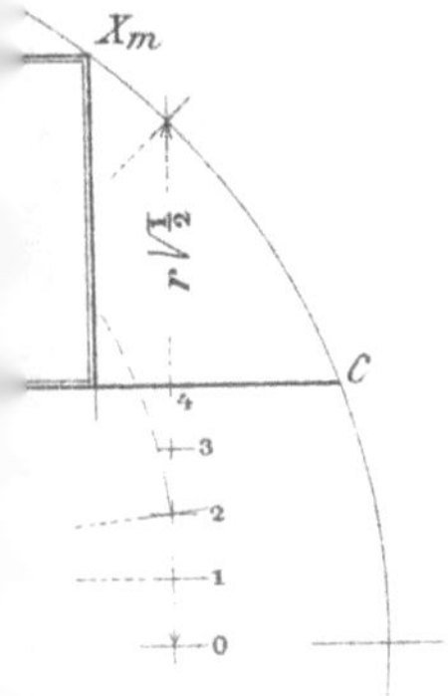

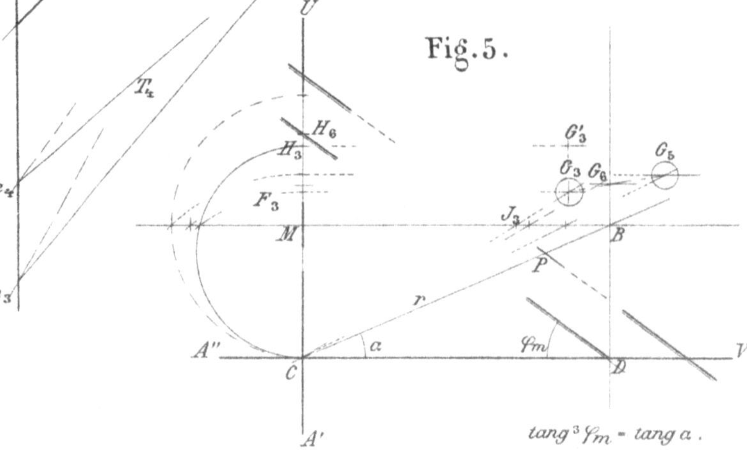

Fig. 5.

Lith. Anst. v. L. Kraatz Berlin.

KONSTRUKTIONEN AU

Fig. 1.

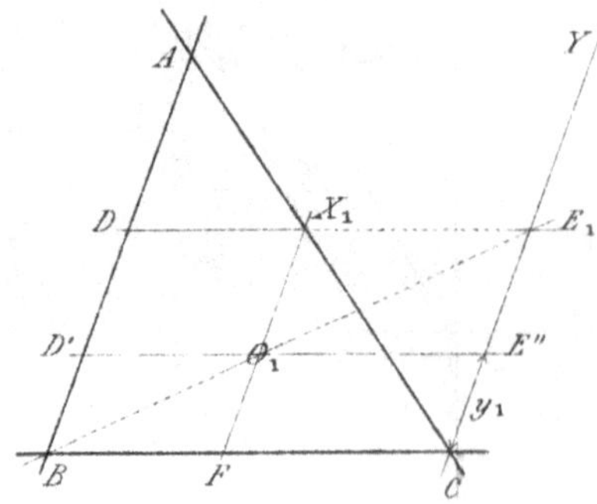

Fig. 4.

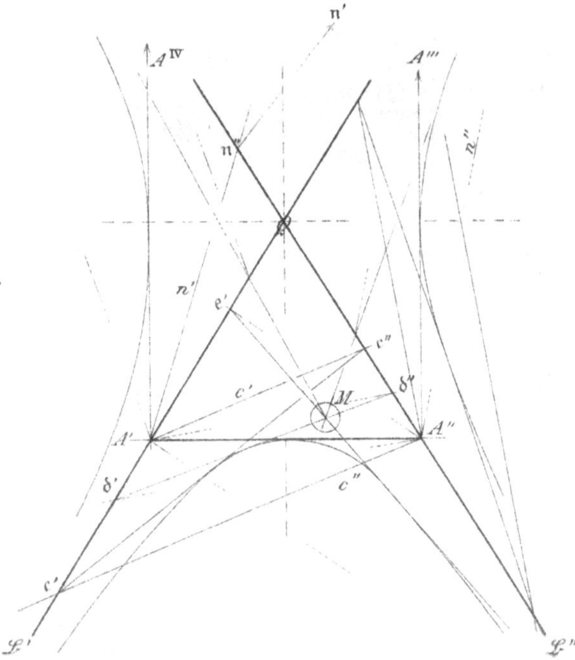

Fig. 5.

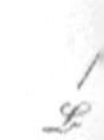

Tafel D.

Fig.2.

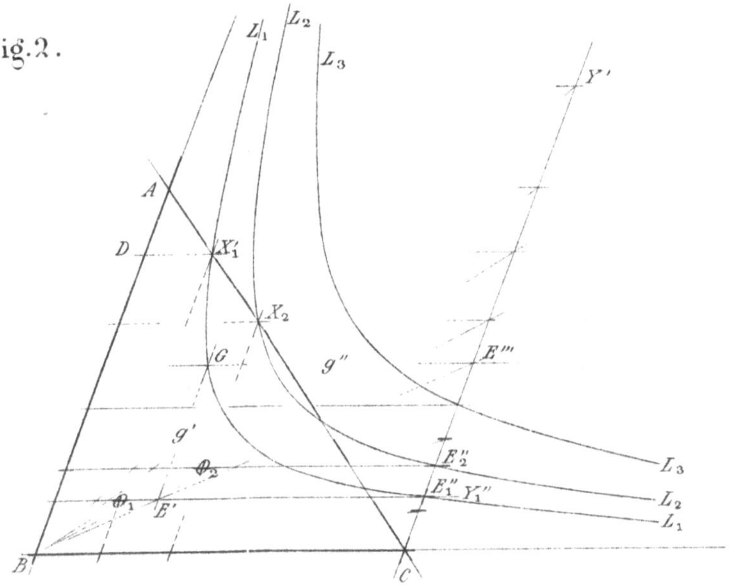

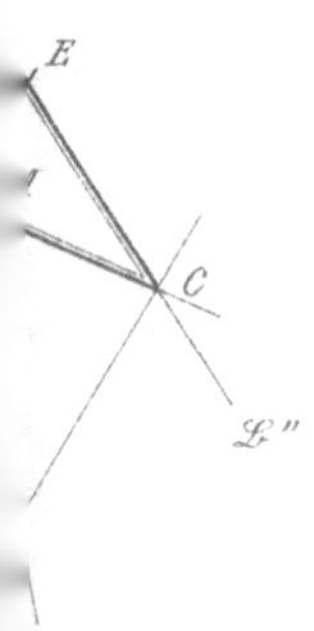

Fig.3.

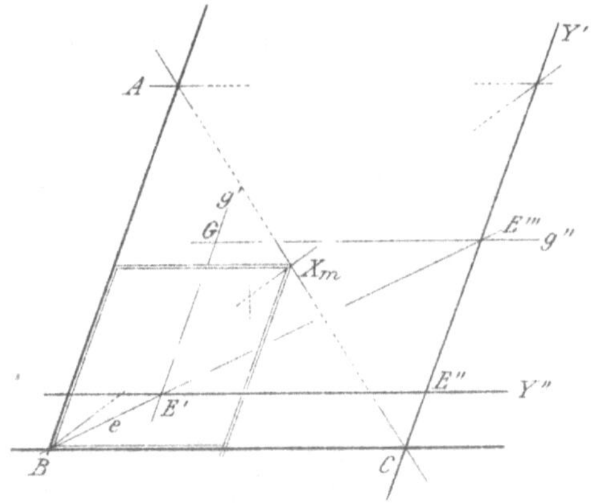

Lith. Anst. v. L. Kraatz, Berlin

KONSTRUKTIONEN AU

Fig. 1.

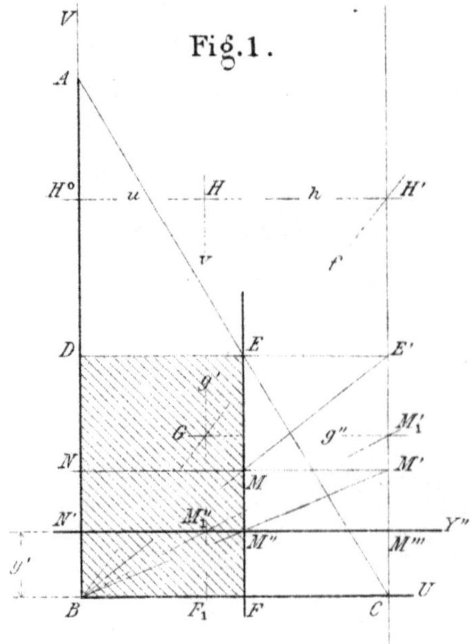

Fig. 5.

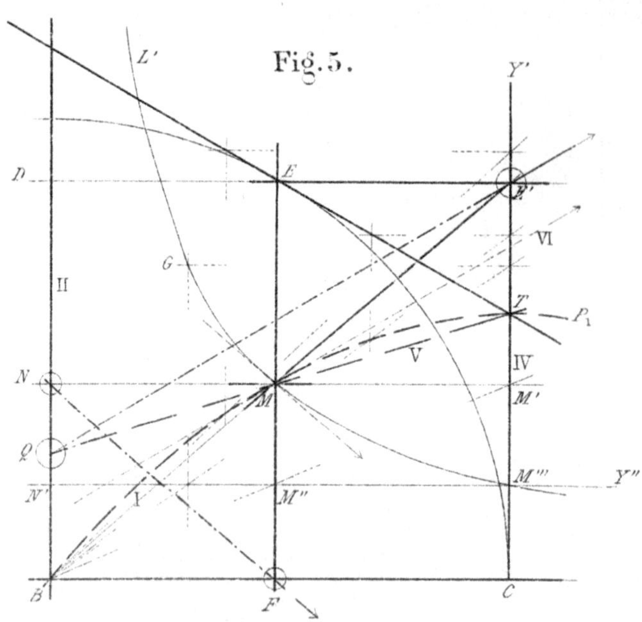

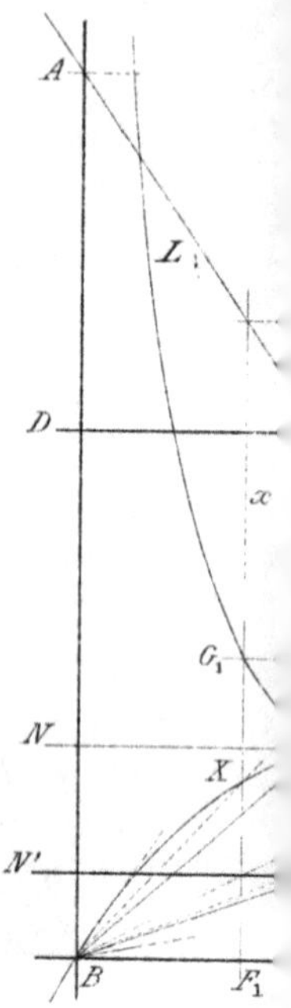

Fig. 3.

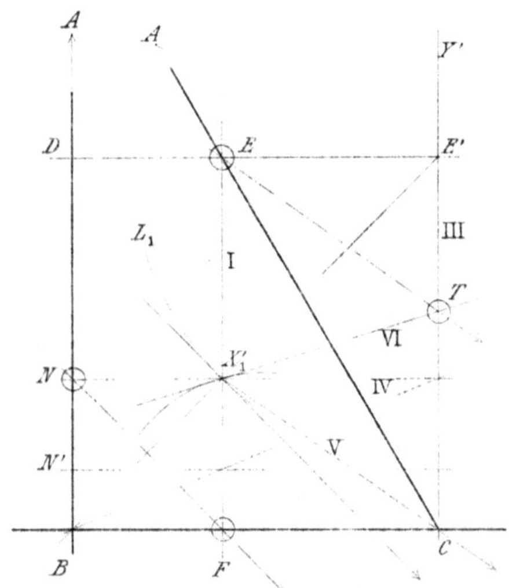

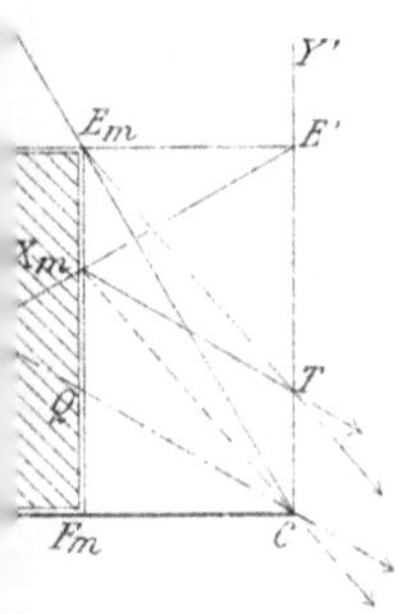

Fig. 6.

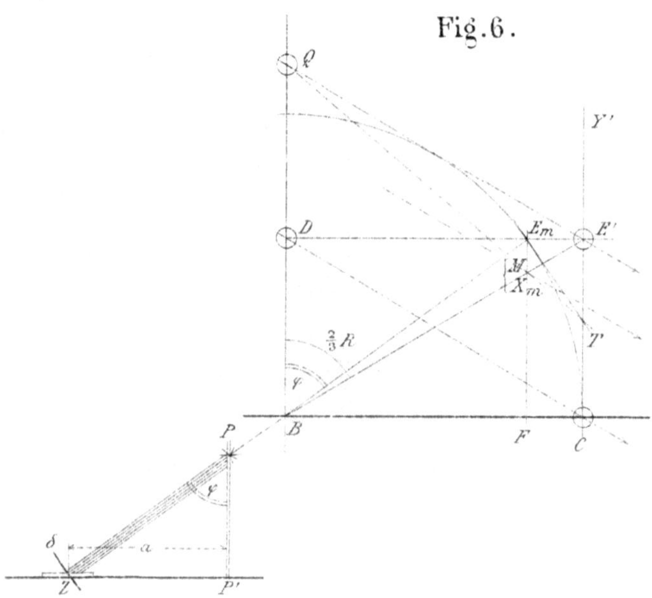

Lith. Anst. v. L. Kraatz, Berlin.

ENTFERNUNG EINES F

Fig. 2.

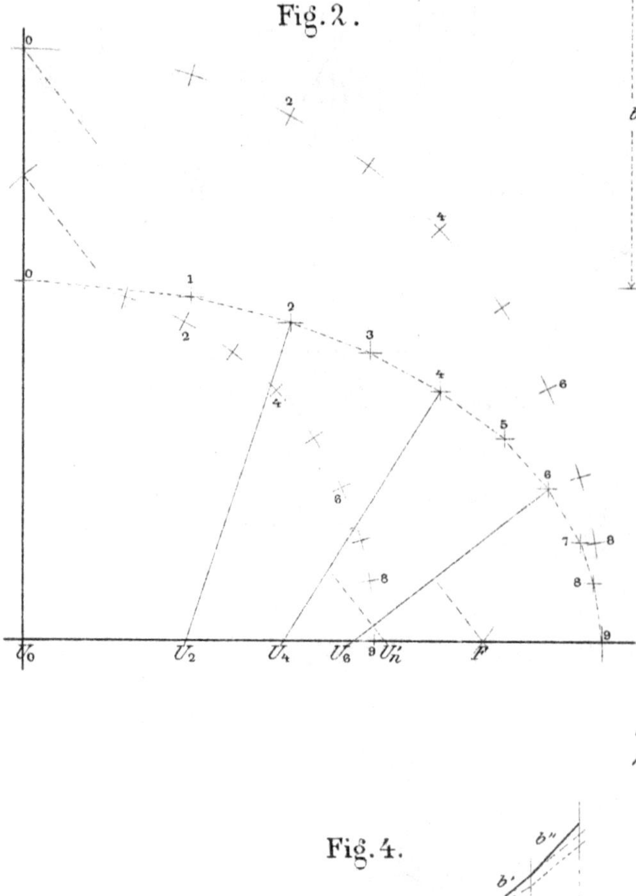

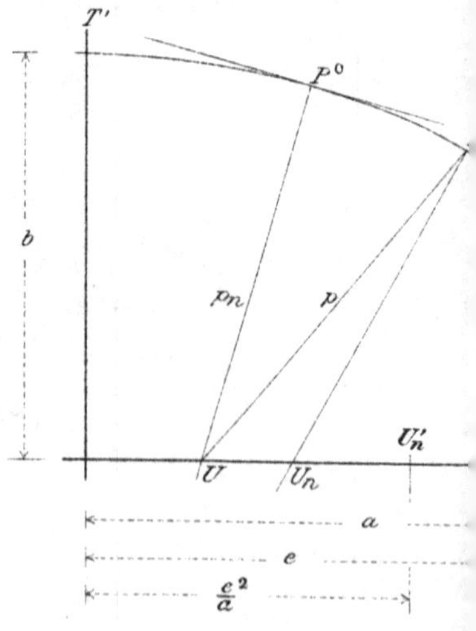

Fig. 4.

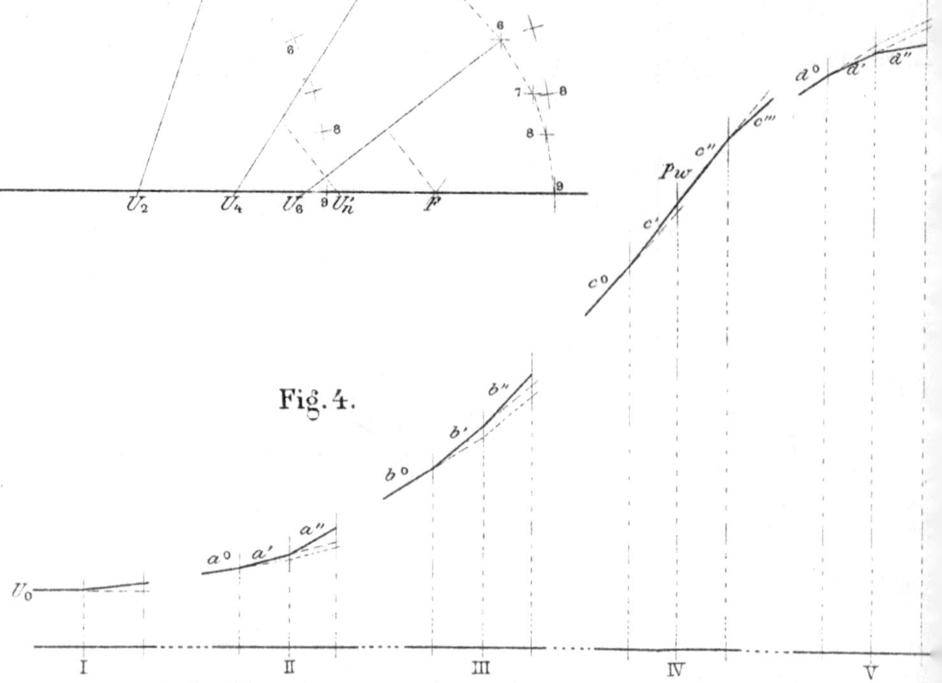

U VON EINER CURVE.

Tafel F.

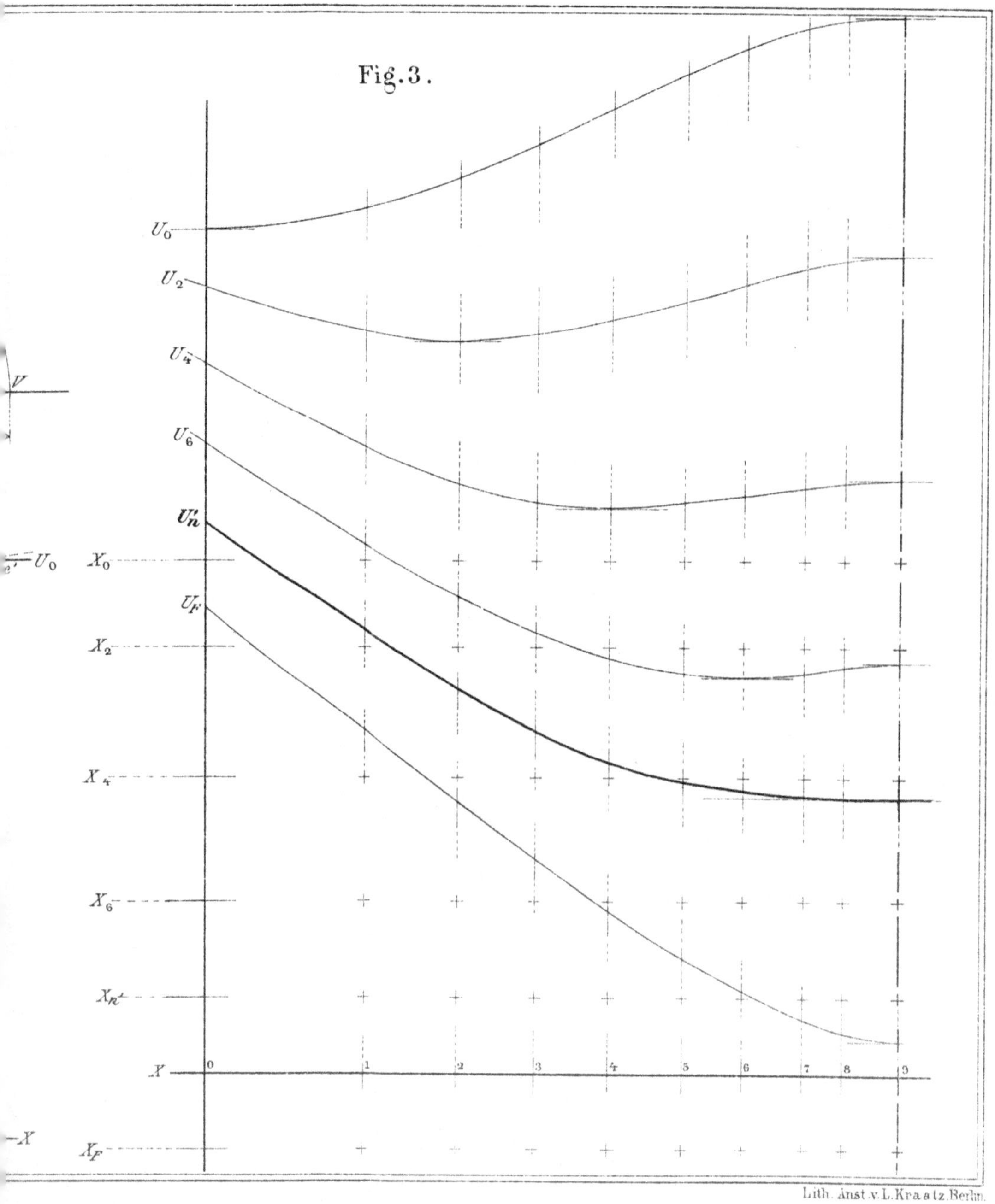

Fig. 3.

Lith. Anst. v. L. Kraatz. Berlin.

ZWEI = UND MEHRFACHE W

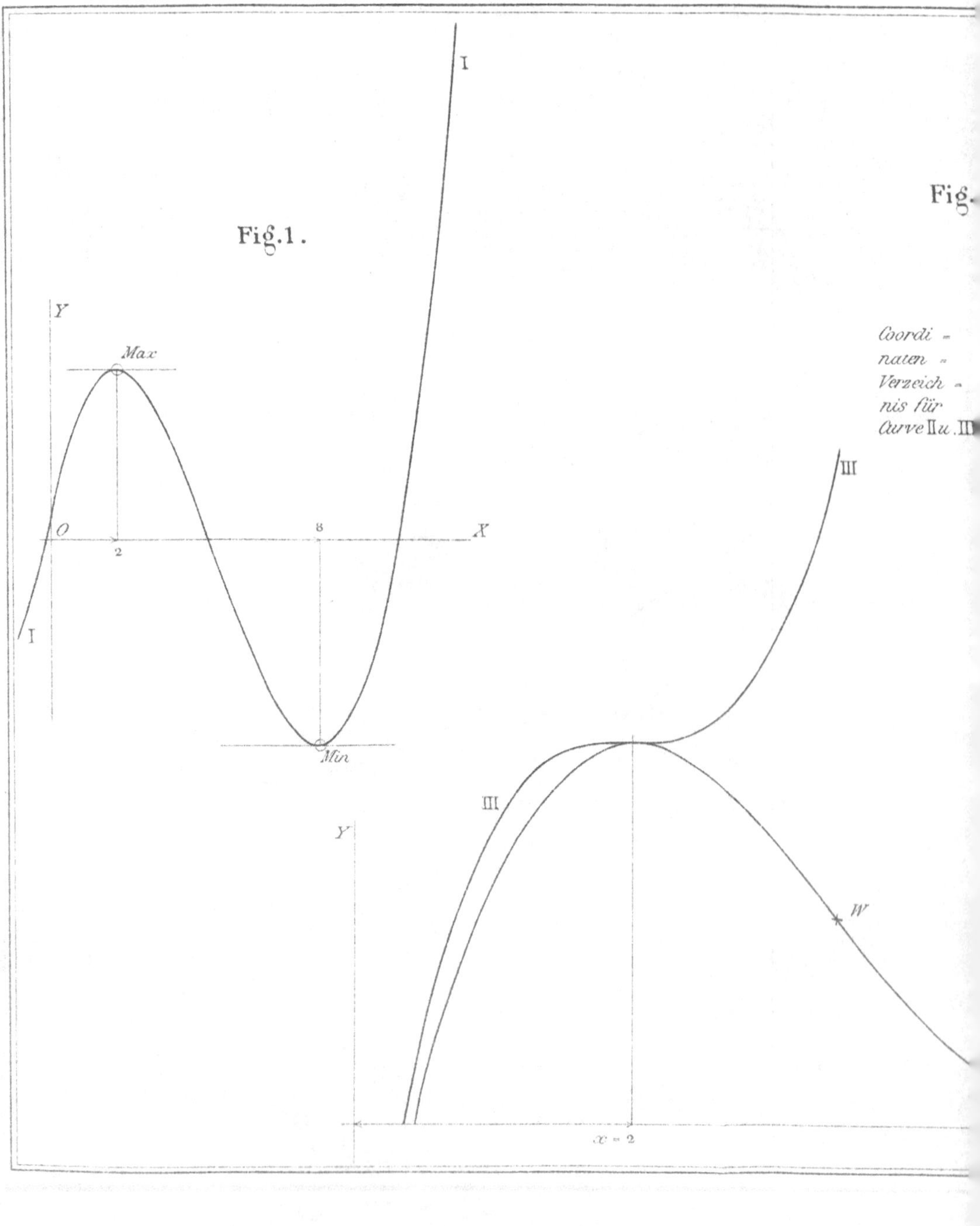

[illegible]DER GLEICHUNG: $y = f(x)$.

… m, über … ie y = 22,0	
II	C. III
	13,7
	42,7
	53,5
	55
	56,5
	67,7
	96

Fig. 3.

Coordinaten = Verzeichnis für d. Curven IV, V u. VI.	Werte von x in mm, rechts v. d. Linie x = 1 für alle 3 Curv.	y in mm, über der Linie y = 30,0 Curve IV	C. V	C. VI
	0	7	14	20,5
	10	26	28	29,5
	20	30	30	30
	30	28,5	32	29,5
	40	26,6	39,5	20,5
	50	29	57	
	60	35	81,5	
	80	47,5	116,5	
	100	10	27	

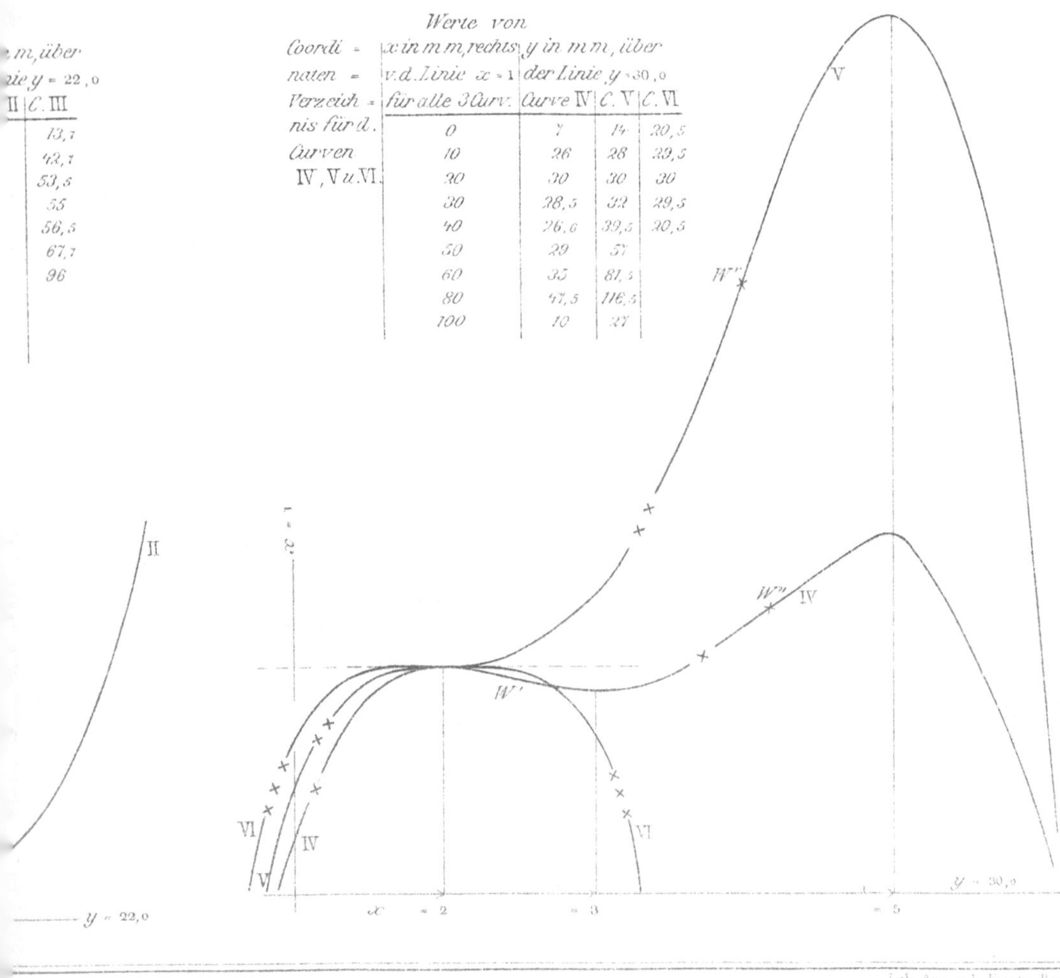

Lith. Anst. v. L. Kraatz, Berlin